Jean-Claude Bourret, Nachrichtensprecher und Chefreporter beim französischen Sender *France-Inter,* hat in Houston und Cape Kennedy die Apolloflüge mitverfolgt. Später hat er auf *France-Inter* die umfassendste Radioreportage präsentiert, die über unbekannte Flugobjekte (UFO) zusammengestellt wurde.

Februar 1980
Vollständige Taschenbuchausgabe
Droemersche Verlagsanstalt Th. Knaur Nachf.
München/Zürich
Lizenzausgabe mit freundlicher Genehmigung der
Edition Sven Erik Bergh in der Europabuch AG, Gubelstr. 19,
CH-6300 Zug

Originaltitel »La nouvelle vague des soucoupes volantes«

Aus dem Französischen von Irene Kohlhaas
Umschlaggestaltung Franz Wöllzenmüller
Gesamtherstellung Mohndruck, Gütersloh
Printed in Germany
ISBN 3-426-03617-7

Jean-Claude Bourret:

UFO – Spekulationen und Tatsachen

Eine Dokumentation

Droemer Knaur

Inhaltsverzeichnis

Zweiter Teil

Aussagen und Nachforschungen, die nicht auf *France-Inter* gesendet wurden

Dritter Teil

Wissenschaftliche Stellungnahmen aus der Sendereihe auf *France-Inter*

Vierter Teil

Wissenschaftliche Stellungnahmen, die nicht auf *France-Inter* gesendet wurden

Einleitung

»Ganz unter uns gesagt: das mit den fliegenden Untertassen ist doch alles Quatsch – oder?«
Diese Frage ist mir hundertmal gestellt worden. Wie kann ein »seriöser« Journalist sich mit den kleinen grünen Männchen befassen? Aus Sensationslust?
Bestimmt nicht. Ganz einfach, weil es mein Beruf ist zu informieren. Ich muß gestehen, daß ich vor dem Ereignis in Turin am 30. November 1973 nicht viel mit den fliegenden Untertassen im Sinn hatte. An diesem 30. November jedoch hatte ich Dienst am Mikrofon. Man brachte mir jene berühmte Depesche der Agence France Press, die meine Neugier erweckte. Die Agence France Press zählt zu den vier großen internationalen Nachrichtenagenturen. Es erübrigt sich, die Glaubwürdigkeit ihrer Meldungen beweisen zu wollen. An diesem Abend also berichtete der Turiner Korrespondent der AFP etwas, das mir völlig unglaublich erschien. Eine fliegende Untertasse sei am Himmel über Turin gezogen. Man hatte sie mit Radar verfolgt. Sie war von Piloten gesichtet worden. Einer von ihnen war ihr sogar nachgeflogen. Einfach unglaublich! Nun wollte ich es genau wissen. Es ist fabelhaft, wenn man als Journalist bei *France-Inter* arbeitet, denn man hat augenblicklich sämtliche Hilfsmittel zur Verfügung. Ich benachrichtigte unser Büro in Rom, das Gérard Dupagny auf die Fährte setzte. Das Ergebnis seiner Nachforschungen ist zusammen mit anderen in diesen Bericht über die UFOs eingegangen.
Seine Untersuchungen haben mich schließlich zum Weitermachen veranlaßt. »Aber dann ist ja an der Sache mit den fliegenden Untertassen doch etwas dran!« sagte Gérard Dupagny, nachdem er seine umfangreiche Arbeit abgeschlossen hatte. Diese Worte sind das einzige, das auch ich seitdem allen Skeptikern entgegenhalten kann: Ich kenne niemand, der sich ernsthaft mit der Frage befaßt hat und immer noch »contra« ist. Und Sie können mir glauben, daß ich mir die Aufgabe nicht leichtgemacht habe!
Etwas, das mich mit der Zeit sehr belustigte, war die feindselige Haltung der offiziellen Wissenschaftler. Ich spreche von offiziellen Wis-

senschaftlern, weil diejenigen, an die ich mich gewendet habe, im allgemeinen das Sprachrohr der Wissenschaften gegenüber den Medien bilden. Ich erinnere mich an eine Unterhaltung mit einem von ihnen. Er sagte:

»Fliegende Untertassen gibt es nicht. Der Grund dafür ist ganz einfach. Lesen Sie den offiziellen amerikanischen Condon-Report. Die Amerikaner haben ein Vermögen ausgegeben für eine Reihe von Berichten, die nichts anderes sind als Bettgeschichten mit ›Marsdamen‹.«

Das also wußte ein Wissenschaftler im Jahre 1974 über die UFOs im allgemeinen und den Condon-Report im besonderen!

Beim Condon-Report handelt es sich um jenen berühmten, fast tausend Seiten umfassenden Bericht, den alle Leute immer zitieren, den aber niemand gelesen hat. Wir wollen uns kurz damit befassen.

Dazu müssen wir ins Jahr 1952 zurückgehen. In diesem Jahr mußte sich die US Air Force, die amerikanische Luftwaffe, immer häufiger mit Berichten über UFOs befassen. Am 26. Juli 1952 sahen die Radarstationen des internationalen Flughafens Washington acht helle Flekken auf ihren Kontrollschirmen auftauchen. Ein technischer Fehler? Ein Lichtreflex? Nein, denn die Radarstation des Stützpunktes Andrews bestätigte: Die Objekte fliegen abwechselnd mit einer Geschwindigkeit von 500, dann plötzlich 10500 Stundenkilometern. Jagdflieger erheben sich in die Luft: Augenblicklich sind die Objekte verschwunden. Sobald aber die Jäger landen, tauchen sie wieder auf. Vom Boden aus bestätigen Augenzeugen die Radarechos. Wieder starten die Jäger, und die Objekte entfliehen. Zivilpiloten bestätigen, daß sie von ihren Flugstraßen aus beobachtet haben, wie »Lichter« vorbeihuschten, die von Jagdfliegern vergeblich verfolgt wurden.

Noch zahlreiche ähnliche Ereignisse fallen in dieses Jahr 1952. Die amerikanische Presse ist voll von Meldungen über UFOs. Nach dem Alarm von Washington wird eine Expertenkommission gebildet. Diese Kommission gelangt im Januar 1953 zu dem Schluß, daß die UFOs durch natürliche Phänomene zu erklären seien. Hinter den Kulissen hat die CIA gute Arbeit geleistet. Durch leichten Druck auf die Wissenschaftler wurde die öffentliche Meinung beschwichtigt, die bereits zu einer »Untertassenhysterie« neigte.

Und warum das? Weil

1. das Phänomen der UFOs nicht greifbar ist;
2. es keine Gefahr für die amerikanische Verteidigung darstellt – die UFOs haben weder Städte noch militärische Einrichtungen der amerikanischen Armee angegriffen;

3. die Amerikaner Gewißheit darüber haben, daß es sich nicht um eine russische Geheimarmee handelt;
4. es unter diesen Bedingungen gefährlich wäre, zur Übermittlung von Berichten Militärfernschreiber einzusetzen oder Radarstationen und Piloten zu mobilisieren, die »irdischeren« Verteidigungsaufgaben gerecht werden müssen.

Daher also die offiziellen Anordnungen zur Entschärfung der UFO-Angelegenheit. Zugleich erhält die Luftwaffe Anweisung, beunruhigende Meldungen auf ein Minimum zu reduzieren. Zwei private Vereinigungen werden verboten. Präsident Eisenhower selbst gibt vor der Presse eine Stellungnahme ab, mit der er hofft, endgültig einen Schlußstrich unter die Sache zu ziehen. Er erklärt:
»Die fliegenden Untertassen existieren nur in der Phantasie der Leute, die sie sehen!«

Aber das war nicht das Schlimmste. Wie bei jeder Informationswelle tauchten auch hier Falschmeldungen auf, die den verschiedensten Motiven entsprangen. Ein Gastwirt tötete zwei Affen, rasierte sie und strich sie mit grüner Farbe an. Dann rief er die Presse zusammen und erklärte: »Ich habe zwei außerirdische Wesen getötet!« Natürlich dauerte es nur vierundzwanzig Stunden, bis der Schwindel aufflog, aber der Schaden war bereits geschehen. Noch 1974 sprach man von den kleinen grünen Männchen! Schwerwiegender noch war der Fall Adamski, so benannt nach einem notorischen Wichtigtuer. Adamski behauptete, außerirdischen Wesen begegnet zu sein, die einer fliegenden Untertasse entstiegen seien. Er veröffentlichte sogar seine Erinnerungen an das »historische Zusammentreffen«. Als Claude Poher seinen Hörern auf *France-Inter* eröffnete, daß Adamski ein skrupelloser Geschichtenerzähler sei, bekamen wir über fünfzig Protestbriefe! Bei der berühmten Untertasse, die Adamskis Zeugen fotografiert hatten, handelte es sich um einen Deckel, hinter dem ein Milchsauger hervorragte. Die Landetreppe der Untertasse bestand aus drei in der Mitte durchgeschnittenen Tischtennisbällen. Ähnlich verhält es sich mit dem Poster, das in Frankreich von einer privaten Vereinigung zum Kauf angeboten wird. Es zeigt eine Untertasse, die durch unseren Himmel fliegt. Pierre Guérin hat im Laufe seiner Nachforschungen diese »Untertasse« ausfindig gemacht: eine Peugeot-Radkappe, die aus der Hand in den blauen Himmel Korsikas geschleudert worden war.

Die Geschichte der »Untertassen« ist ein Gemisch von ernst zu nehmenden Aussagen und mehr oder minder billigen Tricks. Daher läßt sich auch die natürliche Abneigung erklären, die ein Wissenschaftler

diesem Thema gegenüber empfindet, solange er nur oberflächlich informiert ist.
Im Jahre 1953 wurde der Versuch unternommen, durch die Veröffentlichung eines wissenschaftlichen Berichts einen Schlußstrich unter das UFO-Problem zu ziehen. Entgegen den Ansichten der Verfasser treten die »natürlichen Phänomene« jedoch 1954 verstärkt auf, und zwar auf der ganzen Welt: In den Vereinigten Staaten entsteht eine neue private Vereinigung und ersetzt die beiden anderen, die willkürlich verboten worden waren. 1956 wird das NICAP (Nationales Forschungskomitee für Lufterscheinungen) gebildet. Die wichtigsten Mitglieder sind Luftwaffenoffiziere sowie ein früherer Mitarbeiter der CIA, der vor seiner Pensionierung einen wichtigen Posten innegehabt hatte. Der Militärberater der US Air Force, Professor Hynek, erhebt schon 1963 die Forderung nach einer ernsthaften wissenschaftlichen Untersuchung. Im Jahre 1965 macht er einen erneuten Vorstoß, dann wieder 1966 in der durchaus seriösen Zeitschrift *Science Magazine*. Und während dieser ganzen Jahre ziehen die UFOs, die sich nicht um die Streitereien unter Wissenschaftlern scheren, weiterhin durch die Luft.
Am 27. August 1966 gerät ein hoher Offizier in Panik. Es ist der Kommandeur des strategischen Stützpunktes für Interkontinentalraketen in Norddakota. Alle seine Leitungen zur Außenwelt sind mit einem Schlage unterbrochen. Dabei verfügt er über ein dreifaches Sicherungssystem, das gewährleisten soll, daß der Stützpunkt zu jeder Zeit Verbindung nach außen hat. Die Erklärung: Das Radargerät des strategischen Stützpunktes hat soeben in zweihundert Meter Höhe ein UFO ausgemacht. Urplötzlich beginnt das Objekt mit atemberaubender Geschwindigkeit zu steigen. Die Männer vor den Radarschirmen verlieren seine Spur in 27 Kilometer Höhe. Im gleichen Augenblick können die Verbindungen zur Außenwelt wiederhergestellt werden.
Nachdem die Armee nun erneut mit dem Problem UFO konfrontiert ist, das diesmal Verwirrung in einen Bereich der nationalen Verteidigung gebracht hat, will sie es genau wissen. Präsident Johnson ordnet eine Untersuchung an. Eine Gruppe von Wissenschaftlern unter Leitung des Physikers Edward Condon soll versuchen, das Phänomen zu erforschen und alles über die UFOs zu berichten. Dies also ist die berühmte Condon-Kommission. Physiker, Astrophysiker (wie zum Beispiel Hynek), Meteorologen, Psychologen – insgesamt eine Gruppe von etwa sechzig Forschern, die größtenteils der Universität Colorado angehören, macht sich an die Arbeit. Die US Air Force veranschlagt die benötigten Mittel auf etwa 300000 Dollar. Bis die

Untersuchung abgeschlossen ist, werden mehr als 500000 Dollar verbraucht sein. Und für welches Ergebnis? Für Bettgeschichten mit Marsdamen, wie es jener hervorragende französische Wissenschaftler zu nennen beliebte? Doch bleiben wir bei der Sache! Die gesamte Arbeit der Kommission wurde hinfällig durch die Enthüllung von zweien ihrer Mitglieder, die zugaben, daß ihr Auftrag dahin ging, das UFO-Problem ad acta zu legen, indem sie nur Fälle in Betracht zogen, die rational erklärbar waren! Den Erkenntnissen dieser Kommission kam durch den wissenschaftlichen Rang der Beteiligten erhebliche Bedeutung zu. Natürlich wurden die beiden redefreudigen Wissenschaftler sofort ausgeschlossen. Aber man kann sich vorstellen, welchen Wert der berühmte Condon-Report noch hat!

Zunächst einmal befaßt sich dieses Dokument lediglich mit etwas mehr als hundert beobachteten Fällen. Unter diesen hundert befindet sich nur eine einzige – überdies zweifelhafte – Landung. Gerade die UFO-Landungen sind jedoch das Interessante – ob mit oder ohne Wahrnehmung von Humanoiden. In diesem Fall kann man nämlich tatsächlich nicht mehr von »natürlichen, unbekannten Lichterscheinungen« sprechen. Die Condon-Kommission hat sorgfältig die eintausendfünfhundert Fälle damals bekannter Landungen ausgeschlossen – Landungen auf dem Territorium der Vereinigten Staaten. Hynek weigerte sich, den Report zu unterschreiben, der im Jahre 1968 vorgelegt wurde. Daraufhin trennte sich die Luftwaffe von ihm.
Die amerikanische Akademie der Wissenschaften nahm den Bericht jedoch entgegen.
Die unglaublichste Lüge dieses über tausend Seiten ausgewalzten unlesbaren Berichtes bildet die Zusammenfassung auf der ersten Seite. Jedermann hat dieses Resümee gelesen, niemand jedoch befaßte sich mit dem Bericht selbst. Diese Zusammenfassung gibt nämlich als Ergebnis an, daß die UFOs nicht existieren. Dem Bericht selbst läßt sich jedoch entnehmen, daß immerhin noch zwanzig Prozent dieser bereits selektierten Fälle mit keiner natürlichen Erklärung zu erfassen sind! Doch damit nicht genug: Der Condon-Report enthält Fotografien von UFOs, die ausdrücklich als echt bezeichnet werden. Sie waren von einem Sheriff aufgenommen worden, der noch andere Zeugen hatte. So steht es also um die »Bettgeschichten mit Marsdamen« und das Berufsethos gewisser Wissenschaftler.
Soviel über den Condon-Report. Inzwischen haben sich die amerikanischen Geheimdienste der Sache angenommen.
Und wie steht es in anderen Ländern? In der UdSSR? In Frankreich?

Auch hier stoßen wir zunächst auf Dinge, die uns eigenartig vorkommen. In Moskau wurde am 18. Oktober 1967 die »Ständige Kosmonautische Kommission der UdSSR« gegründet. Sie hat zum Ziel, die sich häufenden Berichte über UFOs zu untersuchen, und besteht aus achtzehn Wissenschaftlern, darunter ein Kosmonaut. Präsident ist der Luftwaffengeneral Porfiri Stoljarow. Der General wirkt herb und verschlossen, aber es gelang ihm dennoch, die Sowjets mitzureißen, als er ihnen im staatlichen Fernsehen UFO-Fotos zeigte, die von Militär- und Zivilpiloten aufgenommen worden waren.
Am 1. Dezember 1967 bietet die Zeitschrift *Sputnik* ihren Lesern eine Reihe besonders glaubwürdiger Aussagen zu diesem Thema, insbesondere die eines Astronomen. 1968 veröffentlicht eine andere sowjetische Zeitschrift, *Das Leben,* erneut einen Artikel über die UFOs. Er bildet einen Appell an alle Wissenschaftler der Welt, zur Lösung dieses Problems zusammenzuarbeiten.
Zwei Monate später werden die UFOs endgültig gestoppt. Der Vorsitzende der sowjetischen Akademie der Wissenschaften veröffentlicht eine offizielle Erklärung: Es gibt keine fliegenden Untertassen. Es handelt sich um Witze oder um falsche Auslegungen natürlicher Erscheinungen. Damit ist das Thema in der Sowjetunion erledigt, und als ich unseren Korrespondenten in Moskau, Daniel Saint-Hamond, bat, eine Untersuchung durchzuführen, gelang es ihm zwar ohne weiteres, Wissenschaftler zu finden, die »pro« waren, aber keinen, für den er die Erlaubnis zu einem Interview erhalten hätte!
In Frankreich nahm der Sicherheitsdienst der Armee bereits im Jahre 1950 die Sache nicht mehr auf die leichte Schulter. 1952 wurde in Saigon unter Leitung eines Hauptmanns eine Kommission gebildet. Eines ihrer Mitglieder vertraute mir an, daß man ursprünglich sogar annahm, es mit einer russischen Geheimwaffe zu tun zu haben. Im gleichen Jahr überflog ein UFO Indochina. Wir schickten sofort zwei Jäger los, aber bis sie abgehoben hatten, war von dem UFO nichts mehr zu sehen.
Als mich der damalige französische Verteidigungsminister Robert Galley in seinen Amtsräumen empfing, lag ein eindrucksvoller Stapel von Berichten und Untersuchungen vor ihm. Sie waren chronologisch geordnet und umfaßten einen Zeitraum von fünfundzwanzig Jahren. Er kannte aber auch die Arbeiten von Claude Poher, einem der wenigen französischen Wissenschaftler, der – ganz auf eigene Faust und ohne öffentliche Mittel – an der Untersuchung des Phänomens arbeitet. Seine Erkenntnisse finden Sie ebenfalls in dem vorliegenden Bericht über die UFOs.

An dieses Interview werde ich mich noch lange erinnern. Ich hatte einen Termin am Dienstag, dem 19. Februar 1974, um 17.30 Uhr. Ich dachte, daß mir der Minister ein Gespräch von fünfzehn Minuten gewähren würde. Statt dessen dehnte Robert Galley, der als aufgeschlossener Mensch immer den Kontakt mit der Presse gepflegt hat, unser Gespräch auf vier Stunden aus. Auf dem Tonband sind übrigens die acht Schläge der Uhr deutlich zu hören. Die Diskussion war sehr lebhaft. In dem weiträumigen Ministerbüro mit der dezenten Goldtäfelung saßen außerdem noch René Favre, der technische Berater des Ministers, und Fräulein de Saint-Seine, deren Bruder selbst ein UFO gesehen hatte. Nachdem wir uns drei Stunden in Hypothesen und leidenschaftlicher Diskussion ergangen hatten, gewährte mir Robert Galley das erste Interview, das ein französischer Verteidigungsminister je zum Problem der UFOs gegeben hat. Ein Interview, das in die Annalen der Geschichte eingehen wird, wie mir mehrere Wissenschaftler geschrieben haben, die sich mit der Frage befassen – unter ihnen auch Aimé Michel.
Das Gespräch wurde am Donnerstag, dem 21. Februar 1974, um 20.30 Uhr auf *France-Inter* ausgestrahlt. Am nächsten Tag machte es Schlagzeilen auf den ersten Seiten zahlreicher französischer Zeitungen. Die »Untertassen« sollten einmal mehr zum Gegenstand heftiger Polemiken zwischen »pro« und »contra« werden.
In diesem Buch liegen alle Informationen vor, die Sie brauchen, um sich Ihre Meinung zu bilden. Es sind die Aufzeichnungen von neununddreißig Sendungen, die über *France-Inter* ausgestrahlt wurden. Der erste Teil umfaßt die Nachforschungen der Reporter des französischen Rundfunks. Ihnen allen sei an dieser Stelle Dank für ihre wertvolle Hilfe gesagt. Der zweite Teil enthält die Meinungen der Wissenschaftler, und zwar derjenigen, die sich die Mühe gemacht haben, sich wirklich mit dem Problem zu befassen – nicht derjenigen, die behaupten, der Condon-Report sei eine Anhäufung von »Bettgeschichten mit Marsdamen«. Neben diesen neununddreißig Rundfunksendungen finden Sie Äußerungen und Meinungen von Wissenschaftlern, die aus Zeitgründen oder wegen des Diebstahls einiger meiner Tonbänder nicht gesendet werden konnten.
Wenn dieses Buch ein öffentliches Forschungsinstitut dazu bewegen könnte, Gelder zur Verfügung zu stellen, damit eine ernsthafte Untersuchung – die erste auf diesem Gebiet – unternommen werden könnte, wäre ich glücklich. Frankreich, das auf verschiedenen technischen Gebieten an der Spitze der Nationen liegt, würde es zur Ehre gereichen, eine derartige Initiative zu ergreifen.

Erster Teil:

Aussagen und Berichte, die über *France-Inter* ausgestrahlt wurden

Exklusiv: Ein Astronom spricht

Zu Beginn unseres Reports ein Schock: Die Gegner der UFOs machen unter anderem folgendes Argument geltend: Die UFOs existieren deshalb nicht, weil die Astronomen, deren Beruf es ja eben ist, den Himmel zu beobachten, nie eines gesehen haben. Das ist falsch! Sowohl in Frankreich als auch im Ausland haben wir Astronomen als Zeugen. So beispielsweise den, den ich in seinem Observatorium in Frankreich aufgesucht habe. Er möchte fürs erste noch anonym bleiben. Er ist von Beruf Astronom und hat UFOs gesehen. Und er sagt es auch:

– Ich habe welche gesehen, aber nie von einem Observatorium aus, was mich übrigens immer sehr gewundert hat.

– Können Sie uns schildern, was Sie beobachtet haben und wann?

– Die erste Beobachtung geht auf Juni 1960 zurück. Ich habe übrigens meine Notizen, die ich mir damals gemacht habe, mitgebracht. Dieser Text ist also dreizehn Jahre alt. Beim erstenmal vergaß ich, den genauen Tag zu vermerken – ich war damals in völliger Panik –, aber ich weiß, daß es im Juni 1960 war. An diesem Tag wollte ich gegen 21.30 Uhr mit der Beobachtung von Satellitenphänomenen des Planeten Jupiter beginnen. Diese Erscheinungen haben mich immer besonders interessiert. Und plötzlich tauchten am Himmel vier länglich geformte Objekte mit einer Zentralkondensation von 2,5 bis 3 Metern auf. Sie waren von einem diffusen Lichtkreis umgeben. Die Objekte bewegten sich in zwei verschiedenen Richtungen. Zunächst tauchten sie in der Gegend des Altair auf, der zu diesem Zeitpunkt ziemlich tief am Horizont stand. Die vier Objekte flogen von Ost nach West. Sie näherten sich also dem Zenit und erreichten die Höhe der Wega, die annähernd im Zenit stand. Dann flogen sie plötzlich in südwestlicher Richtung.

– Wollen Sie damit sagen, daß die Objekte, die Sie gesehen haben, keine Kurve beschrieben haben, um auf ihren neuen Kurs zu kommen, sondern den Richtungswechsel im Winkel vollzogen?

– Genau. Es war ganz eindeutig ein Winkel. Überdies flogen sie in wechselnder Formation, das heißt, ihr Abstand untereinander änderte sich dauernd in völlig willkürlicher Weise und mit einer im höchsten Maße erstaunlichen Schwerelosigkeit.
– Sie sind doch mit der Beobachtung von Sternschnuppen, Satelliten, Plasmakugeln und Kugelblitzen vertraut – wollen Sie allen Ernstes sagen, daß es sich um Objekte handelt, für die man keine natürliche Erklärung finden kann?
– Ja, das ist meine volle Überzeugung. Wie Sie ganz richtig sagen, habe ich ständig mit astronomischen Erscheinungen zu tun; und das, was ich gesehen habe, ist in nichts, aber auch in gar nichts mit dem vergleichbar, was wir auf der Erde kennen. Unsere Physik kann das nicht erklären. Es war wirklich etwas sehr Eigenartiges. Die Objekte hatten eine elliptische Form, und der Winkel zwischen der Längsachse dieser Ellipse und der Richtung der Bewegung betrug etwa 45 Grad. Eine Einzelheit fiel mir besonders auf: Als sie plötzlich Kurs nach Südwesten nahmen, blieb dieser Winkel derselbe, das heißt, die Achse des Objekts hatte sich ebenfalls gedreht. Der Winkel blieb der gleiche, trotz der Richtungsänderung. Diese Beobachtung ist im höchsten Grade bemerkenswert. Dadurch konnte ich zumindest eine Deutung ausschließen, die man seinerzeit für diese Art von Erscheinungen bereithielt (denn damals war ich weit davon entfernt, an die Existenz dieser Objekte zu glauben): Man sprach viel von Scheinwerfern, zum Beispiel von Flugzeugscheinwerfern, die in großer Höhe über eine hauchdünne Nebelschicht gleiten und von ihr reflektiert werden. An diesem Abend war der Himmel sehr klar. Man hätte jedoch allenfalls annehmen können, daß sich in großer Höhe eine winzige Anhäufung von Sternen befand, auf der ein Lichtstrahl einen diffusen Fleck hätte erzeugen können. Die Tatsache jedoch, daß sich die Längsachse der Ellipse bei der Richtungsänderung mitgedreht hatte, genügt, um eine derartige Erklärung auszuschließen. Was ich beobachtet habe, ist absolut rätselhaft.
– Und Ihre zweite Beobachtung?
– Die zweite Beobachtung fand am 10. September 1960 etwa um dieselbe Zeit statt: 21.30 Uhr. Dieses Mal entdeckte ich fünf Objekte, die ebenso aussahen wie die vorigen, die sich jedoch von Süden nach Norden bewegten. Es fiel mir auf, daß sie sehr viel schneller waren. Die Beobachtungszeit war sehr kurz: ungefähr vier Sekunden. Die Formation ähnelte der ersten und war wiederum veränderlich. Es kann kein Zweifel bestehen, daß diese Objekte mit den vorherigen identisch waren. Dieses Mal konnte ich genauere Beobachtungen machen. Am

nächsten Tag entdeckte ich in der Zeitung den Bericht eines Mannes aus Lyon, der dieselben fünf Objekte ebenfalls gesehen hatte, die sich in großer Geschwindigkeit von Süden nach Norden bewegt hatten. Seiner Zeitangabe nach muß er sie eine Minute nach mir gesehen haben. Er war sich des Zeitpunktes absolut sicher. Nun stellte ich eine einfache Berechnung an und kam zu dem Schluß, daß die Objekte in einer Minute 100 Kilometer zurückgelegt hatten. Das macht also 6000 Kilometer in der Stunde. Da ich ihre augenscheinliche Geschwindigkeit geschätzt hatte, konnte ich daraus ihren Durchmesser und ihre Flughöhe ableiten. Ich kam zu dem Schluß, daß es sich um Objekte von etwa 100 bis 150 Meter Durchmesser handelte, die in einer Höhe von 20 bis 30 Kilometern ein bis zwei Kilometer in der Sekunde zurücklegten. Bei der späteren dritten Beobachtung habe ich nur aufgeschrieben, daß ich eine eindeutig nord-südlich verlaufende Lichtspur wahrnahm, aber nur am Rande meines Gesichtsfeldes, weil ich gerade in eine völlig andere Richtung blickte. Ich habe mir notiert, daß sie zweifellos von einem Objekt stammte, das den vorherigen ähnelte. Sicher bin ich mir jedoch nicht.

– Können Sie aufgrund dieser drei Beobachtungen versuchen, die leuchtenden Scheiben zu beschreiben?

– Ja. Sie ähneln in erstaunlichem Maße dem, was man eine elliptische Milchstraße nennt, das heißt, ein Objekt, dessen Ränder diffus sind, ohne jedoch wirklich zu verschwimmen, und dessen Leuchtkraft graduell abnimmt. Sie sind elliptisch, wobei das Verhältnis zwischen der Längs- und der Querachse etwa fünf zu zwei entspricht. Das Ganze sieht wirklich aus wie ein etwas verschwommener Gegenstand mit einer Kondensation in der Mitte, die etwa ein Drittel der Gesamtfläche ausmacht. Diese Kondensation in der Mitte leuchtet auch stärker. Das Objekt fällt in keiner Weise durch seine Lichtausstrahlung auf, und man kann auch keinesfalls sagen, daß es glänze oder gar strahle. Letztlich ist es überhaupt sehr schwer auszumachen, insbesondere in einer Stadt.

– Und war denn gar kein Geräusch zu vernehmen?

– Nein, absolut nicht, auch kein Schweif war zu sehen – nichts dergleichen.

– Woher nehmen Sie denn die Überzeugung, daß Sie nicht einer Selbsttäuschung zum Opfer gefallen sind?

– Ganz einfach, weil mein Vater bei der ersten Beobachtung zugegen war. Auch er hat die vier von Osten kommenden Objekte gesehen. Er war mitgekommen, um zusammen mit mir den Planeten Jupiter und seine Satelliten zu beobachten. Er hat die Objekte im gleichen

Augenblick gesehen wie ich selbst. Er war auch genauso fassungslos wie ich, und ich werde nie vergessen, wie er ausrief: »Aber mein Gott, was ist denn das?«

Ein UFO über Tananarive

Edmond Campagnac ist Ingenieur. Er ist unser Zeuge, und übrigens nicht der einzige, denn eine ganze Stadt, nämlich Tananarive, konnte zusehen, wie zwei unbekannte Flugobjekte vorüberzogen. Edmond Campagnac wurde Präsident eines Vereins zum Studium von Lufterscheinungen. Hier seine Aussage:
– Es war ein Montag im August 1954, nachmittags um 17.45 Uhr. Geschäftsschluß. Wir standen in einer ganzen Gruppe vor dem Büro der Air France und warteten auf die Postverteilung. Das Büro liegt in der Avenue de la Libération, im Zentrum von Tananarive. Plötzlich deutete einer meiner Freunde auf eine grünlich leuchtende Kugel am Himmel. Sie leuchtete grünlich wie ein elektrischer Blitz und fiel fast senkrecht herab, genau wie ein Meteor. Wir glaubten auch alle, daß wirklich ein Meteor vor unseren Augen herabgesaust käme. Wenige Minuten später entdeckten andere Leute wieder ein grünes Leuchten. Diesmal fiel es aber nicht herab, sondern flog waagerecht über die Hügel in der Nähe des Palastes der Königin. Der sichtbare Durchmesser hatte sich verkleinert, und natürlich war auch die Geschwindigkeit geringer als im senkrechten Fall.
– Haben Sie das in diesem Augenblick *genau* sehen können?
– Man sah zunächst eine Art grüner Kugel, und das war doch schon sehr eigenartig. Sie erhob sich bis zur Höhe der Dächer und flog dann auf der anderen Straßenseite die Avenue de la Libération entlang. Als das grüne Leuchten auf unserer Höhe angelangt war, bemerkten wir, daß es sich um eine optische Täuschung handelte. In Wirklichkeit war das, was sich vor uns bewegte, eine Art grüner Linse, nach wie vor in der Farbe von grünem Leuchtgas, und dahinter folgte im Abstand von etwa dreißig Metern eine längliche, metallene Zigarre, auf deren Oberfläche sich die Sonne spiegelte. Man sah ganz deutlich, daß sie aus Metall sein mußte. Hinten schoß eine Art rotoranger Flammen heraus. Diese Zigarre muß 40 bis 50 Meter lang gewesen sein. Ihre Geschwindigkeit betrug vielleicht 300 bis 400 Stundenkilometer, das entspricht der eines Flugzeugs vom Typ *Constellation*, wie sie damals über Tananarive flogen. Das eigenartige war, daß sich völliges Schweigen über die Stadt gesenkt hatte. Die Leute auf den Straßen,

und das waren nicht gerade wenige, blieben vor lauter Überraschung stehen. Alles spielte sich in totalem Schweigen ab. Was außerdem vielen Beobachtern auffiel, war die Tatsache, daß in den Häusern und Wohnungen, die die Maschine gerade überflog, die elektrische Beleuchtung ausging, jedoch gleich wieder aufleuchtete, sobald das Objekt vorüber war.

– Und dann?

– Das Objekt ließ die Stadt hinter sich und hielt auf den Flugplatz zu. Es entfernte sich nach Westen und überflog dabei unter anderem einen öffentlichen Park, in dem sich ein Zebugehege befand. Diese Tiere waren daran gewöhnt, daß die Flugzeuge, die zur Landung in Tananarive ansetzten, im Tiefflug über sie hinwegdonnerten, und störten sich längst nicht mehr daran. An diesem Tage gerieten sie jedoch derart in Panik, daß sie die Stäbe ihrer Käfige zerbrachen und man Polizei und Armee zu Hilfe rufen mußte, um sie wieder einzufangen.

– Welche Erklärung haben Sie als Techniker für dieses Ereignis?

– Man hat festgestellt, daß diese Erscheinungen häufig im Zusammenhang mit elektromagnetischen Phänomenen auftreten, die sowohl auf Stromkreisläufe als auch auf Verbrennungsmotoren Einfluß haben können. Oft konnte man beobachten, daß Autos stehenblieben oder daß Menschen und Tiere in ihrem Verhalten gestört waren. Ich habe Gelegenheit gehabt, die Polizeiberichte zu lesen: Es gab Fälle, in denen derartige Maschinen, wenn sie gelandet waren, die Menschen lähmten, die eine bestimmte Entfernung zu ihnen unterschritten. Ich habe diese Phänomene über mehrere Jahre hinweg eingehend studiert, weil ich mich leidenschaftlich dafür interessiere. Und abgesehen von der Möglichkeit, daß es in unserem Sonnensystem eine bisher unbekannt gebliebene Zivilisation gibt, glaube ich nicht, daß sie irdischen Ursprungs sind.

– Es handelt sich also Ihrer Meinung nach um Wesen, die von einem andern Stern kommen?

– Ja. Ich glaube, wenn die Erde der einzige bewohnte Planet in unserem Weltall wäre, würden sich derartige Probleme gar nicht stellen.

Das Auto, das vom Himmel aus verfolgt wurde

Herr Villeneuve de Janti wird sein Abenteuer nicht so schnell vergessen. Es spielte sich ebenfalls 1954 ab, im Jahre der großen UFO-Welle. Damals hatte Herr de Janti sein Erlebnis der Zeitschrift *Erscheinun-*

gen im Raum geschildert, die es in ihrer fünfzehnten Nummer veröffentlichte. Nun erzählt er für *France-Inter.*

– Es war im August 1954. Ich befand mich mit meinem Wagen auf der Nationalstraße 307 an der Ausfahrt Reims und fuhr in Richtung Masagran. Ich war allein. Plötzlich traf auf meine Windschutzscheibe ein starker Lichtstrahl, dessen elektrisch blaue Farbe mit der eines Filmprojektors vergleichbar war. Natürlich war ich so verblüfft, daß ich beinahe auf einen Baum gefahren wäre – die Sache ereignete sich nämlich gerade, als ich mich in einer Kurve befand. Ich muß dazusagen, daß mir an der Ausfahrt Reims ein Militärkonvoi begegnet war, so daß ich zunächst dachte, daß vielleicht ein Hubschrauber über mein Auto hinwegflog.

– Traf denn der Lichtstrahl vertikal auf Ihren Wagen?

– Der erste Strahl kam horizontal, so daß er direkt gegen meine Windschutzscheibe prallte und mich fast in die Augen traf.

– Hätte man also meinen können, daß er von einem entgegenkommenden Auto ausgehe?

– Ja, aber die Lichtquelle schien höher zu liegen als es bei einem entgegenkommenden Wagen hätte der Fall sein können. Ich bin noch ein bißchen weitergefahren und habe dann angehalten, um zu sehen, was vorging. Als ich wieder losfuhr, erfaßte erneut ein Lichtstrahl meinen Wagen – diesmal jedoch vertikal. Ich stand mitten im Scheinwerferlicht, wie ein Künstler auf der Bühne. Es war ein gleichmäßig fortlaufender Lichtstrahl. Ich will damit sagen, daß seine Ränder parallel verliefen. Später wurde die Vermutung geäußert, daß es sich um einen Laserstrahl gehandelt habe. Dreimal hintereinander tauchte der Lichtstrahl auf, und zwar jedesmal, wenn ich wieder anfuhr. Sobald ich hielt, verschwand er.

– Wollen Sie damit sagen, daß Sie jedesmal angehalten haben, ausgestiegen sind und sich umsahen, ohne etwas entdecken zu können?

– Genau das. Schließlich habe ich meinen Wagen am Straßenrand geparkt und mich entschlossen, der Sache auf den Grund zu gehen. Ich stellte den Motor ab, stieg aus und zündete mir eine Zigarette an. Im gleichen Augenblick entdeckte ich am Straßenrand einen leuchtenden Gegenstand. Es war keine Scheibe, sondern ein geometrischer Kranz, das heißt ein Leuchtband zwischen zwei konzentrischen Kreisen. Das Zentrum war dunkel. Das Leuchten war nur sehr schwach, vergleichbar etwa dem Zifferblatt einer Leuchtuhr.

– Durchmesser?

– Fachkundige Beobachter schätzen den Durchmesser auf etwa vierzig Meter.

– In welcher Höhe befand sich das Objekt?
– Etwa hundert Meter.
– Und was geschah dann?
– Ich habe das Objekt beobachtet, das mich natürlich in größte Unruhe versetzte. Nach einigen Minuten erfaßte mich erneut ein Lichtstrahl in der gleichen Farbe wie der vorige. Diesmal ging er jedoch vom Rand des Ringes aus. Er war eindeutig auf mich gerichtet und kam also schräg von oben. Nach einigen Minuten des Wartens veränderte die Scheibe ihre Farbe in Rötlichorange. Im gleichen Augenblick vernahm ich ein Geräusch, das man mit dem eines Elektromotors vergleichen könnte, oder genauer, eines Elektromotors, der von einer hochtourigen Gangart heruntergeschaltet wird. Nun sah ich unter dem Objekt zahlreiche Funken und kleine, vielfarbige Flämmchen hervorsprühen. Wenig später verebbte das Motorengeräusch, und die Maschine bewegte sich. Diesen Augenblick werde ich niemals vergessen, denn das Objekt versetzte sich aus der völligen Bewegungslosigkeit ohne wahrnehmbare oder allmähliche Beschleunigung, also ganz ohne Übergang, in eine atemberaubende Geschwindigkeit. Die Maschine zog eine rote Spur hinter sich her, die sich schnell verflüchtigte. Dann fielen Flämmchen vom Himmel, die jedoch den Boden nicht erreichten. Ich habe in dem Feld neben der Straße nachgesehen. Nicht die geringste Spur war zu finden, weder Druckstellen noch irgendwelche Brandspuren.
– Haben Sie keine Schwierigkeiten mit Ihrem Motor gehabt?
– Es stimmt, daß im Zusammenhang mit derartigen Beobachtungen häufig erwähnt wird, daß die Automotoren stehenbleiben, Scheinwerfer ausgehen und Flugzeuge Störungen in ihren Bordgeräten aufweisen. Ich habe jedoch nichts Derartiges bemerkt. Das einzig Bemerkenswerte war, daß ich selbst mich im Zustand höchster Aufregung befand. Als ich zu Hause ankam, fragte mich meine Frau, ob mir nicht gut sei. Ich befand mich in einem Zustand sichtbarer Erregung.
– Haben Sie im Augenblick Ihrer Beobachtung niemand sonst gesehen?
– Auf der erwähnten Nationalstraße 307 nach Masagran (die Straße führt von Reims nach Luxemburg) sind mir zwei Wagen begegnet. Die Fahrer haben jedoch nicht angehalten.
– Als Sie den am Himmel schwebenden Ring entdeckten, bewegte sich dieser nicht. Hat er zu diesem Zeitpunkt ein Geräusch von sich gegeben?
– Nicht das geringste.
– Völlig lautlos?

– Absolut lautlos und unbeweglich. Ich konnte auch jenes Hinundherpendeln nicht feststellen, von dem in vielen Fällen die Rede ist, wenn man derartige Scheiben über dem Boden schweben sieht.
– Wieviel Zeit ist denn vergangen zwischen dem Augenblick, in dem der erste Lichtstrahl auf Sie fiel, und dem Moment, in dem der Ring am Himmel verschwand?
– Etwa eine Stunde. Wenn Sie erlauben, Herr Bourret, möchte ich noch auf eine Sache hinweisen, die mir besonders wichtig erscheint. Vor diesem Erlebnis war ich immer der Ansicht gewesen, daß sich bei all diesen UFO-Geschichten irgendwelche Leute einen Scherz erlauben, ich hielt absolut nichts davon. Dieses Ereignis hat mich jedoch völlig überzeugt.
– Waren Sie der Meinung gewesen, daß es sich bei den Menschen, die UFOs gesehen hatten, um Geisteskranke handelte?
– Ja. Zumindest in den Fällen, in denen diese Leute nur die Aufmerksamkeit auf sich ziehen wollten, indem sie erzählten, sie hätten Maschinen unterschiedlicher Gestalt gesehen, die die verschiedensten und ungewöhnlichsten Bewegungen ausführten.
– Ich könnte mir vorstellen, daß Sie nun von der Existenz der UFOs überzeugt sind?
– Absolut! Ich bringe dem Thema größtes Interesse entgegen. Um noch einmal auf mein Erlebnis zu sprechen zu kommen: Ich kann versichern, daß es sich weder um einen Hubschrauber noch um eine Ballonsonde, noch um irgendeine Art von Maschine handelte, die uns bekannt sind – oder zumindest mir ...

Eine Untertasse wird von der Concorde *fotografiert*

Die Sendereihe von *France-Inter* mit Berichten über UFOs war kaum drei Tage angelaufen, als eine aufsehenerregende Meldung über unsere Fernschreiber lief: Die *Concorde* hatte eine fliegende Untertasse fotografiert! Die Aufnahme befand sich auf der Titelseite sämtlicher Illustrierten. Später stellte sich heraus, daß es sich dabei um nichts anderes als eine kleine Wolke handelte, die durch den Aufprall eines Meteoriten auf die oberen Schichten der Atmosphäre entstanden war. Aber es ist doch interessant, noch einmal nachzulesen, was zum damaligen Zeitpunkt über die Sache gesagt wurde, um sich klarzumachen, daß man einerseits jede Sensationsmeldung mit Vorsicht aufnehmen sollte und andererseits sogleich mit einer gründlichen Untersuchung der Sache nachgehen muß.

Ich will meinen Lesern die Angelegenheit in Kürze ins Gedächtnis zurückrufen. Am 30. Juni 1974 flog eine *Concorde* mit zweitausenddreihundert Stundenkilometern über Afrika hinweg. Das Flugzeug sollte die längste Sonnenfinsternis beobachten, die sich in unserem Jahrhundert über diesem Kontinent ereignete. Mehrere automatische Kameras machten Tausende von Aufnahmen. Ein Techniker benutzte jedoch auch seinen eigenen Apparat, um die Landschaft zu fotografieren. Als ein Experte des nationalen Forschungszentrums eine der Aufnahmen genauer betrachtete, glaubte er seinen Augen nicht zu trauen. Da sah etwas aus wie eine riesige fliegende Untertasse! Drei Monate brauchte er, um sich mit dem Unwiderlegbaren abzufinden. Analysen über Analysen, eine Hypothese nach der anderen – der Fleck auf dem Foto widerstand allen Versuchen einer rationalen Erklärung. Diese ungewöhnliche Aufnahme hat bisher nur ein einziger Journalist zu Gesicht bekommen: unser Kollege Georges Fabre vom staatlichen Rundfunksender in Toulouse.

– Nun, Georges Fabre, was ist auf diesem Foto zu sehen?

– Es handelt sich hier um eine Weitwinkelaufnahme, die unten links die Tragfläche der *Concorde* erkennen läßt. In der Ferne ist der Schatten der Sonnenfinsternis zu sehen, die über dem Tschad aufgenommen ist, da sich das Überschallflugzeug in diesem Augenblick in 17000 Metern Höhe befand und eine Fluggeschwindigkeit von 2300 Stundenkilometern hatte. Oben rechts, also im Dunkel der Stratosphäre, sieht man einen kleinen, leuchtenden Fleck. Dieser läßt schon bei genauer Betrachtung durch das bloße Auge erkennen, daß er die Form hat, die man im allgemeinen den UFOs zuschreibt. Der Ausschnitt mit dem Fleck wurde vergrößert. Die Vergrößerung zeigt ein Objekt, das in der Mitte stark leuchtend sein muß, da die Silberschicht des Negativs buchstäblich verbrannt ist.*

Unten ist die Maschine grün, der obere Teil, in dem eine Etage erkennbar ist, ist rot. Also über der ovalen Grundform erhebt sich eine Etage, die etwa zu gleichen Teilen rot und schwarz ist. Insgesamt hat das Objekt wirklich die Form eines UFOs, wie es in Tausenden von Aussagen seit 1947 immer wieder beschrieben wurde. Darüber kann keinerlei Zweifel bestehen. Das Beunruhigende an der Sache bleibt, daß der Wissenschaftler, der das Foto ausgewertet hat, versichert, daß

* Das trifft für den Abzug des Originaldokuments zu, den Georges Fabre gesehen hat, nicht jedoch für das Original selbst. In Wirklichkeit hat das Objekt den Glanz eines eher dunklen Gegenstandes, der dem normalen Sonnenlicht ausgesetzt ist.

die »Erscheinung« einen Durchmesser von mindestens zweihundert Metern hat! Man kann sich schlecht eine irdische Maschine von diesen Ausmaßen vorstellen!
– Sie hatten Gelegenheit, diese Fotografie eingehend zu betrachten. Haben Sie wirklich den Eindruck, daß es sich um ein unbekanntes Flugobjekt handelt?
– Ich habe ebenso wie Sie zahllose Bücher über dieses Thema und alles, was damit zusammenhängt, gelesen. Ich habe sogar Zeichnungen gesehen, und zwar solche, die nicht von Laien, sondern von Wissenschaftlern angefertigt wurden! Sie können die Fotografie morgen selbst ansehen: Sie zeigt tatsächlich die Gestalt eines UFOs – es kann kein Zweifel bestehen. Sogar Herr Turcat, ein Experte auf diesem Gebiet, der immer sehr zurückhaltend mit seiner Meinung ist und das Objekt übrigens nicht im Fluge gesehen hat, mußte zugeben, daß es sehr bemerkenswert sei und daß man der Sache nachgehen müsse, um herauszufinden, worum es sich handele.

Aussage eines der Wissenschaftler, die das Foto einer eingehenden Betrachtung unterzogen haben

– Zwei Dinge sind zur Deutung dieser Fotografie von großer Wichtigkeit. Erstens die Bestimmung der Höhe, in der sich diese Erscheinung befand. Aus der Untersuchung des Bildes kann man schließen, daß sich das Objekt in einer größeren Höhe befand als die *Concorde*. Wenn man die Ausdehnung des Objekts auf der Fotografie betrachtet, kommt man durch eine einfache Überlegung weiterhin zu dem Schluß, daß es kleiner ist als das Flugzeug. Dieses hat nämlich während der Belichtungszeit eine Entfernung von etwa zehn Metern zurückgelegt. Daraus kann man ableiten, daß die minimale Dimension des Objekts in Ruhelage mindestens einen Durchmesser von zweihundert Metern betragen muß. Der Aufnahmewinkel erlaubt den Schluß, daß das Phänomen mindestens zwanzig Kilometer entfernt war – eher mehr. Natürlich befindet sich das Objekt nicht unbedingt im Zustand der Bewegungslosigkeit: Möglicherweise ist es dem Flugzeug gefolgt. In diesem Falle müßten alle diese Daten entsprechend abgeändert werden.
– Würde das bedeuten, daß das Objekt in diesem Falle kleiner war?
– Ja, gewiß.
– Soviel ich weiß, wurde diese Aufnahme einer gründlichen Untersu-

chung unterzogen, in der man allen denkbaren Deutungsmöglichkeiten nachging. Hat man auch daran gedacht, es als Wolke anzusehen (was in 17000 Meter Höhe sehr eigenartig wäre) oder als einen optischen Effekt oder vielleicht einen Meteoriten, eine Sonde oder eine Ballonsonde?

– Selbstverständlich haben wir nahezu alle Deutungsmöglichkeiten ausgeschöpft, davon bin ich fest überzeugt. Zunächst einmal könnte man natürlich sagen, es handle sich um einen Fehler im Bild – aber wir konnten beweisen, daß sich die Abbildung bereits auf der Silberschicht des Negativs befand. Man nahm auch an, daß es sich vielleicht um einen optischen Effekt handeln könnte, etwa einen Reflex in der Cockpitscheibe, eine Spiegelung zwischen Scheibe und Objektiv oder eine Spiegelung der Tragfläche in der Scheibe. Auch dieser Hypothese ist man nachgegangen, und zwar ausgehend von der Gesamtheit der Aufnahmen. Man dachte an atmosphärische Störungen, die im Zusammenhang mit derartigen Beobachtungen häufig genannt werden, wie zum Beispiel atmosphärische Lichtbrechungen, die man manchmal als Luftspiegelungen bezeichnet. Aber auch diese Hypothesen mußten ausgeschlossen werden. Was meteorologische Erscheinungen betrifft, wie sie beispielsweise durch eine Kondensation hervorgerufen werden – etwa die Bildung einer kleinen Wolke –, so sind sie höchst unwahrscheinlich, wenn man berücksichtigt, daß die Beobachtung in stratosphärischer Höhe von 17000 Metern gemacht wurde und sich das Objekt nach allgemeinen Schätzungen sogar eher in 18000 Metern Höhe befand. Das mindeste, was man sagen kann, ist, daß wir augenblicklich über keine Informationen bezüglich irgendwelcher Phänomene der Erdatmosphäre in einer derartigen Höhe verfügen. Die Vermutung, die am wahrscheinlichsten sein dürfte, ist die, daß es sich um einen Satelliten, einen Raketensprengkopf beziehungsweise die im Zusammenhang mit der Bergung eines solchen Sprengkopfes stehenden Instrumente handelte oder aber um einen Wetterballon, eine Ballonsonde und dergleichen. Inzwischen mußten die meisten dieser Hypothesen ausgeschlossen werden, und zwar zunächst aufgrund der Ausmaße des Objekts. Ferner, weil weder ein Ballon noch eine Rakete über dem Tschad in die Luft geschickt worden waren.

Unter diesen Umständen dürfen wir also diese Beobachtung zu so manchen früheren zählen, die mit jenen Dingen im Zusammenhang stehen, die man »unbekannte Flugobjekte« getauft hat.

Zweite Aussage:
Claude Poher, Leiter der Abteilung Raketen und Sonden am Nationalen Institut für Weltraumforschung

Auch Claude Poher hat die Aufnahme eingehend studiert. Er sagt:
– Man muß sich den Beweisen beugen und sich auf die immer häufigere Konfrontation mit dem UFO-Problem einstellen. Das liegt allerdings nicht daran, daß die UFOs zahlreicher werden, sondern an der Tatsache, daß die Menschheit der Sache mit zunehmender Aufmerksamkeit gegenübersteht und auch in der Lage ist, diesem wissenschaftlichen Phänomen ruhig ins Auge zu sehen.
– Wie gelangt denn ein Mann wie Sie, Herr Poher – also ein Wissenschaftler und Raketenspezialist –, zu der Überzeugung, daß es UFOs gibt? Doch gewiß nicht durch das *Concorde*-Foto, das Sie wohl eher in der vorher schon gefaßten Meinung bestätigt hat. Ihre Überzeugung stand vielmehr schon seit mehreren Jahren fest. Wie kam sie zustande?
– Nun, ich bin zu diesem Schluß gekommen, weil ich zunächst überzeugt war, daß es einfach nicht möglich sei. Ich wollte mir mit allen Mitteln der Wissenschaft beweisen, daß es *nicht* wahr ist. Bedauerlicherweise bin ich nach vier Jahren intensiver Studien genau zur entgegengesetzten Erkenntnis gelangt. Die Aussagen der Augenzeugen sind nämlich äußerst logisch und weitgehend deckungsgleich, und wenn man sie statistisch auswertet, kann man in einer ganzen Reihe davon Informationen feststellen, die in den Aussagen selbst nicht ausgedrückt sind. Sie kommen nur heraus, wenn man mit Hilfe von Computern die statistische Auswertung vornimmt. Das weist darauf hin, daß die Aussagen in hohem Maße gleichartig sind. Es ist sehr wahrscheinlich, daß die Zeugen diese Objekte tatsächlich am Himmel erblickt haben.
– Können Sie uns etwas Genaueres über die Entdeckungen sagen, die bei der statistischen Auswertung durch Computer gemacht werden?
– Oh, das geht in recht komplizierte Fachbereiche. Man kann zweierlei sagen. Erstens, daß diese Phänomene den Gesetzen der Optik gehorchen. Je klarer der Himmel ist, desto mehr Beobachtungen liegen vor. Genau, wie man ja auch ein in der Ferne fliegendes Flugzeug mit höherer Wahrscheinlichkeit erkennen kann, wenn der Himmel klar ist. Und diese Erkenntnis findet sich in keiner der Einzelaussagen. Es treten noch weitere Faktoren ähnlicher Art zutage. Wenn die Zeugen beispielsweise sagen: »Ich habe etwas vorbeifliegen sehen, als es regnete«, wissen sie nicht, daß es nach unseren statistischen Erkenntnis-

sen zehnmal weniger Augenzeugen bei Regenwetter gibt als bei Sonnenschein.
– Herr Poher, wie lange befassen Sie sich schon mit UFOs?
– Fast vier Jahre.
– Und wie viele Fälle haben Sie untersucht?
– Oh, ich persönlich habe mehrere hundert untersucht. Dazu habe ich Tausende von Beobachtungsberichten von Augenzeugen gelesen. Das nimmt sehr viel Zeit in Anspruch.
– Soviel ich weiß, haben Sie auf internationaler Ebene Kontakt mit anderen Wissenschaftlern?
– Ja, zahlreiche ausländische Wissenschaftler haben das Problem elenfalls untersucht. In Frankreich tauschen wir unsere Meinungen und Informationen immer untereinander aus, um die Sache ein bißchen vorwärts zu bringen.
– Auf wie viele Länder erstrecken sich Ihre Beziehungen?
– Im wesentlichen auf die Länder, in denen französisch oder englisch gesprochen wird – ich beherrsche nur diese beiden Sprachen.
– Sind Sie zu dem Schluß gekommen, daß in allen Ländern der Erde UFOs beobachtet werden konnten?
– Mit absoluter Sicherheit. Dieses Problem betrifft alle Länder der Erde. Natürlich muß ein Zeuge die Möglichkeit haben, auszusagen, um seine Beobachtungen mitteilen zu können. Insofern sind also die Länder bevorzugt, die über zahlreiche Zeitungen, Radiosender, Fernsehprogramme und dergleichen verfügen. Aber selbst in Gegenden ohne jegliche Kommunikationsmittel findet man Einwohner, die ähnliche Phänomene beobachtet haben.

Die Untertasse der Concorde: *vom Computer abgelehnt*

Bei der Diskussion am Vorabend hatte ich die sagenhafte Aufnahme von der Riesenuntertasse noch nicht gesehen. Kaum erschien sie auf den Fernsehschirmen, rief ich aus: »Aber das ist doch keine Untertasse, sondern eine ganz gewöhnliche Wolke!« Tatsächlich kann man an dem Pseudo-UFO deutliche Gasprotuberanzen erkennen. Wir waren in dieser Sache ein bißchen zu leichtgläubig gewesen. Wir waren aber auch die ersten, die die Wahrheit sagten, und zwar anläßlich einer Diskussion, an der zwei bedeutende Wissenschaftler teilnahmen: Pierre Guérin, Astrophysiker und Projektleiter am Nationalen Forschungsinstitut, und Claude Poher, Leiter der Abteilung Raketen und Sonden am Nationalen Institut für Weltraumforschung.

– Diese Aufnahme ist mir schon seit mehreren Monaten bekannt. Sie wurde mir freundlicherweise zur Information übermittelt, und ich persönlich hatte ihr keine große Bedeutung zugemessen. Ich habe sie übrigens vor kurzem den üblichen Tests unterzogen, die wir mit allen derartigen Informationen durchführen. Das Informationssystem des Computers hat sich geweigert, dieses Phänomen als UFO einzuordnen, da es mögliche andere Erklärungen für diese Art von Beobachtung gibt. Sie gehörte übrigens auch nicht gerade zu den besten Aufnahmen.
– Sie haben eben gesagt, daß der Computer die Aufnahme zurückgewiesen hat. Können Sie sich hierzu etwas deutlicher ausdrücken?
– Das ist aber ziemlich kompliziert! Es gibt eine Reihe von Tests, die es erlauben, sachlich zu überprüfen, ob für die Beobachtung eine natürliche Erklärung zu finden ist. Diese Tests sind unabhängig von den Emotionen, die man als Mensch der *Concorde*, der Sonnenfinsternis oder dem wissenschaftlichen Team entgegenbringt. Es sind rein mathematische Tests. Die Resultate ergeben, wie groß die Chancen sind, eine natürliche Erklärung für das Phänomen zu finden oder nicht. Der Computer wollte diesen Test nicht zu den anderen UFO-Beobachtungen einordnen, weil er offenbar der Meinung war, daß er weder ungewöhnlich noch glaubwürdig genug war.
– Hat der Computer dadurch, daß er die Aufnahme nicht anerkannte, gewissermaßen gesagt, daß es sich in diesem Falle nicht um ein UFO handle?
– Nein, keineswegs. Er hat die Angelegenheit nicht geschluckt, weil die Kriterien, aufgrund deren er ein UFO erkennen kann, nicht gegeben waren. Insbesondere ist es nicht auszuschließen, daß der Film vor oder nach der Aufnahme der Sonneneinstrahlung ausgesetzt war. Wir verfügen über keine Information, die uns bestätigen könnte, daß Hintergrund und Objekt im gleichen Augenblick aufgenommen wurden. Andererseits ist die Qualität dieser Fotografie (die ja ihren Wert als Zeugnis ausmacht) sehr schwach im Vergleich zu anderen Dokumenten, die wir zu diesem Thema besitzen.
– Pierre Guérin ist bei uns hier im Studio in Paris. Pierre Guérin, Sie haben diese Aufnahme unter außergewöhnlichen Umständen ebenfalls gesehen. Was ist Ihre Meinung?
– Ich habe das Originalnegativ gesehen. Ich habe auch die ersten Abzüge genau betrachtet, weil ich sie nämlich selber gemacht habe und sie an Poher in Toulouse schickte, mit der Bitte, festzustellen, ob Raketen abgeschossen worden waren oder sonst irgendwelche Vorgänge stattgefunden hatten, die eine Erklärung für diese Aufnahme

geben könnten. Das Ergebnis von Pohers Untersuchungen war, daß weder eine Rakete noch ein Fallschirm (Fallschirme öffnen sich erst in geringer Höhe) die Erscheinung hervorgerufen haben konnte. Vom astronomischen Standpunkt aus hingegen kann ich versichern, daß entgegen der Behauptung des Observatoriums von Nizza kein Planet die Ursache für diese Erscheinung sein kann, weil diese für einen Planeten einen viel zu großen Durchmesser hat. So standen die Dinge, und ich war ebenso wie Herr Poher zu dem Schluß gekommen, daß die Aufnahme nicht unbedingt ein UFO darstellen mußte. Aus diesem Grunde war ich auch, wie ich immer wieder erklärt habe, in keiner Weise damit einverstanden, daß man das Foto veröffentlichte und viel Aufhebens darum machte. Einer der Abzüge geriet durch Zufall in die Hände der Journalisten. Sie haben den Fehler begangen, einen großen Wirbel darum zu machen und den Fotografen oder einen seiner Kameraden zu irgendwelchen Erklärungen zu drängen, die wie eine Lawine angewachsen sind – übrigens zum großen Bedauern aller beteiligten Personen, die sich nun gestern vormittag in einer äußerst peinlichen Situation befanden – wie wenn sie erklärt hätten, es habe sich um ein UFO gehandelt. In Wirklichkeit hat weder vom Institut für Astrophysik noch von den Astronomen jemand etwas Derartiges behauptet.

Zusammenfassend kann man nicht einmal mehr sagen, daß es sich um ein Objekt gehandelt habe. Damit ist auch öffentlich festgestellt, daß weder Poher noch ich für die Verbreitung dieser Aufnahme verantwortlich sind.

– Was meinen Sie dazu, Claude Poher?

– Ich teile die Auffassung von Guérin voll und ganz und kann versichern, daß auch ich mit der Entstehung dieser Angelegenheit nichts zu tun habe. Ein Team von Reportern, die einen Bericht über den Kometen Kohoutek schrieben, haben auf dem Wege irgendwelcher Flüsterpropaganda von dieser Fotografie Wind bekommen und die Angelegenheit ungeheuer aufgebauscht. Man sollte die Bedeutung dieser ganzen Ereignisse nicht übersteigern, sondern vielmehr die Debatte über die UFOs versachlichen.

– Daß etwas Derartiges ausgerechnet zum Zeitpunkt geschieht, an dem *France-Inter* eine wissenschaftliche Sendereihe über das Problem der fliegenden Untertassen eröffnet, erscheint mir sehr bedenklich. All diejenigen, die sich mit dem Problem nicht befaßt haben – und das sind wahrhaftig viele –, sondern einfach nur glauben, daß die UFOs nicht existieren, können jetzt leicht sagen: Da sieht man's wieder, daß an diesen Geschichten kein wahres Wort ist! Diejenigen dagegen, die

vorher bereit waren, daran zu glauben, sind nun in ernsthafte Zweifel gestürzt.
– Ja, genau!

Das UFO, das Traktoren mochte

Oberst Berton ist ein sympathischer Offizier. Er drückt sich gewandt und präzise aus. Als sehr aufgeschlossener Mann hat er ein starkes persönliches Interesse für die UFOs entwickelt. Nun stellt er Nachforschungen für die GEPA an. Er erhielt den Auftrag, das Ereignis von La Chapelle im Departement Lot-et-Garonne zu untersuchen. Es trat am 13. November 1971 um ein Uhr früh auf.
– Ich habe den Polizeioffizier von Marmande aufgesucht, der mich zusammen mit dem örtlichen Brigadekommandanten begleitete. Alle beide sagten mir, daß es sich bei dem Bauern, der ein fliegendes Objekt gesehen hatte, um einen glaubhaften, soliden Mann handle, der ein ordentlicher Bürger und geistig völlig normal sei. Also gute Voraussetzungen. Wir haben Herrn Angelo Cello besucht, der einen Bauernhof bewirtschaftet und folgende Tatsachen berichtete:
Am Abend des 12. November entschloß sich Herr Cello, der mit seiner Arbeit nicht ganz fertig geworden war, nach dem Abendessen, gegen neun Uhr, noch ein etwa vier Hektar großes Feld zu bestellen. Das große Feld liegt am Hang neben einer Landstraße. Unten ist es durch einen Bach begrenzt, oben verläuft die Straße, und an den beiden Seiten wachsen Hecken. Er begann also gegen neun Uhr abends und arbeitete bis etwa ein Uhr früh. Bis dahin war er nahezu fertig. Er fuhr immer die Furchen entlang auf und ab. Als er die Straße erreichte, bemerkte er in dem Augenblick, da er gerade umkehrte, am unteren Ende seines Feldes, also etwa in zwei Kilometer Entfernung, ein Licht. Er sagte mir: »Ich dachte zunächst, es sei ein Bauer, der ebenso wie ich noch auf dem Feld war.« Als er aber unten am Feld, am Ende der Furche, anlangte, stellte er fest, daß das Licht nicht auf der Erde war, wie er angenommen hatte, sondern in der Luft. Er glaubte etwas zu sehen, das einem senkrecht nach unten gerichteten Scheinwerfer ähnelte, der ein kleines rotes Licht an der Seite hatte. Er nahm an, daß es sich um ein Flugzeug oder einen Hubschrauber handele. Da sein Traktor ziemlich viel Lärm macht, schenkte er der Sache nicht viel Beachtung. Ich muß hinzufügen, daß sein Traktor vorn und hinten mit Scheinwerfern ausgestattet ist, mittels derer er seine Pflugschar im Auge behalten kann. Ein beweglicher Scheinwerfer ermöglicht

ihm, jeden Unfall zu vermeiden. Er fährt also wieder den Hang hinauf und hat plötzlich den Eindruck, daß es hell wird. Er blickt nach oben und stellt fest, daß über ihm etwas schwebt, was nicht als Objekt definierbar ist, sondern vielmehr als Lichter ohne klaren Umriß. Es war taghell.

– In welcher Höhe befanden sich diese Lichter?

– Herr Cello schätzte, in etwa fünfzig Metern.

– War irgendein Geräusch zu hören?

– Er vernahm nicht den geringsten Laut, aber, wie ich schon erwähnte, möglicherweise hat der Lärm seines Traktors alle anderen Geräusche überdeckt. Am oberen Ende der Furche, in der Nähe der Häuser, hatte er die unangenehme Überraschung, daß die eigenartige Maschine mit ihren Lichtern sich senkrecht niederließ, und zwar genau über ihm. Bis zu diesem Augenblick hatte er keine Angst empfunden, da er ja glaubte, es handle sich um ein Flugzeug oder einen Hubschrauber. Beim Anblick dieser herabschwebenden Maschine wurde er jedoch von Panik gepackt. Er ließ seinen Traktor mit laufendem Motor und angeschalteten Scheinwerfern stehen und ergriff die Flucht zum Haus seines Bruders, das nur wenige hundert Meter entfernt ist. Nachdem er trotz seiner schweren Arbeitsstiefel dreißig oder vierzig Meter gerannt war, wandte er sich um und sah fünf nahezu parallele Lichtstrahlen. Die Lichter waren bis auf zehn Meter über seinen Traktor herabgesunken, der nun erleuchtet war wie am hellichten Tag. Dort waren sie stehengeblieben. All das hatte sich weiterhin ohne den geringsten Laut abgespielt. Er hörte nur das Motorengeräusch seines Traktors. Er blieb stehen. Zuerst hatte er vorgehabt, Hilfe und weitere Augenzeugen herbeizuholen. Nun aber hielt er inne, weil das Objekt nach wenigen Sekunden begann, sich wieder zu heben.

– Wie hat er Ihnen dieses Objekt beschrieben?

– Nach Herrn Cello sind es fünf Lichter gewesen. Dann sah er, daß das Objekt wieder stieg. Je weiter sich die Lichter entfernten, desto mehr Mut faßte er, sich seinem Traktor wieder zu nähern. Die Maschine erhob sich auf der gleichen Linie, auf der sie herabgesunken war, auf eine Höhe von etwa fünfzig Metern empor. In diesem Augenblick erreichte Herr Cello seinen Traktor. Er stellte den Motor ab und schaltete die Scheinwerfer aus. Er konnte nicht den mindesten Geruch wahrnehmen und auch keine Veränderung an sich selbst. Das UFO, das wieder an Höhe gewonnen hatte, senkte sich noch einmal bis zu dem kleinen Bach herab und sauste von dort mit einer unglaublichen Beschleunigung nach oben, so daß es innerhalb von Sekundenbruchteilen verschwunden war.

Ist Herr Cello einer Selbsttäuschung zum Opfer gefallen?
Oberst Berton hat weiter nachgeforscht und entdeckte, daß fünfzehn Kilometer entfernt ein anderer Mann am selben Abend ein fliegendes Objekt gesehen hatte.
– Er beschrieb mir die Erscheinung als viel verschwommener, was logisch ist, denn sein Blickpunkt befand sich ja nicht senkrecht darunter.
Auch bei diesem zweiten Augenzeugen handelt es sich um einen Bauern. Er arbeitete nachts in einem kleinen Dorf, das auf dem Gipfel einer Anhöhe gelegen ist, weshalb man sehr weit sehen kann. Dieser Bauer berichtete mir, daß er etwas Helles gesehen habe, ohne es allerdings genau erkennen zu können, weil ihm einige Bäume die Sicht verstellten. Er stieg daraufhin zum höhergelegenen Haus seines Vaters hinauf, wo er voll Überraschung eine Maschine entdeckte, die sich bewegte, mehrmals hin und her flog und ganz deutlich über dem Horizont schwebte.
– Das bestätigt also in gewisser Weise die Aussage von Herrn Cello?
– Ja, das kann man durchaus sagen.
– Herr Oberst, ich möchte Sie nach Ihrer persönlichen Meinung fragen. Glauben Sie, daß diese Leute Geschichten erfunden haben?
– Auf keinen Fall! Diese Bauern haben sicher etwas gesehen. Ich selbst bin kein Wissenschaftler und kenne mich in diesen Problemen nicht besonders aus, aber ich gebe für gewöhnlich nicht viel auf Geschichten, denen es an Genauigkeit mangelt. Herr Cello hat seinen Bericht mehrmals wiederholt, vor Journalisten, vor Polizisten und vor einem Forscher, der die Schilderung übrigens auf Tonband aufgenommen hat. Er tat dies jedesmal mit der gleichen Genauigkeit. Herr Cello ist ein sehr zuverlässiger Mann. Er hatte also nicht etwa eine Geschichte auswendig gelernt. Er wurde Zeuge eines ungewöhnlichen Vorganges, den er nach besten Kräften zu beschreiben versuchte.

Das viereckige UFO von Bolazec

Am 16. Januar 1966 fuhr Eugène Coquil, ein angesehener Schreinermeister, im Auto von Callac nach Hause. Die Nacht war schön. Es war vier Uhr morgens. Der Augenzeuge hat sein Abenteuer René Pleibert erzählt, einem Journalisten des staatlichen Rundfunksenders Brest.
– Es geschah in der Nacht vom 15. auf den 16. Januar 1966.
– Sie wohnen derzeit in der Nähe von Morlaix?
– Ja, fünf Kilometer entfernt.

– Es ist jetzt acht Jahre her – wie alt waren Sie damals?
– Dreiundzwanzig.
– Und Sie waren unverheiratet?
– Damals noch.
– Haben Sie inzwischen eine Familie gegründet?
– Ja, ich bin verheiratet und habe zwei Kinder.
– Und welchen Beruf üben Sie aus?
– Ich bin Schreinermeister.
– Ist Ihnen die Erinnerung an das Ereignis vor acht Jahren noch gegenwärtig?
– Oh, wie wenn es gestern gewesen wäre!
– Sie waren mit dem Auto unterwegs?
– Ja, mit einem *Renault Dauphine.*
– Und wo sind Sie hingefahren?
– Nach Hause. Es war etwa vier Uhr morgens. Ich fuhr durch die kleinen Hügel zwischen den Côtes du Nord und dem Finistère und bog in die Straße nach Callac ein, um von dieser nach Bolazec abzubiegen. Ich war noch einen Kilometer vom Dorf entfernt und fuhr ganz gemächlich, als ich plötzlich in einem Feld ein Licht entdeckte.
– Was dachten Sie sich zuerst dabei?
– Ich dachte zunächst, es sei ein Traktor, der eine Panne hatte. Er war etwa einen Kilometer von meinem Wagen entfernt, und ich sah also nur die Lichter . . .
– Und dann?
– Ich erreichte die Kreuzung und bog nach Bolazec ab, um nach Hause zu kommen. Als ich noch etwa vierhundert Meter entfernt war, dachte ich mir, du mußt anhalten und sehen, was los ist. Ich stieg also aus. Der Mondschein machte alles so hell wie am Tage. (In Wirklichkeit war der Mond gerade erst aufgegangen und stand noch sehr tief am Horizont. Der Augenzeuge hatte möglicherweise das Leuchten des UFOs als Mondlicht angesehen.) Ich ging ein paar Meter in das Feld hinein. Plötzlich entdeckte ich ein Licht, das von einer Maschine herkam, die gerade die Böschung heraufglitt.
– Welche Färbung hatte das Licht?
– Über die Färbung kann ich nichts Genaues sagen, aber an jeder der vier Ecken war ein deutlich erkennbares Licht. Es sah aus wie die Schlußlichter eines *Peugeot 404.*
– An die Färbung des Lichts können Sie sich nicht erinnern?
– Nein. Es war wie das Licht einer Neonröhre. Meiner Meinung nach benutzten »sie« es als Leitstrahlen.
– Haben Sie außer den Lichtern noch etwas gesehen?

– Ja, ich hatte den Eindruck, daß es runde Fenster hatte, deren Farbe sich veränderte.
– Wo befanden sich diese Fenster?
– Etwa in halber Höhe der Maschine.
– Ich nehme an, Sie haben gleich erkannt, daß es sich nicht um einen Traktor handelte?
(Herr Coquil lacht.)
– Aber natürlich!
– Und wie sah diese Maschine aus?
– Sie war mindestens doppelt so groß wie ein Auto.
– Kam sie auf Sie zugeflogen?
– Nein, sie schwebte auf meinen Wagen zu, den ich am Straßenrand mit angeschalteten Scheinwerfern stehengelassen hatte. Es sah genauso aus, wie wenn sie sehen wollte, was das war. Ich selbst war mindestens hundert Meter entfernt.
– Und was taten Sie?
– Ich rannte zu meinem Auto! Immer wieder wandte ich mich nach dieser Maschine um und dachte: Was zum Teufel ist das denn? Sie bewegte sich langsam, vielleicht mit fünf oder sechs Stundenkilometern – allenfalls zehn, aber nicht mehr.
– Hörten Sie ein Geräusch?
– Nein, nicht das geringste.
– Welche Form hatte die Maschine?
– Sie war viereckig, maß etwa drei Meter fünfzig im Quadrat und war ungefähr einen Meter dreißig hoch.
– Sind Sie sofort zu Ihrem Wagen gelaufen?
– Aber sicher! Ich wollte ja schließlich nicht allein in der Nacht stehenbleiben!
– Waren Sie denn beunruhigt?
– Aber natürlich . . .
– Und was geschah, als Sie Ihren Wagen erreichten?
– Ich lief also zu meinem Auto zurück und drehte mich dabei andauernd um, um die Maschine zu beobachten. Wir erreichten meinen Wagen etwa gleichzeitig. Ich bin eingestiegen und schlug die Türe zu. Dann blickte ich durch die Windschutzscheibe und sah das Objekt direkt über mir schweben.
– In welcher Höhe?
– Nicht einmal drei Meter. Sein Abstand vom Boden war nicht höher als eine Zimmerdecke – zwei Meter fünfzig oder drei Meter etwa.
– Und Sie hatten keine Lust, die Hand danach auszustrecken?
(Herr Coquil lacht.)

– O nein, nein! Außerdem saß ich ja in meinem Wagen und hätte es nicht gekonnt, selbst wenn ich gewollt hätte!
– Und *was* wollten Sie?
– Wegfahren!
– Haben Sie das getan?
– Nicht gleich, denn ich konnte nicht.
– Wieso das?
– Weil ich den Motor vier- oder fünfmal abgewürgt habe.
– Vor Aufregung?
– Ja, vermutlich.
– Sind Sie sicher, daß es nicht an Ihrem Wagen lag?
– Nein, nein, es lag an mir!
– Hatten Sie denn Angst?
– Das kann man wohl sagen!
– Und was geschah währenddessen mit der Maschine?
– Ich sah sie in vier oder fünf Metern Entfernung landen. Genau auf der anderen Straßenseite. Sie ist ganz weich gelandet und setzte gar nicht richtig auf dem Boden auf, sondern schwebte in etwa fünfzig Zentimetern Höhe – auf der Höhe der Grasspitzen.
– Und dann?
– Ich versuchte immer noch, meinen Wagen anzulassen, aber ich war so durcheinander, daß es mir nicht gelang. Nachdem die Maschine gelandet war, brauchte ich nochmals dreißig Sekunden, bis ich es endlich geschafft hatte. Dann fuhr ich davon, konnte aber in meinem Rückspiegel das Objekt immer noch sehen. Die Straße führt fünfzig Meter geradeaus bis zur Kurve.
– Dann sind Sie also nach Hause gefahren. Haben Sie gleich mit jemand über Ihr Erlebnis gesprochen?
– Nein. Ich hatte Angst, man würde mich für verrückt halten. Ich habe auch am Tag darauf noch nichts gesagt. Erst am Montagvormittag habe ich es einem Bäcker in Carré erzählt. Er ist gleich zum Bürgermeisteramt gelaufen, und auf diese Weise wurde die Sache bekannt. Ich selbst hatte nicht die Absicht gehabt, in der Öffentlichkeit darüber zu sprechen.
– Sind Sie am nächsten Tag, als es hell wurde, zu der Stelle zurückgefahren?
– Nein. Ich hatte keine Lust, nachzusehen. Ich hatte immer noch Angst.
– Und dann wurde eine amtliche Untersuchung durchgeführt?
– Ja, es kamen die Polizei und Journalisten. Aus Quimper wurde sogar eine Armeebrigade geschickt.

– Und hat man Ihnen etwas über die Ergebnisse dieser Untersuchung mitgeteilt?
– Nein, nie.
– Aber was haben Sie in jener Nacht gedacht, als Sie nach Ihrer Beobachtung nach Hause fuhren?
– Ich wußte überhaupt nicht, was ich denken sollte . . . ich war dermaßen durcheinander . . .
– Aber Sie nahmen doch an, daß es sich um irgend etwas Ungewöhnliches handelte?
– Ja, das sicher! Es war weder ein Hubschrauber noch ein Flugzeug, es machte kein Geräusch . . .
– Haben Sie an die Möglichkeit gedacht, daß es sich um ein Flugobjekt aus einer anderen Welt handeln könnte?
– Damals hatte ich noch keine Romane gelesen und kam überhaupt nicht auf so eine Idee.
– Hatten Sie denn nie etwas von fliegenden Untertassen gehört?
– Ja, so nebenbei mal im Fernsehen. Aber ich interessierte mich nicht dafür.
– In dieser Nacht standen Sie dem Phänomen ganz unvermittelt gegenüber. Sie hätten es sogar berühren können!
– Ja, sicher.
– Sie haben also wohl nicht geträumt?
– O nein, gewiß nicht!
– Sind Sie denn von einer Party nach Hause gekommen?
– Nein. Dafür habe ich übrigens meine Frau als Zeugin. Damals waren wir noch verlobt. Wir hatten den vorhergehenden Tag und einen Teil der Nacht zusammen verbracht. Ich bin morgens um halb vier losgefahren. Ich war bei ihr und ihren Eltern zu Hause gewesen. Wir hatten vier Stunden zusammen am Kamin gesessen und erzählt und dabei nicht einen Tropfen Alkohol getrunken! Jeder, der mich an diesem Tag in Bolazec gesehen hat, kann versichern, daß ich in einem völlig normalen Zustand war!
– Und was denken Sie heute über Ihr Erlebnis?
– Inzwischen ist viel geredet worden. Es gibt zahlreiche weitere Augenzeugen für derartige Maschinen. Ich hoffe nur, daß man eines Tages erfährt, was man davon halten soll . . .

Kurz vor dem Interview mit Herrn Coquil hatte ich einen Vertreter der GEPA getroffen, der damals denselben Zeugen befragt hatte. Der Vergleich zwischen den beiden Aussagen des Augenzeugen ist interessant und zeigt, daß Herr Coquil die Tatsachen – bis auf wenige geringfügige Einzelheiten – genau gleichlautend wiedergegeben hat. Das ist sehr wichtig, denn die Wissenschaftler stützen sich bei ihrer Arbeit zum Teil auf derartige Berichte, wenn sie nicht die Zeit haben, selbst an Ort und Stelle Nachforschungen anzustellen.

– Am 16. Januar 1966 fuhr der Schreinermeister Eugène Coquil in seinem Wagen von Callac nach Hause. Es war vier Uhr morgens. Die Nacht war sehr schön. Als er sich seinem Dorf näherte, entdeckte er in einer Niederung neben einer Gruppe von niedrigen Bäumen ein intensives rotes Licht. Herr Coquil wunderte sich und dachte trotz der späten Stunde, daß es sich um einen Traktor handeln müsse, der eine Panne habe. Auf gleicher Höhe mit dem Licht angekommen, verließ Herr Coquil seinen Wagen und ging auf das Licht zu. Als er zweihundert Meter zurückgelegt hatte, sah er in drei Meter Höhe eine Maschine, die über das Feld kam und ihm entgegenglitt. Er war völlig verblüfft. Er sagte mir, daß die Maschine so viel Licht verbreitet habe, daß er seinen Wagen ohne Scheinwerfer hätte steuern können. Die Maschine glitt bis zu seinem Wagen. Da wurde Herr Coquil von Panik gepackt. Er stürzte auf seinen Wagen zu, in dem sich ein Karabiner befand (in jedem Bauern steckt etwas von einem Wilderer). Kaum hatte er seinen Wagen erreicht, dachte er nicht mehr an den Karabiner zur Verteidigung, sondern nur noch an Flucht. Im Augenblick nämlich, in dem er den Wagen erreichte, ließ sich die besagte Maschine, ein dunkles Ungeheuer von der Größe zweier Autos und einer Höhe von etwa einem Meter zwanzig, zwischen den Telegrafenleitungen am Straßenrand und seinem Wagen nieder. Dort verharrte sie unbeweglich, ohne den geringsten Laut von sich zu geben. Sie strahlte nur ein sehr kräftiges rotes Licht aus, das, wie Herr Coquil mir sagte, den Rücklichtern eines *Peugeot 404* vergleichbar ist. Er stieg rasch in sein Auto. Mehrmals gelang es ihm vor lauter Aufregung nicht, den Motor anzulassen, und er hatte nur noch einen Gedanken: so schnell wie möglich weg! Im gleichen Augenblick, in dem er endlich wegfuhr, ließ sich die Maschine auf der andern Straßenseite, also in einer Entfernung von etwa zehn Metern, bis zu den Spitzen des an dieser Stelle besonders hochgewachsenen Grases nieder.
– Hat man an der Stelle, an der die Maschine niedergegangen ist, irgendwelche Spuren gefunden?
– Dieselbe Frage habe ich Herrn Coquil auch gestellt. Er sagte mir jedoch, daß es am nächsten Tag geschneit habe und er nicht zurückgekehrt sei, um nachzusehen. Ich selbst bin hingegangen, allerdings erst einen Monat nach dem Ereignis, und das war natürlich zu spät . . .

– Hat er der Polizei etwas davon gesagt?
– Als erster hat es der Schreiber auf dem Rathaus erfahren. Er war derjenige, der zur Polizei ging. Die Polizisten haben dann Coquil befragt. Von da an war die Sache öffentlich bekannt. Es scheint mir wichtig, darauf hinzuweisen, daß Herr Coquil ein durchaus seriöser Mann ist. Er erzählt eine derartige Geschichte sicher nicht aus Geltungssucht.

Das Ereignis von Turin

Dieses ist der berühmte Vorfall, der sich am 30. November 1973 auf dem internationalen Flughafen von Turin ereignete. Es ist ein Fall, bei dem man kaum von Massenhysterie sprechen kann: Das UFO wurde von zwei Berufspiloten gesichtet. Ein dritter hat mit seiner Maschine die Verfolgung aufgenommen. Es zeichnete sich auf den Radarschirmen des Flugzeuges ab. Zahlreiche weitere Zeugen, die sich im Flughafen befanden, haben es selbst ebenfalls auf dem Flughafengelände beobachtet.
Gérard Dupagny, der Korrespondent von *France-Inter* in Rom, hat zunächst den Kommandanten Mezzelani befragt.
Aussage des Kommandanten Mezzelani:
– Etwa sieben Minuten vor Beendigung des Fluges 325 der *Alitalia* wies mich der Kontrollturm darauf hin, daß ein unbekanntes Objekt mit starker Lichtausstrahlung auf meinem Landekurs aufgetaucht sei. Ich sah mich also, ebenso wie mein Kopilot, am Himmel um, ohne jedoch etwas entdecken zu können. Wir befanden uns zu diesem Zeitpunkt in zweitausend Meter Höhe. Als wir zwei Minuten vor der Landung bis auf dreihundert Meter heruntergegangen waren, sahen wir plötzlich ein Licht über Turin von bläulichweißer Färbung.
– Hat sich diese Färbung verändert?
– Nein . . . Ich kann nicht sagen, wie weit dieses Licht entfernt war. Ich glaube jedoch, daß es 15 bis 20 Grad über dem Horizont sein mußte. Es war sehr groß und ganz gewiß äußerst ungewöhnlich. Nach meinem Dafürhalten konnte es weder ein Satellit noch ein Stern, noch ein Ballon sein. Ich hatte noch niemals vorher etwas Derartiges gesehen.
– War das Wetter schön? Könnte es nicht etwa ein Magnetgewitter gewesen sein?
– Nein, nichts dergleichen. Die Instrumente zeigten nichts Ungewöhnliches an, und der Himmel war heiter. Der Kontrollturm von

Turin hatte mir gesagt, daß sich ein UFO auf seinen Radarschirmen abzeichne. Es war etwas in der Größe einer *DC 8* oder einer *Boeing 707*. Ich selbst konnte die Ausmaße des Objekts nicht abschätzen, weil ich nur das große, blendend helle Licht wahrnahm.
– Und Ihre Bordinstrumente? Haben Sie mit ihrer Hilfe etwas festgestellt?
– Nein, absolut nichts. Alles war ganz normal. Als wir nach der Landung ins Flughafengebäude gegangen sind, haben wir immer noch das Licht gesehen. Inzwischen war es kleiner. Ich nehme an, daß es sich entfernt hatte, und zwar nach Südwesten. Im Flughafengebäude bestätigte der Pilot einer anderen *Alitalia*-Maschine – der des Fluges 043 –, daß auch er ein sehr großes Licht über Turin wahrgenommen habe. Schließlich hat auch der Pilot einer *Piper* das Licht deutlich erkannt und versucht, es mit Radar zu verfolgen.
– Hat das Radar des Turiner Flughafens das Objekt lange Zeit gesichtet?
– Ja. Es war lange zu verfolgen, und man hat mir bestätigt, daß es die Größe einer *DC 8* hatte. Über seine Geschwindigkeit konnte man mir jedoch nichts mitteilen. Die Radarfachleute sagten mir, daß es sich weder in gerader Linie noch in Kurven bewegt habe, sondern in einer Art Zickzack.
– Haben die Passagiere das Objekt gesehen?
– Nein – zumindest habe ich ihnen nichts gesagt. Ich glaube aber, daß sie nichts gesehen haben.
– Sie haben schon sehr viele Flugstunden hinter sich. War es zum ersten Mal, daß Sie eine derartige Erscheinung wahrnahmen?
– Ja.
– Und darf ich Ihre Meinung dazu wissen, Herr Kommandant?
– Zuerst dachte ich mir nicht viel dabei. Wenn ich aber jetzt an die Sache zurückdenke, kann ich die Möglichkeit einer fliegenden Untertasse auf keinen Fall von der Hand weisen.

Als zweite ungewöhnliche Aussage können wir Ihnen die von Riccardo Marano wiedergeben. Auch er ist Pilot, sicher einer der wenigen, die sich rühmen können, an den Schalthebeln seiner Maschine ein UFO verfolgt zu haben. Hier seine Schilderung:
– Ich wartete zusammen mit einigen anderen Maschinen auf die Landeerlaubnis für den Flughafen Turin. Ich hörte, wie der Kontrollturm eine Maschine, die sich im Landeanflug befand, warnte, daß sich in etwa 1200 Meter Höhe, nicht weit von unserem Landeplatz entfernt, ein unbekanntes Flugobjekt befinde.

– Die Gegenwart dieses Objekts wurde Ihnen also von der Radarstation des Flughafens Turin mitgeteilt?
– Ja. Einer der Lotsen hat uns darauf aufmerksam gemacht. Das Objekt war auf dem Radarschirm geortet worden. Ich habe daraufhin um die Erlaubnis nachgesucht, mit dem Flughafen Kontakt aufzunehmen, um meinen Kurs zu ändern und mich dem Objekt zu nähern, damit ich feststellen konnte, was es war. Ich erhielt die Erlaubnis. Das Radargerät gab mir den Kurs durch, auf dem ich mich dem Objekt nähern konnte. Während ich das tat, gab mir die Radarstation die Information durch, daß sich das Objekt in Richtung auf das Val Susa bewege. Ich änderte also meinen Kurs. Plötzlich jedoch erklärte die Radarstation, daß das Objekt von den Schirmen verschwunden sei. Ich habe den Himmel abgesucht, um die Maschine vielleicht mit dem bloßen Auge zu entdecken. Da erhielt ich von einem soeben gestarteten Flugzeug die Information, daß sich das Objekt hinter mir befinde, und zwar in einer Höhe von 3600 Metern. Ich selbst befand mich in etwa 3000 Meter Höhe. Sofort legte ich mein Flugzeug in eine Kurve und erblickte vor mir das Objekt, das aussah wie eine durchdringend helle, ganz weiße Kugel. Die Stärke des Lichts veränderte sich laufend, ohne daß es jedoch jemals ganz erloschen wäre. Das Objekt selbst befand sich etwas höher als mein Flugzeug. Ich begann also zu steigen, um mich ihm zu nähern. Noch im Aufstieg hatte ich den deutlichen Eindruck, daß das Objekt vor mir auf und ab schwebte. Diesen Eindruck bestätigten übrigens meine Instrumente. Ich benutzte einen Augenblick, in dem es sich unter mir befand, um im Abwärtsfliegen die Geschwindigkeit meiner Maschine auf über 400 Stundenkilometer zu steigern. Dennoch gelang es mir nicht, das Objekt zu erreichen, weil dieses seine Geschwindigkeit ebenfalls beschleunigte und sich immer weiter entfernte. Es drehte nach Süden ab, und ich versuchte noch einige Minuten lang, es zu verfolgen. Wegen der geringen Reichweite meiner Maschine mußte ich jedoch umdrehen und den Flughafen ansteuern.
– Wie lange hat denn diese Verfolgung gedauert?
– Von dem Moment an, in dem ich das Objekt erblickte, bis zu dem Augenblick, in dem ich ihm am nächsten war, müssen etwa sieben bis acht Minuten vergangen sein. Man hat uns gegen 19 Uhr alarmiert, und ich schätze, daß die Erscheinung am Himmel über Turin vielleicht fünfzehn bis zwanzig Minuten gedauert hat.
– Welche Farbe hatte denn das Objekt?
– Ganz intensiv weiß, wie das Licht einer Neonröhre.
– Sind Sie ganz sicher, daß es seine Geschwindigkeit verändert hat?

– Ja. Ich weiß allerdings nicht, um wieviel. Sicher ist lediglich, daß diese Geschwindigkeit höher als meine war, da es mir nicht gelungen ist, das Objekt einzuholen.
– Kann es sich um eine Ballonsonde gehandelt haben?
– Diese Möglichkeit schließe ich mit absoluter Sicherheit aus, denn eine Ballonsonde kann sich nicht mit einer Geschwindigkeit von über 400 Stundenkilometern bewegen.
– Kann es sich um einen streng geheimgehaltenen Militärprototyp gehandelt haben?
– Das kann ich nicht sagen. Auf jeden Fall war es ein Objekt, das mit großer Wahrscheinlichkeit von einem Piloten gesteuert wurde, denn es bewegte sich nach allen Richtungen: Die Art, wie es manövriert wurde, bringt mich zu diesem Schluß. Aber mit Bestimmtheit kann ich es nicht sagen.

Als dritten Zeugen zu dem Ereignis von Turin befragten wir einen Flughafentechniker. Er wollte jedoch anonym bleiben. Seine Aussage ist von grundlegender Bedeutung: Auch vom Radargerät wurde das UFO geortet.
– Am 30. November 1973 schwebte ein weißes, sehr intensives Licht in etwa 1000 Meter Höhe über dem Flughafen von Turin.
– Haben Sie gesehen, wie sich das Objekt am Himmel bewegte?
– Nein, aber viele meiner Kollegen haben es gesehen und seine Bewegungen beobachtet. Ich bin an meinen Arbeitsplatz zurückgekehrt und habe die Unterhaltung zwischen den drei Piloten in der Luft und dem Kontrollturm mitgehört.
– Wie lange war das Objekt über dem Flughafen Turin zu sehen?
– Etwa fünfundvierzig Minuten.
– Hat es denn seine Farbe verändert?
– Ich habe es nur weiß gesehen. Ich habe aber über Funk die Unterhaltung der Piloten mitgehört, die es auch in blauer Farbe sahen.
– Was haben Sie denn empfunden, als Sie dieses »Ding« am Himmel sahen?
– Ich weiß nicht. Ich glaube nicht, daß es ein gewöhnliches Flugzeug war. Vielleicht irgendeine Testmaschine?
– Ist das Objekt auf den Radarschirmen erschienen?
– Ja. Die Männer an den Radargeräten sahen es deutlich. Es war so groß wie ein vierstrahliges Flugzeug.

Als letzte Aussage im Zusammenhang mit dem Ereignis vom 30. November 1973 über Turin zitieren wir die von Franco Contin. Er ist

Amateurfotograf. Am frühen Abend des 30. November machte er Aufnahmen von einem »Stern«, der eine sehr eigenartige Gestalt hatte und sich sehr sonderbar verhielt.

Aussage von Franco Contin:
– Ich ging spazieren und sah ein Objekt, das einem Stern ähnelte. Es war fünf Uhr. Der Himmel war sehr hell, und ich entdeckte einen auffallend leuchtenden Stern. Ich betrachtete ihn und stellte überrascht fest, daß er sich bewegte. Das Ganze ähnelte einer etwas verformten Leuchtkugel.
– Welche Farbe hatte sie denn?
– Sie war weiß, wurde aber plötzlich dunkelorgangerot. Sie verfolgte einen horizontalen Kurs. Zwischendurch legte sie einige Zickzackbewegungen ein. Zweimal sah ich sie auch eine stufenartige Linie ziehen.
– War ihre Geschwindigkeit gleichbleibend, oder hat sie sich verändert?
– Das Objekt veränderte seine Geschwindigkeit. Bald war es langsam, bald sehr schnell.
– Wurde das Objekt wohl von einem Piloten gesteuert?
– Das glaube ich schon.
– Glauben Sie an die Existenz außerirdischer Wesen?
– Ja.
– Haben Sie ein Motorengeräusch vernommen?
– Nein, die Maschine bewegte sich völlig lautlos.
– Kann es sich möglicherweise um eine Ballonsonde gehandelt haben?
– Nein. Ich habe schon mehrfach Ballonsonden am Himmel gesehen: Sie bewegen sich zwar in Kurven, aber niemals im Winkel von 90 Grad.
– Flog es schneller als ein Düsenflugzeug?
– Ich glaube schon.
– Trifft es zu, daß wenige Tage später italienische Jagdflugzeuge das Gebiet des Val Susa überflogen haben?
– Ja, mehrfach sogar.
– Wie lange haben Sie das Objekt gesehen?
– Insgesamt fünfzehn bis zwanzig Minuten lang.
– Als Sie das Objekt entdeckten, waren Sie mit Ihrer Verlobten zusammen. Sie sind schnell nach Hause gefahren, um Ihren Fotoapparat zu holen, mit dem Sie dann die phantastischen Aufnahmen machten, die durch die ganze Presse gingen.

– Ja, genau. Ich konnte zunächst nur eine Aufnahme machen, bevor das Objekt wieder verschwunden war. Danach bin ich in die Berge gefahren und habe dort die weiteren acht Aufnahmen gemacht.
– Waren Sie sehr beeindruckt?
– Erst beim Entwickeln.
– Auf diesen Fotos hat man wirklich den Eindruck einer enormen fliegenden Untertasse, die oval geformt und von außergewöhnlich starker Leuchtkraft ist. Könnte es sich hier um eine fliegende Untertasse handeln?
– Alles, was auf den Fotos zu sehen ist, weist darauf hin.

Die weißen Kugeln und die italienische Bäuerin

Gérard Dupagny, unser Korrespondent in Rom, hat noch einen weiteren Zeugen aufgesucht. Dieses Gespräch hat nichts mit dem Ereignis auf dem Turiner Flughafen zu tun. Es gewinnt aber im Zusammenhang mit mehreren anderen Beobachtungen an Bedeutung, und zwar zuerst mit der von de Janti, der das eigenartige »Geräusch« beschrieb, das die UFOs erzeugen, und außerdem mit der Beobachtung am Strand von Carteret am Ärmelkanal, von der später noch die Rede sein wird.
Hier also die Beobachtungen der italienischen Bäuerin:
– Es war gegen Ende des Fernsehprogramms. Plötzlich ging das Licht aus. Wenige Augenblicke später leuchtete es wieder auf. Ich blieb etwa fünf Minuten still sitzen. Dann habe ich meine Waschmaschine angestellt. Währenddessen vernahm ich ein Geräusch, wie wenn ein Flugzeug im Tiefflug andauernd mein Haus umkreiste. Es ging an diesem Abend ein starker Wind. Als der Wind gar nicht aufhörte zu pfeifen und das Flugzeuggeräusch dauernd anhielt, machte ich die Fenster auf und schaute hinaus. Was ich da sah, versetzte mich in Erstaunen. Der Himmel war ganz unnatürlich, und ich erblickte etwas – wie zwei Leuchtstreifen, der eine violett, der andere rotorange. Zwischen diesen beiden Streifen strahlte direkt über einer Anhöhe ein sehr helles Licht. Ich rief meine Tochter, sie sollte es auch sehen, und sie blieb die ganze Zeit neben mir stehen. Nach einer Weile entdeckte ich ein sehr helles Licht zwischen den Bäumen. Und dann tauchte noch eines auf und noch einmal eines. Alle auf einer Linie. Diese drei Lichter schwebten direkt über der Anhöhe, die hinter unserem Haus ist. Gleich darauf entdeckte ich auch noch andere Lichter. Dann wurde alles rot, dunkelrot, und augenblicklich begannen die »Dinger« sich zu

heben. Meine Tochter und ich beobachteten diese unglaubliche Erscheinung.
– Und dieses »Ding«, von dem Sie sprechen, hob sich also senkrecht empor?
– Ja. Und während es senkrecht nach oben stieg, haben wir in niedriger Höhe etwas am Himmel gesehen, was sehr schwer zu beschreiben ist. Es sah aus wie eine Scheibe, etwas Rundes, Rotes, vom gleichen Rot wie das, das zwischen den Lichtern aufgetaucht war, und an diesem Ding zeigte sich dreimal eine merkwürdige Bewegung, ähnlich wie ein Zucken. Mit diesen drei Stößen bewegte es sich nach rückwärts. Wir standen völlig verblüfft da und sahen zu. Es war mehr als eigenartig! Deshalb sagte ich meiner Tochter, sie solle unsere Freunde holen gehen, die einen Stock über uns wohnen. Ich selber bin auch hinaufgegangen. Ich sagte ihnen, sie sollten das Fenster aufmachen, aber als wir auf den Balkon hinaustraten, war alles verschwunden.
– Wie lange hat diese Erscheinung gedauert?
– Von dem Augenblick, in dem ich das Fenster aufgemacht habe, bis zu dem Moment, wo ich nichts mehr gesehen habe – vielleicht sechs bis sieben Minuten.
– Und hielt das Geräusch während dieser ganzen Zeit an?
– Sie meinen das Flugzeuggeräusch?
– Ja.
– In dem Moment, als ich das Fenster öffnete, hörte der Lärm auf. Aber solange das Objekt ganz rot war, hörte ich ein Geräusch, und zwar ein wirklich unbeschreibliches Geräusch . . .
– Könnten Sie trotzdem versuchen, es zu beschreiben?
– Es ist ein Geräusch, das man nur schlecht erklären kann. Wie ein eingeschaltetes Fernsehgerät, in dem eine Frequenz pfeift. Der Ton war aber nicht konstant, sondern ebbte immer wieder ab und hob von neuem an.
– Hatten Sie Angst?
– Nein, wir waren viel zu überrascht. Wir standen wie betäubt da und sahen zu. Etwas Derartiges hatten wir noch nie gesehen. Meine Tochter, die neben mir am Fenster stand, sah die Scheibe in höchster Geschwindigkeit davonsausen. Sie verschwand hinter den Wolken – also praktisch hinter dem Mond. Und dann sah sie, wie der Mond einen ganz hellen Strahl aussandte. Und das war dann alles.
– Und das Ganze geschah in einer sehr hohen Geschwindigkeit?
– Ja, in einer unglaublichen Geschwindigkeit.

Ein UFO im Netz!

Sie waren zu zweit – Vater und Sohn. Zwei Fischer, die wie alle Fischer der Welt früh am Morgen ausziehen, um ihre Netze einzuholen. Es war im Dezember 1973, etwa dreißig Kilometer von Cherbourg entfernt, am Strand von Carteret. Diese Nacht werden die beiden nicht so schnell vergessen. Charles Mélingue, unser Korrespondent in Cherbourg, hat die Untersuchung durchgeführt. Er hat einen der beiden Fischer ausfindig machen können: den Sohn. Der Vater dagegen war für eine Weile aufs Meer hinausgefahren . . .

– Wir waren bei unseren Netzen angelangt, die schon seit mehreren Tagen ausgelegt waren. Gegen 5 Uhr 30 kamen wir an und entdeckten ein großes Licht auf der Höhe des Meeresspiegels.

– Befand sich das Licht im Wasser oder am Strand?

– Am Strand. Das Licht rührte sich nicht vom Fleck. Zuerst dachten wir, daß es vielleicht ein Auto sei. Aber ein Auto hat ja zwei Scheinwerfer, und wir konnten nur einen entdecken. Wir dachten auch an die Möglichkeit, daß es sich um Schmuggler handeln könnte, und getrauten uns nicht, zum Strand hinunterzugehen. Mein Vater sagte: »Komm, los, wir gehen trotzdem.« Wir stiegen also von unseren Mopeds. Mein Vater ging auf sein Netz zu, und als ich an meinem ankam, entdeckte ich, daß das Licht mitten drin saß. Ich habe schnell meinen Vater gerufen, denn das Ganze war mir doch unheimlich. Ich sagte ihm, daß dieses Licht sich mitten in meinem Netz befände, und er solle kommen. Dann kehrten wir zusammen zu meinem Netz zurück und gingen langsam mit unseren Lampen vorwärts. Das Licht rührte sich noch immer nicht. Da beschlossen wir, nach Hause zu gehen und erst bei Tagesanbruch wiederzukommen. Wir löschten unsere Lampen und stiegen zu unseren Mopeds hinauf. Bevor wir losfuhren, sahen wir, wie das gelbe Licht erlosch. Dann erschien über dem Boden ein blaugrünes Licht, und ein Strahl glitt über die Dünen. Danach haben wir nichts mehr gesehen.

– Haben Sie gesehen, ob sich das Licht in Ihrem Netz bewegte?

– Ja, es bewegte sich und sandte dabei einen Strahl aus, der über den Strand und über die Dünen glitt.

– Haben Sie danach Spuren im Sand entdeckt?

– Wir sind zusammen mit meinem Schwager beim Morgengrauen zurückgekommen und haben nicht die mindeste Spur an meinem Netz entdecken können. Wir haben auch die weitere Umgebung abgesucht, aber ebenfalls ohne Erfolg. Das schien uns schon sehr eigenartig.

– Befand sich das Objekt direkt am Boden oder schwebte es etwas darüber?
– Wir hatten den Eindruck, daß es am Boden lag, weil das Licht vom Boden herkam.
– Haben Sie irgendein verdächtiges Geräusch gehört?
– Nein, nicht das geringste. Auch nicht, als das Objekt wegflog.
– Und Sie haben keinerlei Auswirkung an sich selbst feststellen können – keine Beschwerden, nichts?
– Nein.
– Hatten Sie denn Angst?
– Ja, sehr.
– Und nun gehen Sie trotzdem wie eh und je an den Strand, um Ihre Netze einzuholen?
– Ja. Ich schon. Aber mein Vater will seit der Nacht damals nicht wieder mit hinaus ...

Das Ereignis von Genf

Man könnte fast den Eindruck haben, daß sich die UFOs für die Fliegerei interessieren. Auch der Flughafen von Genf wurde überflogen – und wenn wir uns nicht zur obersten Regel gemacht hätten, jeder Deutung mit äußerster Vorsicht zu begegnen, könnte man fast sagen, er wurde ausspioniert. Aber das Verhalten dieses UFOs, wie es ein Meteorologe des internationalen Flughafens von Genf schildert, ist doch höchst eigenartig. Es war am 14. Mai 1969. Herr de Sarzens erzählt:
– Ich hatte an diesem Tag Nachtdienst. Es war genau 24 Uhr 34. Ich ging hinaus, um die Temperatur abzulesen. Voll Überraschung entdeckte ich in 800 Meter Entfernung und 700 Meter Höhe in nordöstlicher Richtung ein leuchtendes Objekt.
– Wie kommen Sie zu derartig genauen Angaben?
– Ich kenne die Umgebung sehr genau. Während ich die Beobachtung machte, befand sich noch eine Maschine im Anflug. Die Landebahn war noch erleuchtet, die Einflugschneise ebenfalls. Auf diese Weise hatte ich Orientierungspunkte, die präzise genug waren, um die Entfernung des Objekts abzuschätzen. Bezüglich der Höhe habe ich mich an den Wolken orientiert. In dieser Nacht hatten wir eine kompakte Stratokumulusdecke in 900 Metern Höhe, und das leuchtende, klar elliptisch geformte Objekt befand sich zweihundert Meter unter dieser Schicht. Es hatte eine orangene Färbung, und sein Zentrum leuch-

tete stärker als die Ränder. Es hielt sich völlig unbeweglich unter der Wolkenschicht. Ich hatte Zeit genug, ein Fernglas, übrigens ein ausgezeichnetes, herbeizuholen, mit dem ich es fünfundzwanzig Minuten lang beobachten konnte. Leider hatte ich weder ein Teleskop noch einen Fotoapparat dabei. Das Objekt zeigte sich vierunddreißig Minuten lang. Ich wollte in erster Linie herausbekommen, ob innerhalb dieses Leuchtobjekts ein fester Kern zu erkennen war. Aber ich konnte nichts entdecken.

– Sogar mit dem Fernglas nicht?

– Auch mit dem Fernglas sah ich nicht mehr als ein regelmäßig elliptisch geformtes Leuchten. Die Konturen waren keineswegs diffus, sondern es sah vielmehr genauso aus, als ob das Objekt aus weißglühendem Metall bestünde.

– Hat es sich denn überhaupt nicht bewegt?

– Überhaupt nicht. Ich schätzte seine Maße auf mindestens zehn Meter Durchmesser und 3,50 Meter Höhe. Eigenartig war, daß ich zwischendurch ein plötzliches Aufleuchten beobachten konnte, das jeweils etwa eine fünfhundertstel Sekunde dauerte.

– Wie ein Blinklicht?

– Ja, wie ein Blinklicht – also etwa von der Dauer eines Augenzwinkerns. Ich hatte den Eindruck, daß das Objekt zum Spaß das Starten und Landen der Flugzeuge beobachtete, denn ich kann nicht sagen, wie lange es schon da gewesen war. Plötzlich wurde das Leuchten stärker. Das Objekt bewegte sich ganz langsam etwa dreihundert Meter in gleicher Höhe südwestlich. Dann neigte es sich etwas schräg, beschleunigte seine Geschwindigkeit und verschwand in den Wolken. Auf diesen Augenblick hatte ich gewartet, denn ich konnte deutlich sehen, wie sich die Stratokumulusschicht zerteilte, als sie von dem Objekt durchflogen wurde. Metall konnte ich allerdings nicht erkennen.

– Was könnte das Ihrer Meinung nach gewesen sein?

– Nach meinem Dafürhalten war dieses Objekt »intelligent«. Es war nicht ohne Absicht da. Es hielt sich deutlich sichtbar unter der Wolkenschicht, ohne die Landemanöver der Flugzeuge zu stören. Ich hatte auch den Eindruck, daß seine Lage unter der Wolkenschicht strategisch bedingt war, weil es bei einem eventuellen Angriff schnell in Deckung gehen konnte.

– Ziehen Sie aus alledem den Schluß, daß es auf einem Beobachtungsposten war und von intelligenten Wesen gesteuert wurde?

– Ich möchte nicht so weit gehen, von intelligenten Wesen zu sprechen, aber sagen wir ruhig, von »etwas« Intelligentem. Da ich schon seit mehreren Jahren in meinem Beruf tätig bin, möchte ich auch gleich hinzufügen, daß es sich mit Sicherheit nicht etwa um einen von einer irdischen Lichtquelle angestrahlten Wolkenfetzen gehandelt haben kann.

– Die genaue Beobachtung des Himmels gehört ja zu Ihrem Beruf . . .

– Ja, natürlich.

– Bewegte sich das Objekt sehr rasch, als es dann verschwand?

– Als es begann, auf der gleichen Höhe seinen Standort zu verändern, noch nicht. Ich konnte es in aller Ruhe beobachten. Es sah sehr schön aus. Nur die Leuchtkraft wurde stärker. Als es sich aber neigte, um in die Wolkenschicht aufzusteigen, beschleunigte es seine Geschwindigkeit – allerdings nicht stark.

– Gibt es für diese Erscheinung noch weitere Zeugen?

– Nein, es gibt keine weiteren Zeugen – ich war ganz allein.

Ein UFO in Nepal und eins in Großbritannien

Wir haben keinen Korrespondenten in Nepal. Es gelang jedoch unserem ständigen Sonderbeauftragten in London, Henri di Donna, dort Erkundigungen über ein beachtenswertes Ereignis einzuziehen. Er sprach in England mit zwei Augenzeugen, die übereinstimmende Aussagen von unschätzbarem Wert machten. Hier zunächst Stephan Gil:

– Am 18. April 1972 badete ich gegen acht Uhr abends zusammen mit einem Freund in einem See in Nepal, als ich im Westen etwas entdeckte, das aussah wie eng nebeneinanderliegende Punkte, die mich an einen Vogelzug erinnerten. Ich fragte meinen Begleiter gleich, ob er diese Zugvögel sehe, aber da waren sie auch schon verschwunden. Wenige Minuten später waren die eigenartigen Vögel wieder am Himmel. Und plötzlich verschmolzen die einzelnen Punkte zu einer fliegenden Untertasse. Dieses Objekt begann sich langsam fortzubewegen. Voller Erstaunen folgten wir ihm mit den Augen. Das Objekt nahm dann die Form eines kleinen Rauchrings an und blieb in dieser Gestalt etwa dreißig bis vierzig Sekunden. Plötzlich nahmen wir über uns am Himmel eine ganz außergewöhnliche Erscheinung wahr. Zahlreiche Ansammlungen solcher Punkte verwandelten sich zunächst in Untertassen, dann in Rauchringe. Das ging etwa eine halbe Stunde so weiter. Die untertassenförmigen Gebilde bewegten sich mit erstaunlicher Geschwindigkeit. Wir fühlten, daß wir Zeugen eines einmaligen, wirklich unwahrscheinlichen Ereignisses waren! Ich bin überzeugt davon, daß es sich um sogenannte »unbekannte Flugobjekte« handelte.

Rodigue Baird, der zweite Lehrer, bestätigt die Erzählung:
– Ich hatte den gleichen Eindruck wie mein Freund. Es sah aus wie Bienenschwärme, die sich sammeln. Dieser Eindruck dauerte etwa vier Sekunden. Dann haben wir gesehen, wie die einzelnen Punkte miteinander verschmolzen, und zwar zu acht oder neun Untertassen. Einige davon sausten ziellos durch den Himmel, wie ein fliegendes Ballett. Ich hatte den Eindruck, daß diese Objekte von einer übergeordneten Macht gesteuert wurden. Aber ich kann das nicht weiter erklären. Wir hatten zwar einen Fotoapparat dabei, aber auf dem Film war nur noch eine einzige Aufnahme. Ich sollte knipsen, auf Steves Kommando. Zwischen dem Moment, in dem er »jetzt« sagte, und meinem Druck auf den Auslöser begannen die Untertassen zu verschwinden. Was zurückblieb, war nur noch ein Rauchkringel. Ich persönlich glaube, daß sie unsere Gegenwart gespürt haben. Auch die Ringe verschwanden wenige Augenblicke später. Das Foto, das wir aufgenommen haben, wurde von Experten untersucht und als echt anerkannt. Unser Bericht wurde von einer britischen Zeitschrift veröffentlicht, die auf diesem Gebiet führend in der Welt ist, der *Flying Saucer Review*.

Kehren wir nun von Nepal nach Großbritannien zurück, wo wir uns mit Antony Russel unterhielten.
Er hat das Glück gehabt, ein UFO zu entdecken, genau in dem Augenblick, als er einen neuen Fotoapparat mit Teleobjektiv ausprobierte.
– Im November 1965 wohnte ich in Frettam, einem Vorort von London. Ich bin begeisterter Fotograf und stand gerade mitten im Wohnzimmer, um durchs Fenster mein neues Objektiv auszuprobieren. Ich richtete es auf eine Kirchturmspitze, oder vielmehr auf den Wetterhahn darauf. Wenn ich eine Aufnahme mache, halte ich immer beide Augen offen. Während ich also mit dem einen Auge visierte, entdeckte ich plötzlich mit dem andern ein Objekt am Himmel, das sich zu bewegen begann. Ich richtete meinen Apparat auf dieses Ding, denn es hatte die herkömmliche Form einer fliegenden Untertasse. Ich knipste eine Aufnahme und schraubte dann das Teleobjektiv auf meinen Apparat. In diesem Augenblick begann das Objekt sich sachte schwebend herabzusenken – wie ein welkes Blatt. An diesem Tag war das Wetter sehr gut, und ich konnte erkennen, daß die Maschine eine

rote Färbung hatte. Sie verharrte etwa zehn Sekunden unbeweglich. Dann begann sie, Standort und Gestalt zu verändern. Und plötzlich entfernte sie sich und verschwand mit einer unglaublichen Geschwindigkeit. Meine Aufnahmen – Diapositive – wurden von Experten untersucht. Sie haben einstimmig und mit absoluter Sicherheit festgestellt, daß die Bilder echt sind. Sie wurden, ebenso wie mein Bericht zu dem Ereignis, in der ganzen Welt veröffentlicht und beachtet.
– Glauben Sie an fliegende Untertassen?
– Vorher nicht! Ganz gewiß nicht! Ich hielt das für eine alberne Erfindung. Nun bin ich von der Existenz der fliegenden Untertassen überzeugt, denn ich habe mit eigenen Augen eine gesehen und sie fotografiert.

Ein UFO im Jahre 1934

Es war in England, im Jahre 1934, und zwar genau am 14. Juli. Damals sprach man noch nicht von »fliegenden Untertassen«. Der Begriff entstand erst im Jahre 1947, als ein Pilot über dem Staate Washington Scheiben wahrnahm, die er gegenüber den Journalisten, die ihn befragten, als »Untertassen« beschrieb. Der Augenzeuge, der uns hier Auskunft gibt, ist Paul Faiveley, ein Franzose.
– Eines Abends, als ich länger als sonst im Bett gelesen hatte, stellte ich plötzlich fest, daß ich mein Portemonnaie verlegt hatte. Das ließ mir keine Ruhe, denn ich bewahrte darin das Geld für meinen ganzen Aufenthalt auf. Also stand ich auf und ging hinaus. Es war etwa eine halbe Stunde vor Mitternacht. Der Himmel war klar und sternenübersät. Ich ging zum Schwimmbad und suchte die Kabine, die ich am Nachmittag benutzt hatte. Als ich im Halbdunkel meine Hand über die Bank gleiten ließ, fühlte ich das Portemonnaie und war sehr erleichtert. Beruhigt machte ich mich auf den Heimweg. Ich mußte einen leichten Abhang hinaufgehen. Auf halber Höhe hatte ich den Eindruck, daß es um mich her heller wurde, und bald war dieser Eindruck zur Gewißheit geworden: Es war ganz hell. Ich sah, wie sich mein Schatten vor mir verkürzte. Ich begann mich etwas unbehaglich zu fühlen, denn ich wußte, daß sich hinter meinem Rücken nichts befand, was Licht hätte ausstrahlen können – keine Straße, kein Haus. Es wurde jedoch immer heller. Ich wandte mich um, um die Lichtquelle festzustellen, und sah eine vollkommen runde Scheibe von blendendem Weiß, dem mein Blick gerade noch standhalten konnte. Ich sah sie schräg von oben – wie einen Teller aus vier Metern Entfer-

nung. Ich erinnere mich, daß ich mehrmals hintereinander laut gefragt habe: »Was ist das denn bloß?« Als ich das »Ding« entdeckte, bewegte es sich noch. Nach zwei oder drei Sekunden aber, während ich daraufstarrte, blieb es stehen, und zwar ziemlich genau senkrecht über der Stelle, wo ich mich befand. Nach etwa zwei Minuten begann die Maschine, die die ganze Umgebung erhellte, sich mit einem blauen Rand, wie mit einem Heiligenschein, zu umgeben, der sich um die blendendweiße Scheibe legte. Nach etwa einer Minute verwischte sich das Blau. Die Scheibe blieb blendend weiß. Dann wurde das Licht etwas schwächer. Es wandelte sich zu mattem Weiß und von da kaum merklich zu Gelb und schließlich zu Orangerot. Nun begann die Scheibe auch, sich zu bewegen. Zuerst nur langsam, dann aber zeigte sie eine geradezu phantastische Beschleunigung. Innerhalb weniger Sekunden war sie verschwunden. Damals hatte man noch nie von derartigen Phänomenen gehört. Nun aber kann ich es benennen: Es war eine fliegende Untertasse! 1934 gab es diesen Begriff noch nicht. Er wurde erst 1947 geprägt, und zwar im Verlauf eines Gesprächs zwischen einem amerikanischen Piloten und Journalisten. Diese fragten: »Was haben Sie gesehen, und wie sah es aus?« – »Es ähnelte einer fliegenden Untertasse«, gab der Pilot zur Antwort. Damit war der Begriff geschaffen. Als ich nach Hause kam, weckte ich einen englischen Kameraden auf, um ihm die Geschichte zu erzählen. Er sagte: »Ich glaube, du spinnst! Das ist doch eine Geschichte ohne Hand und Fuß! Laß mich schlafen!«

– Sie sind also überzeugt, ein UFO gesehen zu haben?

– Ich bin ganz sicher. Für mich besteht darüber kein Zweifel. Ich verstehe zwar ganz gut, daß man meiner Erzählung skeptisch gegenübersteht, aber glauben Sie – es war wirklich so!

– Was ungewöhnlich ist, sind die zahlreichen Einzelheiten, an die Sie sich noch vierzig Jahre danach erinnern.

– Ja, das mag erstaunlich sein. Aber ich wußte schon in dem Augenblick, in dem ich das Objekt sah, und auch nachdem es verschwunden war, daß ich es für den Rest meines Lebens nicht vergessen würde.

Ein UFO, so groß wie ein Haus

Vor uns sitzt eine kultivierte Dame. Sie hat die Kunstakademie besucht. Bis heute hat sie ihr Erlebnis noch niemandem anvertraut. Nun spricht sie zum ersten Mal. Aber sie möchte ihren Namen geheimhalten. In dem Interview mit André Darcheville erinnert sich Frau C.

noch nach achtzehn Jahren ganz genau an die entsetzliche Septembernacht von 1956. Frau C. war im Wagen unterwegs. Ihr Freund, ein Militärpilot, saß am Steuer. Hören Sie selbst, was Frau C. zu erzählen hat:

– Es geschah im September 1956. Ich war Studentin und hatte dementsprechend herrlich lange Ferien. Seit drei Monaten war ich zu Hause bei meinen Eltern. Der Himmel war stockfinster – Neumond –, aber es war nichts von ihm zu sehen. Ich werde nachher noch sagen, warum mir diese Einzelheit so auffiel und im Gedächtnis haftenblieb.

– An welcher Stelle war es genau?

– Es war am Bauernhof von Plaisance, am Anfang des Dorfes Serdon im Loiret, auf der Straße, die von Argent-sur-Saulne nach Serdon führt. Ich wurde von einem Freund nach Hause gebracht. Er war damals bei den Marinefliegern und hatte gerade eine Weltumsegelung auf der *Jeanne d'Arc* mit einem Lehrgang über die Landung auf Flugzeugträgern abgeschlossen. Er verbrachte seine Ferien zusammen mit mir in dem genannten Dorf. Wir waren zum Abendessen bei Freunden eingeladen gewesen und hatten versprochen, früh nach Hause zu kommen. Trotzdem fuhren wir erst gegen Mitternacht los. Für die Fahrt nach Serdon brauchten wir zehn Minuten. Als wir die große Kastanie erreichten, die gegenüber dem Hof von Plaisance steht, fing der Motor an zu stottern, und der Wagen blieb stehen. Hinter der Kastanie lagen ein Wäldchen und ein Maisfeld. Mein Freund stieg aus, stellte jedoch fest, daß mit dem Motor alles in Ordnung war. Plötzlich hob er den Kopf und rief: »Los, schnell! Hier ist irgendwas!« Wir stürzten Hals über Kopf in den Graben neben dem Maisfeld und gingen dort in Deckung. Ich hob den Kopf, um alles sehen zu können. Ich muß an dieser Stelle einfügen, daß ich sehr kurzsichtig bin und meine Aussage deshalb nicht so genau sein kann, wie wenn ich normale Sehkraft besäße. Mein Freund dagegen, der ja Flieger war, hatte ausgezeichnete Augen. Ich erinnere mich Wort für Wort an alles, was er sagte, obwohl es nun schon so lange zurückliegt – denn es hat mich damals zutiefst beeindruckt. Eine riesige, schweigende Masse schwebte in einer Höhe, die er auf zweihundert Meter schätzte, völlig unbeweglich über uns. Er sagte mir nachher, daß sie etwa so groß wie ein Haus mit vier bis fünf Etagen gewesen sei. Es war also tatsächlich riesig, was sich da vor dem schwarzen Himmel abhob. In meiner eigenen Erinnerung ist es ein nebelhaftes rundes Ding, das sich nicht rührte und nicht den leisesten Laut von sich gab. Nach etwa fünf Minuten ging ein Licht von Bord dieser Maschine aus. Es traf uns

nicht gerade wie etwa ein Scheinwerferstrahl, sondern entrollte sich, ähnlich wie eine Strickleiter. Es fiel recht langsam herab – ja, genau wie ein Seil, das man abrollt. Nachdem das Licht den Boden erreicht hatte, hätte man es für einen gewöhnlichen Scheinwerferstrahl halten können. Wir hatten den Eindruck, daß das Licht uns ausfindig machen sollte. Sobald sich nämlich irgend etwas rührte, richtete sich der Lichtstrahl auf diese Stelle. Was mir am meisten Angst eingejagt und auch meinen Begleiter gewiß am stärksten beeindruckt hat, war, daß alles, was von diesem Strahl angeleuchtet wurde, in völlig unnatürlichen Farben erschien – ähnlich also wie bei Jodscheinwerfern. Ich habe niemals wieder eine ähnliche Farbenvielfalt erlebt. Neben uns hob sich das Wäldchen vor dem Mais mit seinen gelben Kolben und grünen Blättern ab. Jedesmal jedoch, wenn der Lichtstrahl auf den Mais fiel, nahm er eine ganz harte blaue Färbung an. Einmal strich der Lichtstrahl auch über meine Hand, die etwas aus dem Graben heraussah – sie wurde zitronengelb! Diese Farben haben sich in mein Gedächtnis eingeprägt, und ich werde sie nicht vergessen. Ich verstehe etwas von Farben, damals besuchte ich nämlich die Kunstakademie und malte selbst. Es war eine ausgesprochen »unmenschliche« Empfindung. Meine Hand prickelte. Mein Begleiter sagte: »Zieh deine Hand weg! Es macht aber nichts, es ist nur Ozon.« Ich wiederhole hier nur, was er mir gesagt hat. Wir blieben gut anderthalb Stunden dort. Während der ganzen Zeit verharrte die Maschine bewegungslos über uns.
– Und Sie haben das Maisfeld nicht verlassen?
– Nein. Wir hatten beide viel zuviel Angst. Meine Angst war um so stärker, weil sich ja mein Freund, den ich für mutig und erfahren hielt, von einer Kleinigkeit wie etwa einer Ballonsonde keinen Schrecken hätte einjagen lassen.
– Hatte das Objekt eine sehr starke Leuchtkraft?
– Nein, es war eher düster. Das Licht ging von dieser Art Leuchtstrahl aus, der uns suchte.
– Und das alles ohne ein Geräusch?
– Ohne jedes Geräusch. Als wir uns noch einmal darüber unterhielten, fiel uns eine Einzelheit auf. Mein Vater, der sehr böse war, als wir mit eineinhalb Stunden Verspätung zu Hause eintrafen, überschüttete uns mit Fragen. »Sobald sich etwas bewegte, rührte sich der Lichtstrahl. Ihr müßt euch also bewegt haben!« Um uns her waren viele Hasen und Vögel gewesen, die anscheinend von dem, was geschah, in keiner Weise beeindruckt waren und ungestört weiterhoppelten und pfiffen. Als wir darüber nachdachten, hatten wir den Ein-

druck, daß die Tiere die Erscheinung überhaupt nicht wahrgenommen hatten.
– Wie hat sich denn die Maschine entfernt?
– Wissen Sie, wir haben die Maschine wie gebannt betrachtet – es war wirklich zum Fürchten. Wir hatten ganz den Eindruck, daß es sich um etwas handelte, was an den Grenzen unserer Erkenntnisfähigkeit lag. Ich war wenige Jahre zuvor, zur Zeit der Bombardierung, in Orléans gewesen. Vor den Bomben und Flugzeugen hatte man Angst, weil es etwas so Unheimliches war. Auch diese Erscheinung hatte etwas absolut »Unmenschliches«. Was mag es gewesen sein? Wir wußten es nicht . . . Auf einmal hatte ich den Eindruck, daß sich das Ding bewegte. Die Maschine hob sich senkrecht in die Höhe. Sie beschrieb einen rechten Winkel und verschwand in Richtung Loire, nach Les Bordes, einem kleinen Dorf, das südlich des Flusses liegt.
– Und immer noch geräuschlos?
– Völlig. Wir sind dann nach Hause gefahren und haben mit meinen Eltern über dieses »Ding« gesprochen, aber sie glaubten uns kein Wort. Am nächsten Tag am Frühstückstisch zeigte sich mein Vater jedoch sehr beeindruckt. Er sagte zu meiner Mutter: »Schimpf nicht mit ihnen, die Geschichte ist tatsächlich wahr!« Der Milchmann (der inzwischen übrigens gestorben ist) hat die gleiche Beobachtung gemacht. Er hat das Flugobjekt in Bordes gesehen, als er unterwegs war, um die Milch einzusammeln.
– Ist der Milchmann auch aufgehalten worden?
– Ja, fünfundzwanzig Minuten lang. Er hat sich unter seinem Lieferwagen verkrochen und gestand uns, daß er im ganzen Leben noch nie solche Angst gehabt habe.
– Haben Sie mit irgend jemandem darüber gesprochen – vielleicht mit der Polizei?
– Nein, mit niemandem. Sie wissen ja, was die Leute sagen, wenn man über so etwas spricht: »Die ist ja übergeschnappt! Sie haben zuviel getrunken!« Irgend so etwas.
– Und was hat Sie nun veranlaßt, darüber zu sprechen?
– Die Tatsache, daß es seit einiger Zeit eine Menge Leute gibt, die diese Sachen ernst zu nehmen scheinen.

Die Riesenzigarre in Nordfrankreich . . .

Am 31. Dezember 1973 um sechs Uhr morgens fährt Herr Lifooghe, ein Lebensmittelhändler, zum benachbarten Markt von Haisnes, um einzukaufen. Er kennt die Straße gut, denn er macht dreihundertmal im Jahr den gleichen Weg. Plötzlich tauchen rechts von ihm zwei Scheinwerfer auf. Ein Auto? Aber auf welcher Straße? An dieser Stelle gibt es doch gar keine! Einer der Reporter von *France-Inter*, Euloge Boissonade, ist diese Straße entlanggefahren; an seiner Seite saß Herr Lifooghe.

– Ich war genau an dieser Stelle hier angekommen. Hundert Meter rechts vor mir sah ich zwei Scheinwerfer unbeweglich am Boden. Ich bin weitergefahren. Auf einmal bewegten sich die Scheinwerfer auf mich zu und wandten sich dann plötzlich ab. Als ich nichts mehr sah, dachte ich mir, daß das Fahrzeug nach links weitergefahren sei, auf der Straße, an der wir grade vorbeigekommen sind, aber auch dort sah ich nichts. Ich fuhr hier durch die Felder und sah etwa hundert Meter vor mir eine Rakete am Boden stehen.

– Eine Rakete?

– Ja, eine Rakete! Lichter flammten auf, und ich konnte den genauen Umriß erkennen. Es sah genauso aus wie eine Rakete. Sie war dreißig bis fünfzig Meter hoch. Als ich sie erreichte, fing sie an, sich zu bewegen. Dann begann sie zu leuchten und wurde immer heller.

– In welcher Farbe leuchtete sie denn?

– Zunächst rotorange, dann ganz grell weiß. Man konnte gar nicht mehr hinsehen. Die Rakete verschwand mit einer unglaublichen Geschwindigkeit am Himmel. Ich fuhr weiter und glaubte schon, ich spinne. Mir war klar, daß ich etwas ziemlich Außergewöhnliches gesehen hatte. Sobald ich meine Einkäufe erledigt hatte, fuhr ich zu der Stelle zurück und streifte ein bißchen durch die Felder, um nachzusehen, ob es wirklich Spuren von etwas Konkretem gebe oder ob ich unter Halluzinationen litt. Ich sah also im Feld nach und entdeckte Fußspuren. Spuren winziger Schritte, die in einem Punkt zusammenliefen. Ich folgte ihnen und stieß direkt auf eine Vertiefung im Boden. Das kam mir sehr verdächtig vor, denn die Fußspuren und die Vertiefung waren frisch, während alles in der Umgebung gefroren war. Ich suchte weiter und fand noch zwei Vertiefungen, und zwar genau an der Stelle, an der ich die Maschine starten gesehen hatte.

– Können Sie uns die Rakete beschreiben?

– Diese zweite Maschine . . .

– Sie sprechen von einer zweiten Maschine?

– Ja, weil die erste, die ich am Straßenrand gesehen hatte, verschwunden war, ohne Spuren zu hinterlassen. Ich schließe daraus, daß sich die erste Maschine mit der Rakete vereinigt hat.
– Wie hoch war sie denn?
– Etwa zwischen dreißig und fünfzig Metern. Diese Maschine hatte die Gestalt einer Granate oder einer Zigarre mit einer Verdickung in der Mitte.
– Und wie war das mit den Fußabdrücken?
– Sie waren etwa so groß wie die eines zehnjährigen Kindes, aber viel schmaler als die eines menschlichen Wesens. Das private Untersuchungszentrum, das sich mit der Sache befaßt hat, konnte in diesen Fußabdrücken Ionenspuren feststellen – die nirgends sonst in der Umgebung vorkamen.
– Was haben Sie denn empfunden, als Sie diese Maschine erblickten?
– Ich war völlig verblüfft, plötzlich eine Rakete von derartigen Ausmaßen vor mir zu sehen und noch dazu auf einer Straße, die ich so häufig benutze. Als ich darauf zufuhr, sah ich die Maschine abheben und sich zur Seite neigen, wie wenn sie gleich auf mich herabstürzen würde. Dabei leuchtete sie plötzlich so stark auf, daß es aussah, als

Links: Diese Aufnahme ist dem Film entnommen, den Rolland L. am 8. Dezember 1973 um neun Uhr morgens in Crosnes, zwanzig Kilometer von Paris entfernt, aufgenommen hat.

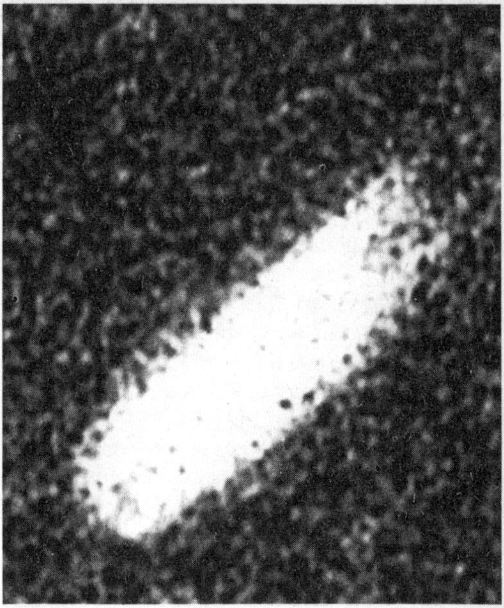

Rechts: Dasselbe Bild in 350facher Vergrößerung zeigt das Objekt und eine dunkle Zone innerhalb des leuchtenden Ovals.

ob sie verbrenne. Während ich noch geblendet war, verschwand die Maschine. Als ich zurückkam, stellte ich mein Auto auf dem Weg ab und begann, das Feld links von mir abzusuchen, das zwar gepflügt, aber fest gefroren war. Bei dieser Gelegenheit entdeckte ich die Fußspuren. Diese Wesen hatten sich also auf dem Feld bewegt! Als ich nach einer Viertelstunde Suchens die Schritte entdeckte, dachte ich, sie stammten von Kindern, die vielleicht nach altem Eisen gesucht hatten – in dieser Gegend war nämlich während des Ersten Weltkrieges gekämpft worden, und in den Schulferien kommen öfters Kinder her, die sich mit dem alten Eisen ein bißchen Taschengeld verdienen wollen. Die aus unserer Gegend, die mit der Landwirtschaft aufgewachsen sind, laufen natürlich nicht in ein frisch gepflügtes Feld. Andererseits waren die Fußspuren aber sehr klein. Ich glaubte also nicht recht an diese Möglichkeit. Ich ging auf die andere Seite hinüber und sah die gleichen Fußabdrücke an einer nicht gefrorenen Stelle. Dann entdeckte ich eine kleine Vertiefung im Boden. Sie hatte einen Durchmesser von zehn Zentimetern und war etwa fünf Zentimeter tief. Außerdem fand ich noch zwei ähnliche Vertiefungen. Auch hier haben Spezialisten mit ihren Zählern Ionenspuren feststellen können.

– Sie sprechen von Abdrücken. Stammten sie von Schuhen oder von nackten Füßen?
– Nein, es waren Schuhabdrücke. Sie hatten die Form von flachen Sohlen mit einem kaum merklich stärker ausgeprägten Absatz. Die Leute, die sich mit diesem Problem eingehend befassen, haben von Humanoiden gesprochen, also von Wesen, die uns ähnlich sind.

Herrn Lifooghes Erzählung ist recht ungewöhnlich. Die Polizei hat deshalb eine Untersuchung durchgeführt. Hauptmann Yves Batard teilte Euloge Boissonade seine Schlußfolgerungen mit:
– Herr Hauptmann, in Ihrem Revier hat Herr Lifooghe am 31. Dezember letzten Jahres die geheimnisvolle Maschine gesehen, die er uns eben beschrieben hat. Sie haben mit ihm gesprochen. Glauben Sie, daß man ihn ernst nehmen darf?
– Wir gewannen den Eindruck, daß Herr Lifooghe dieses Objekt tatsächlich gesehen hat. Er hat uns gesagt: »An dieser Stelle habe ich das gesehen, an der oder jener andern dies oder jenes.«
Dann hat er den Boden abgesucht und uns die Spuren gezeigt. Tatsächlich haben wir Spuren gesehen, die uns jedoch nicht besonders auffällig erschienen.
– Wie sahen diese Spuren denn aus?
– Wie kleine, sehr regelmäßige Löcher von einem halbkreisförmigen Objekt, das auf den Boden aufgesetzt hatte.
Wir haben die Entfernung zwischen diesen drei Spuren gemessen. Sie bilden ein gleichschenkliges Dreieck mit einer Basis von 8,80 Metern und 4,70 Metern Seitenstrecke.
– Hat Herr Lifooghe auch die Fußspuren erwähnt?
– Richtige Fußabdrücke konnten wir eigentlich nicht feststellen. Die einzigen Indizien, die wir gesehen haben, waren diese regelmäßig angeordneten Löcher.
– Was könnte das denn Ihrer Meinung nach sein?
– Zunächst einmal habe ich dazu gar keine Meinung, denn wir sind keine Spezialisten auf diesem Gebiet und sind nur dorthin gegangen, um die Erklärung von Herrn Lifooghe aufzunehmen und die Spuren zu sichern, die wir erkennen konnten.
– Herr Lifooghe stammt doch hier aus der Gegend. Ist er denn als Sprüchemacher bekannt?
– Uns ist er als ordentlicher Mann geschildert worden.
– War der Boden gefroren, als Sie Ihre Untersuchung durchgeführt haben?
– Ja, der Boden war gefroren, wir sanken nicht ein. Wir konnten

jedoch feststellen, daß die Spuren frisch waren und daß am Ort der jeweiligen Spuren der Boden so aussah, als ob er nicht gefroren wäre.

– War der Boden locker?

– Ja, ziemlich. Zumindest auf dem Grund der Vertiefungen.

– Und Sie sagen, das waren drei kleine Mulden?

– Ja. Die Spuren hatten die Form von kleinen Mulden oder Löchern.

– Wie die Abdrücke von Steigeisen?

– Diese Löcher hatten immerhin einen Durchmesser von zehn und eine durchschnittliche Tiefe von vier Zentimetern!

– Es handelt sich doch bei dem Gelände um ein Feld. Ist es nicht denkbar, daß die Spuren von einer landwirtschaftlichen Maschine stammten?

– Wir hatten nicht den Eindruck. Trotzdem haben wir zur Sicherheit den Besitzer des Feldes gefragt, ob nicht kürzlich eine seiner Maschinen an dieser Stelle vorbeigefahren sei, aber er verneinte das rundweg.

Der Polizeihauptmann hat uns die Aussage von Herrn Lifooghe bis auf eine Einzelheit bestätigt, und die ist von großer Bedeutung: Der Hauptmann hat die Fußabdrücke nicht gesehen. Dafür gibt es zwei mögliche Erklärungen. Einmal kann es sein, daß bis zum nächsten Tag der Schnee geschmolzen war, zum andern hatten viele Neugierige das Landefeld zertreten, so daß möglicherweise die Spuren nicht identifizierbarer menschenähnlicher Wesen von denen identifizierbarer Menschenwesen überlagert worden waren.

Lucien Barnier revidiert seine Meinung

Die Erklärung, die Lucien Barnier am Mittwoch, dem 20. Februar 1974, in *France-Inter* abgegeben hat, erregte einiges Aufsehen. Der wissenschaftliche Fachmann unserer Rundfunkgesellschaft bekannte zum ersten Mal öffentlich, daß er seine Meinung über die UFO-Frage geändert habe. 1972 diskutierte ich eher zufällig mit Lucien Barnier über »fliegende Untertassen«.

Die Unterhaltung war auf diese Frage gekommen, weil wir den Himmel betrachteten, an dem ein künstlicher Satellit rasch seine Bahn zog. Damals interessierte ich mich kaum für UFOs. Aber ich war doch neugierig, Lucien Barniers Meinung zu der Frage zu hören. Seine Antwort läßt sich im wesentlichen in dem Ausspruch »Alles

Quatsch!« zusammenfassen. Diesmal war meine Unterhaltung mit Lucien Barnier engagierter. Hier die Wiedergabe unseres Gesprächs auf *France-Inter*:

– Sie haben ganz recht – ich habe meine Haltung geändert. Vor zehn Jahren hatte ich zusammen mit meinem Freund Gilbert Caseneuve eine Sendereihe zu diesem Thema verfaßt. Wir haben uns sämtliche Augenzeugenberichte, die bis dahin veröffentlicht waren, vorgenommen. Darunter befanden sich auch die von zwei Kollegen, an deren Aufrichtigkeit ich nach wie vor glaube. Wir haben also die Zeugen noch einmal aufgesucht. Ich muß sagen, daß sich von den etwa vierzig Befragten fünfunddreißig als uninteressant erwiesen. Die meisten hatten eine Geschichte erfunden, um sich wichtig zu machen. Ich hatte das Gefühl, daß es für alles, was sie erzählten, eine rationale Erklärung gab. Aber die Aussage eines Polizisten aus Vernon hatte mich doch beeindruckt. Er hatte in zwei oder drei sonderbaren Angelegenheiten die Untersuchungen geführt. Dieser Mann war von einer Ehrlichkeit, die mich doch nachdenklich stimmte. Aber ich dachte: Da das Ergebnis in so vielen Fällen negativ ist – warum sollte mir eine einzige, also nicht repräsentative Aussage zu denken geben? Der Zufall wollte es, daß ich später einen der Zeugen traf. Er hatte einen wichtigen Posten in einer internationalen Lufttransportgesellschaft inne. Dieser Mann hat wirklich all meine bisherige Sicherheit erschüttert. Zunächst einmal, weil er sich überhaupt nicht wichtig machte – im Gegenteil. Ich hatte sehr in ihn dringen müssen, damit er einwilligte, mir seine Geschichte zu erzählen. Seit ich die ganzen Zeugenaussagen Ihrer Sendereihe gehört habe, erscheint sie mir direkt klassisch. Die Entscheidung fiel schließlich in einem Restaurant auf dem Montmartre, wo ich mit Pierre Guérin zu Abend aß, einem bedeutenden Astrophysiker und Planetenspezialisten, insbesondere für den Saturn. Er genießt internationales Ansehen. Dennoch konnte ich sein Interesse für die fliegenden Untertassen nicht ganz ernst nehmen. Wir diskutierten heftig über das Thema. Er gab mir Argumente und Beweise, die mich unsicher machten.

Der Zufall wollte es, daß kurz nach diesem Gespräch der Bruder eines Freundes von mir zum Zeugen unzweifelhaft außergewöhnlicher Vorgänge wurde. In das Urteilsvermögen dieses Freundes habe ich großes Vertrauen. Auch er hat eine wichtige Stellung in einer internationalen Firma inne. Was mir im Vergleich zu vor fünfzehn Jahren völlig anders erschien, war die Qualität der Zeugenaussagen. Heute sind die Zeugen im allgemeinen gebildete Leute, solche also, die gelernt haben, die Bedeutung der Tatsachen zu achten. Sie sind nicht leichtgläubig, sondern kritisch. Es handelt sich um Techniker, Ingenieure, Piloten, Wissenschaftler, kurz, um Männer, die an logisches Denken gewöhnt sind. Und sie stimmen in ihren Aussagen überein!

– Ist das der Grund, weshalb Sie schwankend wurden und schließlich Ihre Meinung geändert haben?

– Genau. Nehmen Sie zum Beispiel den Verein der Rationalisten, in dem man noch vor zehn Jahren nicht von fliegenden Untertassen sprechen konnte. Nun – eben dieser Verein hat gerade eine Broschüre über UFOs herausgegeben, in der das Thema sehr sachlich abgehandelt wird. Astrophysiker erklären, warum sie sich Gedanken darüber machen. Ich gebe zu, daß ich keinerlei Grund habe, mich krampfhaft an eine ablehnende Einstellung zu klammern. Ich glaube, daß es mit dieser Sache zweifellos etwas auf sich hat.

Zum ersten Male äußert sich der Verteidigungsminister

Hier das Interview mit Robert Galley, dem damaligen Verteidigungsminister. Es ist ein Markstein in der Geschichte der UFOs. Robert Galleys Worte haben weltweites Aufsehen erregt. Ich erhielt Zeitungen aus Deutschland, Brasilien, Spanien, Italien, der Schweiz und den Vereinigten Staaten, in denen diesem Interview ein bedeutender Platz eingeräumt wurde. Auch alle UFO-Fachleute beziehen sich darauf. Im Verlauf dieses Interviews hat der Minister ganz deutlich zum Ausdruck gebracht, daß er mit absoluter Sicherheit an die Existenz ungeklärter Erscheinungen glaube.

– Herr Minister, Sie haben *France-Inter* ein Interview gewährt, dem eine große Bedeutung zukommt, weil es das erste Mal ist, daß sich ein Verteidigungsminister bereit erklärt, über das Problem der UFOs zu sprechen. Haben Sie Anhaltspunkte, die es Ihnen erlauben, Antwort auf die Fragen zu geben, die sich unsere Hörer stellen – Anhaltspunkte, die uns noch nicht bekannt sind?

– Diese Frage kann ich Ihnen nicht mit Sicherheit beantworten, da ich mich nur relativ kurz mit dem Problem beschäftigt habe, obwohl es mich seit jeher interessiert hat. Folglich kann ich also nicht alles wissen, was im Verlauf Ihrer Sendereihe erwähnt wurde. Ich weiß jedoch, daß einige Angehörige meines Ministeriums Ihre Sendungen mit großer Aufmerksamkeit verfolgen. Ich persönlich bin überzeugt, daß man gegenüber diesen Erscheinungen eine Haltung großer geistiger Offenheit einnehmen muß. Der Fortschritt der Menschheit wurde oft dadurch vorwärts getrieben, daß man versuchte, eine Erklärung für

das Unerklärliche zu finden. Was die visuellen Lufterscheinungen betrifft – lassen Sie es mich einmal so nennen –, die man unter dem Begriff UFO zusammenfaßt, so ist gewiß, daß es hier Dinge gibt, die wir nicht verstehen und die, zumindest heute, weitgehend ungeklärt sind. Ich möchte sogar sagen, daß es heute zweifellos Dinge gibt, die unerklärt oder wenig befriedigend erklärt sind.
Im Jahre 1954 hat man im Verteidigungsministerium eine Abteilung eingerichtet, deren Aufgabe es ist, Zeugenberichte über diese Erscheinungen unbekannter Flugobjekte zu sammeln und auszuwerten. Ich habe mir eine Anzahl von Aussagen vorgenommen – etwa fünfzig, die bis zum Jahre 1970 reichen. Unter den ersten findet sich ein Bericht über persönliche Beobachtungen des Leutnants Jean Demery, der auf dem Luftstützpunkt 107 in Villacoublay stationiert war. Er stammt vom 20. November 1953. Es finden sich Berichte von Dorfpolizisten, einige Aufzeichnungen über Beobachtungen von Piloten, von Bodenpersonal, und bei dem allem viele Elemente, deren Übereinstimmung mich nachdenklich macht. Ich glaube deshalb, daß man diesem Thema offen gegenübertreten muß – das heißt, man darf es nicht von vornherein abtun. Unsere Vorfahren haben in den vergangenen Jahrhunderten zahlreiche Dinge abgelehnt, die uns heute von elementarer Selbstverständlichkeit erscheinen – ob es sich nun um Druckelektrizität handelt oder um statische Elektrizität –, ganz zu schweigen von vielen Dingen auf dem Gebiet der Biologie. Der Fortschritt der Wissenschaft besteht ja eigentlich darin, daß man sich plötzlich klar darüber wird, daß man noch vor fünfzig Jahren von der Wirklichkeit der Dinge nichts wußte und verstand.
– Herr Minister, hat es Fälle gegeben, in denen *Mirage*-Jagdflugzeuge über französischem Gebiet UFOs verfolgt haben?
– Nach dem, was ich zahlreichen Berichten entnehmen konnte, glaube ich das nicht. Jedoch gibt es einige Fälle, in denen Radarbeobachtungen gemacht wurden. In den fünfziger Jahren gab es zum Beispiel eine Radarbeobachtung in der Aquitaine. Zehn Minuten lang stellten wir ein damals wie heute unerklärbares Radarecho fest. Andere Radarechos dagegen, die zeitweilig für geheimnisvoll gehalten wurden, konnten inzwischen als die Auswirkungen von Störungen erklärt werden. Einiges bleibt jedoch ungeklärt.
Im Ausland gibt es ähnliche Erscheinungen. Sie sind ziemlich bekannt. Derartige Dinge ereigneten sich beispielsweise in den Vereinigten Staaten oder, wie neulich, in Turin. Im Vergleich zum Ausland gibt es hier nur relativ wenige Aussagen französischer Militärpiloten zu diesem Thema. Dennoch liegen einige vor.

– Herr Minister, stehen Sie mit anderen internationalen Militärorganisationen in Verbindung?
– Nein. Wir haben bereits im Jahre 1970 unsere sämtlichen Unterlagen der Studiengruppe für Lufterscheinungen übergeben und leiten alles Neue an diese Gruppe weiter. Dazu gehören sowohl Beobachtungen von Piloten als auch polizeiliche Untersuchungen. Die Luftwaffe betrachtet nämlich bereits seit 1970 die UFOs nicht als mögliche Gefahrenquelle – sie hat also auch keinen Anlaß, diese Erscheinungen wissenschaftlich zu untersuchen. Wir halten dies für die Aufgabe des nationalen Instituts für Raumforschung, wo Leute wie Herr Poher eine Arbeit leisten, die uns äußerst interessant erscheint. Wir stehen also nicht in direktem Kontakt mit ihm. Ich wiederhole jedoch, daß wir jedesmal, sobald etwas Außergewöhnliches auftritt, unsere Informationen an diese Organisation weiterleiten, die ja im Grunde ganz im Dienste des Staates handelt.
– Dennoch gehen doch unbekannte Erscheinungen im Luftraum über Frankreich die nationale Verteidigung etwas an?
– Ja, natürlich gehen sie uns etwas an, und das ist auch der Grund, warum wir diese Frage aufmerksam weiterverfolgen, nämlich um herauszufinden, ob sich irgendwelche Zusammenhänge erkennen lassen. Ich persönlich habe mich mit der Frage der Zusammenhänge befaßt, die Claude Poher zwischen den Veränderungen des Magnetfeldes und dem Auftauchen von unbekannten Flugobjekten hergestellt hat. Das ist ein Komplex von recht beunruhigenden Erscheinungen, die vielleicht eines Tages dadurch erklärt werden, daß es sich nicht um spezifische Objekte handelt, sondern um magnetische Phänomene. Für den Augenblick jedoch muß man zugeben, daß es etwas gibt, was wir nicht verstehen. Dazu gehört auch die beeindruckende Häufung visueller Beobachtung von Lichterscheinungen, die sowohl sphärisch als auch kreis- oder eiförmig sind und sich mit ungewöhnlichen Geschwindigkeiten vorwärts bewegen. Bei all diesen Erscheinungen handelt es sich um Dinge, die wir nicht aus dem Auge lassen dürfen. Wir sind jedoch nicht der Meinung – ich wiederhole das noch einmal –, daß dies in den Rahmen der Luftverteidigung gehört.
– Wenn man Sie bitten würde, die Beobachtungen militärischer Radarstationen für Forschungszwecke zur Verfügung zu stellen, was wäre Ihre Antwort?
– Wenn sich auf den Radarschirmen der Luftverteidigung irgendwelche Anomalien abzeichnen würden, wüßte ich nicht, weshalb wir diese Beobachtungen nicht veröffentlichen sollten. Das ist ja übrigens auch genau das, was wir derzeit tun. Vor mir liegen alle Beobachtun-

gen von Luftwaffe und Polizei, die wir direkt den Wissenschaftlern übermitteln, die sich mit dem Thema befassen.
– Herr Minister, Sie haben die Polizei erwähnt. Unsere Hörer haben schon häufig von aufsehenerregenden Untersuchungsergebnissen erfahren, zu denen Ihre Leute gelangt sind: Wenn ein Zeuge behauptet, er habe eine Untertasse landen sehen und in ihrer Umgebung kleine Humanoide beobachtet, vertrauen die Polizisten häufig der Aufrichtigkeit des Zeugen. Was halten Sie davon?
– Ich persönlich wäre da wohl etwas vorsichtiger. Aber ich muß dazu sagen, daß Ihre Hörer gar nicht wissen, welche Unmengen von Polizei- und Armeeberichten bei uns eingehen und an das Forschungszentrum weitergeleitet werden. Ich glaube, daß es sich bei diesen Beamten um vertrauenswürdige Leute handelt. Wenn ein Polizist einen Bericht abfaßt, dann geht er dabei mit Umsicht und Sorgfalt vor. Wenn wir nur ein oder zwei solcher Berichte hätten, könnte man vielleicht glauben, daß sich die Beamten zum Narren halten ließen. Dennoch muß ich sagen, daß es eine große Menge von Polizeiberichten gibt, die reichlich unzusammenhängend wirken. All das gibt noch kein geschlossenes Bild. Abschließend möchte ich sagen, daß man dieser ganzen Frage so offen und unvoreingenommen wie möglich gegenüberstehen muß. Man darf nicht die Aufrichtigkeit von Zeugen, die allem Anschein nach ehrlich sind, in Zweifel ziehen. Zum augenblicklichen Zeitpunkt ist es aber absolut verfrüht, aus alledem auch nur die geringste Schlußfolgerung zu ziehen.

Antworten auf die ersten Hörerfragen

Die Tausende von Zuschriften, die sich bei uns im Studio häuften, haben uns gezwungen, den Plan der Sendereihe etwas zu ändern. Am Freitag, dem 22. Februar 1974, baten wir Pierre Guérin, einige Fragen zu beantworten, die in den Zuschriften am häufigsten gestellt wurden. Für die schriftliche Fassung haben wir die wesentlichen Antworten von Pierre Guérin ausgewählt, der Astrophysiker und Forschungsleiter am nationalen Institut für Raumforschung ist.
– Wie soll man sich verhalten, wenn man in kurzer Entfernung ein UFO vor sich sieht?
– Wenn es in kurzer Entfernung ist, kann man schwer einen Rat geben. Vielleicht wollte die »Erscheinung« absichtlich in der Nähe des Zeugen sein. Natürlich ist es wünschenswert, daß dieser genau beobachtet, was vorgeht – wenn er den Mut dazu hat! Bei einem UFO in

größerer Entfernung wäre es ideal, einen funktionsbereiten Fotoapparat bei sich zu haben, um Aufnahmen machen zu können. Wenn Sie ein UFO bei Tageslicht fotografieren, ergeben sich keine Probleme. Nachts dagegen läuft man Gefahr, die Aufnahme überzubelichten, wenn man Belichtungszeiten von einer Sekunde und mehr wählt. Das ergibt Bilder, die kaum verwertbar sind. Wenn bei Nacht etwas sehr stark leuchtet, muß man die gleiche Belichtungszeit wählen wie am hellichten Tag.

– Eine Frage unserer jungen Hörer: Mit welcher Ausbildung wird man Ufologe?

(Pierre Guérin lacht.)

– Man kann dafür keine Ausbildung machen – den Beruf gibt es überhaupt nicht! Ich rate jungen Leuten, die mir diese Frage stellen, immer, ihre Schulausbildung abzuschließen, auf die Universität zu gehen und dort gründliche wissenschaftliche Studien zu betreiben. Erst wenn man ein hohes akademisches Niveau erreicht hat, kann man sich dem Studium derartig schwieriger Dinge zuwenden.

– Fast alle Zeugen sagen aus, daß sie die fliegenden Untertassen bei Nacht gesehen haben. Was kann der Grund hierfür sein?

– Wir wollen hier klarstellen, daß dieser Eindruck von den »fliegenden Untertassen« absolut unzutreffend ist. Ich bitte Sie inständig, Jean-Claude Bourret: lassen Sie uns den Ausdruck »fliegende Untertassen« meiden . . .

– Ich lese nur die Fragen der Zuhörer vor!

– Gut! Dann möchte ich, daß die Hörer von *France-Inter* den Ausdruck UFO gebrauchen. Denn die Form der Untertasse ist äußerst selten – im Vergleich zu anderen Formen. Die Erscheinung wird viel eher durch eine bestimmte Art, sich zu verändern, charakterisiert, und durch ein gewisses Leuchten – aber nicht durch die Form. Ich komme nun zu der eigentlichen Frage zurück: Die UFOs sind nicht nur bei Nacht sichtbar. Es liegen ebenso viele Zeugnisse von Tagesbeobachtungen vor. Tags kann man häufig eine Struktur erkennen, die es erlaubt, festzustellen, daß es sich weder um ein Flugzeug noch um einen Helikopter, noch um eine Ballonsonde oder einen Meteor handelt, während es nachts oft nur als leuchtender Punkt am Himmel erscheint. Und wenn man nicht gerade Astronom ist, muß man schon sehr beschlagen sein, um sagen zu können, was der darstellt. Hingegen können wir aus den Statistiken, die für die ganze Welt Gültigkeit haben, erkennen, daß aus kurzer Entfernung beobachtete Landungen von UFOs am ehesten gegen 20 Uhr stattfinden und um zwei Uhr morgens.

Dies ist eins der besten Fotos, und zwar aus dem Jahr 1974. Didier B., den ich persönlich befragt habe, betrachtete den Himmel mit seinem Teleskop. Er ist Amateurastronom. Plötzlich entdeckte er über dem Hügelrand sechs leuchtende Kugeln. Didier B. machte fünf Aufnahmen, von denen wir die beste hier zeigen. Sie entstand am 7. 1. 1974 um 20 Uhr 45 in Südfrankreich. »In der einhundertfünfzigfachen Vergrößerung meines Teleskops sahen die Objekte aus wie gleichmäßige, gelbe Scheiben, auf denen sich nicht die geringste Einzelheit abzeichnete. Den Durchmesser des Objekts konnte man auf eine Bogenminute abschätzen. Sie befanden sich in etwa fünfzehn Kilometern Entfernung. Die sechs leuchtenden Kugeln bewegten sich langsam über den Hügel hinweg, mit bloßem Auge schien es jedoch, als rührten sie sich nicht von der Stelle. Erst ab sechsunddreißigfacher Vergrößerung begann man, die Bewegung wahrzunehmen. Beim Aufnehmen der Fotos wurde ich durch starken Wind behindert. Dennoch ist es mir gelungen, fünf Bilder zu bekommen, von denen zwei dank meines Objektivs sehr genau sind.«

Während die Sendereihe auf *France-Inter* noch lief, erschien eines Tages eine junge Dame, die mir diese Fotos vorlegte und erklärte: »Ich bin leidenschaftliche Hobbyfotografin. Ich gehe häufig mit meinem Apparat spazieren, und dies hier habe ich im Februar 1974 im Wald von Fontainebleau aufgenommen.« Nach raschen Nachforschungen konnte ich mit Sicherheit sagen, daß es sich hier um eine gestellte Aufnahme handelte. Dies mußte die junge Dame dann schließlich auch zugeben.

– Wie ist es zu erklären, daß noch keine dieser Maschinen eine Panne hatte?
– Warum sprechen Sie von Maschinen? Das äußere Erscheinungsbild ist das einer Maschine. Da aber all unsere Zeugnisse in dem einen Punkt übereinstimmen, daß die UFOs all unserer physikalischen Gesetze spotten, insbesondere dem der Schwerkraft, ist es doch problematisch, diese Phänomene als »Maschinen« zu bezeichnen. Andererseits beweist das UFO ein intelligentes Verhalten. Und hier sind wir am Kern des Problems angelangt. Der Begriff »Maschine« darf hier nicht angewandt werden, und damit stellt sich auch die Frage nach einer Panne nicht.

Der Humanoide im Taucheranzug

An den Beginn unserer Beschäftigung mit den Humanoiden wollen wir die Aussagen von Zeugen stellen, die wir wieder ausfindig machen konnten und die sich freundlicherweise bereit erklärt haben, ihre phantastischen Abenteuer vor dem Mikrofon von *France-Inter* zu erzählen. Unter ihnen befinden sich auch Herr und Frau Mozin, die unserem Reporter André Darcheville erzählen, was sie im November 1954 gesehen haben. Herr Mozin berichtet:
– Ich kam von Montournère zurück. Als ich oben auf dem Hügel beim Gasthaus »Belle Hôtesse« ankam, sah ich starke Lichter am Straßenrand und dachte mir gleich, daß es sich dabei um einen Unfall handeln müsse. Ich war von den riesigen Lichtern noch etwa zwei Kilometer entfernt und gab also Gas. Ich fuhr die Straße sehr schnell hinunter, um rasch die Unfallstelle zu erreichen. Als ich noch hundert Meter entfernt war, erloschen plötzlich meine Scheinwerfer! Und das bei einer Geschwindigkeit von 120 Stundenkilometern! In diesem Augenblick habe ich das Männchen gesehen.
– Wie sah es denn aus?
– Ähnlich wie das Michelin-Männchen. Es trug eine große Mütze, riesige Handschuhe und Stiefel und war von mittlerer Größe. Seine Silhouette hob sich vor einem Türrahmen ab, der etwa einen Meter achtzig hoch war. Hinter ihm sah ich etwas, das wie ein Schaltbrett aussah, mit Schläuchen und elektrischen Drähten. Ich muß dazu sagen, daß alles hell erleuchtet war, ganz weiß. Man konnte sehen wie am hellen Tag. Ich bin also an der Maschine vorbeigefahren. Fünfzig Meter weiter ging das Licht in meinem Wagen wieder an. Die Scheinwerfer funktionierten wieder normal. Ein Stück weiter habe ich ange-

halten, um zu wenden. Damals hatte ich immer einen Revolver im Wagen. Ich sagte: »Nun wollen wir mal sehen!« Aber meine Frau fing an zu schreien: »Nein, ich will nicht wieder zurück!« Also fuhr ich weiter. Am nächsten Tag sollte ich in Reims einem Fußballspiel zusehen. Ich war damals Vorsitzender des Sportvereins hier in Maubeuge. Ich sollte zusammen mit einem Freund hinfahren. Leider ist er inzwischen gestorben, sonst würde er sicher auch aussagen. Bevor wir wegfuhren, sagte ich zu ihm: »Gestern abend habe ich eine fliegende Untertasse gesehen!« Er antwortete: »Das kann doch nicht wahr sein!« – »Also, du glaubst mir nicht! Dann werde ich dir auf der Fahrt nach Reims etwas zeigen!« Wir fuhren also los und hielten an der besagten Stelle an. Ich zeigte ihm den Boden, auf dem tatsächlich Spuren zu erkennen waren. »Da sieh! Drei Fußabdrücke, einer hier und der andere dort – und dazwischen eine Brandstelle!« Er war ganz außer sich. »Du hast tatsächlich recht!« sagte er. »Ich habe verloren!«

– Hatten Sie denn mit ihm gewettet?

– Ich hatte um eine Flasche Sekt und ein Abendessen mit ihm gewettet, und ich habe gewonnen.

– Sprechen wir noch einmal von jener Nacht. Welche Form hatte die Maschine, von der Sie sprachen?

– Sie hatte die Form einer Zigarre und etwa drei Meter Durchmesser. Die Tür, vor der sich die Gestalt des Mannes abgehoben hatte, war etwa eins achtzig hoch. Zwischen dem oberen Türbalken und dem Kopf des Mannes blieben also etwa fünfzig Zentimeter frei. Ich sah auch, wie sich der Mann bewegte. Er wollte gerade heraustreten, als ich dahergefahren kam. Er ging wie ein Taucher in voller Ausrüstung und hatte offensichtlich große Mühe, vorwärts zu kommen. Meiner Ansicht nach müssen die Sachen, die er am Körper trug, sehr schwer gewesen sein. (Hiermit meinte Herr Mozin das schwimmwestenähnliche Kleidungsstück, das den Humanoiden einhüllte.)

– Wenn ich recht verstanden habe, war das Innere der Maschine hell erleuchtet, so daß Sie alles gut erkennen konnten?

– Das Innere war ungewöhnlich hell erleuchtet. Ganz weiß, so etwa wie die Stühle da (Herr Mozin weist auf zwei Küchenstühle, die mit weißer Lackfarbe gestrichen sind).

– Wie lange haben Sie hineingesehen?

– Das ging alles sehr schnell: vielleicht fünfzig Sekunden.

Hier verschätzt sich Herr Mozin höchstwahrscheinlich. Wenn er mit 120 Stundenkilometern vorbeigefahren ist, konnte seine Beobachtungszeit nicht mehr als zehn Sekunden betragen haben. André Dar-

cheville wendet sich nun Frau Mozin zu, die neben ihrem Mann im Wagen saß.
– Frau Mozin, was war Ihr Eindruck?
– Ich hatte Angst, das ist alles, was ich sagen kann! Zuerst habe ich an einen Unfall geglaubt – einen schrecklichen Unfall, weil ja die Lichter so hell waren. Als ich aber den Mann gesehen habe, bekam ich Angst! Ich habe die ganze Nacht nicht geschlafen!
– Aber Sie haben den Mann am deutlichsten gesehen, denn Sie saßen auf der rechten Seite im Wagen – auf der Seite also, an der sich das UFO befand.
– Ja, freilich, ich habe ihn ganz deutlich gesehen! Wenn ich die Augen schließe, sehe ich ihn immer noch!
– Manchmal träumt sie nachts davon, wirft Herr Mozin ein.
– Aber was dachten Sie denn, als Sie anfingen zu begreifen, daß es sich nicht um einen Unfall handelte?
– Ich dachte, daß es eine fliegende Untertasse sei! Damals sprach man ziemlich viel davon. Ein Schrankenwärter hatte gesehen, wie eine fliegende Untertasse auf einem Eisenbahngleis gelandet war. Deshalb dachte ich gleich daran.
– Weshalb wollten Sie nicht, daß Ihr Mann noch einmal zurückfuhr?
– O nein, das wollte ich nicht! Ich wußte doch nicht, was passieren würde! Zumal die Scheinwerfer am Wagen plötzlich erloschen waren! Als sie wieder aufleuchteten, sagte ich: »Nein, nein, auf keinen Fall zurück!«
André Darcheville wendet sich wieder an Herrn Mozin.
– Herr Mozin, wann fing Ihr Motor wieder an zu laufen?
– Er hatte überhaupt nicht aufgehört!
Man könnte sich vorstellen, daß Herr Mozin dies überhaupt nicht bemerkt hat, als er mit 120 Stundenkilometern einen Abhang hinunterraste und seine Aufmerksamkeit dabei ganz von dem ungewöhnlichen Ereignis in Anspruch genommen war. Dazu noch der Schreck, weil die Scheinwerfer plötzlich erloschen ... Es ist gut möglich, daß der Motor etwa zehn Sekunden ausgefallen ist, ohne daß sich die Geschwindigkeit merklich verringerte.
– Nein, nur die Scheinwerfer sind ausgegangen.
– Wie lange denn?
– Das ist schwer zu sagen. Über eine Strecke von siebzig bis achtzig Metern. Ich hatte einen neuen *Simca*, der fuhr ganz schön schnell.
– Haben Sie denn ohne Scheinwerfer genug gesehen?
– Oh, meine Güte, deutlicher, als wenn sie gebrannt hätten!
– War sonst kein Auto auf der Straße?

– Nein, in diesem Augenblick nicht. Um Mitternacht waren wenige Autos unterwegs, besonders damals, wo es sowieso weniger gab als heute. Das ist ja schließlich zwanzig Jahre her! Aber glauben Sie, ich wäre sehr froh gewesen, ein anderes Auto zu sehen!
– Was hatten Sie denn damals für einen Beruf, Herr Mozin?
– Ich war Metzger.
– Und was taten Sie so spät auf einer einsamen Straße?
– Ich hatte eine Verwandte besucht, die gerade ein Baby bekommen hatte. Wir waren nach der Arbeit von Maubeuge weggefahren, gegen zehn Uhr abends. Um halb zwölf Uhr nachts fuhren wir zurück. Und auf dem Rückweg haben wir das »Ding« gesehen.

Die Polizei jagt ein UFO

Dienstag, 26. Februar 1974. Polizeiverstärkungen werden in das kleine Dorf Montréal gefahren. Innerhalb einer Woche sind dreimal geheimnisvolle Lichter auf den Feldern gesehen worden. In der vorhergehenden Nacht ist ihnen eine Polizeipatrouille gefolgt. Nachdem die Untersuchung abgeschlossen war, gelang es mir, einen der beiden Polizisten dieser Patrouille ausfindig zu machen. Er erzählt seine Jagd nach dem UFO.
– Wir ließen uns von Herrn X., der uns gerufen hatte, an Ort und Stelle geleiten. Er führte uns zu dem Feld, wo er die Erscheinung gesehen hatte. Als wir noch drei- oder vierhundert Meter entfernt waren, sahen wir zwei rote Kreise, wie riesige Scheinwerfer.
– In welcher Höhe?
– Direkt auf dem Boden.
– Auf einem Feld, sagen Sie?
– Ja! Die beiden roten Kreise verharrten einen Augenblick auf dem Boden und erhoben sich dann plötzlich in fünfzig oder hundert Meter Höhe. Dann kehrten sie wieder auf den Boden zurück.
– Wie weit waren Sie ungefähr in diesem Augenblick entfernt?
– Immer noch etwa vierhundert Meter.
– Hatten Sie den Eindruck, daß es sich hier ausschließlich um eine Lichterscheinung handelte, oder konnten Sie auch eine Struktur erkennen?
– Nein, nur Licht. Man konnte nur zwei große Scheinwerfer sehen.
– Hörten Sie irgendein Geräusch?
– Nein, es war kein Geräusch zu hören.
– Haben Sie Spuren auf dem Boden festgestellt?

– Nein, gar nichts.
– Was taten Sie dann?
– Nach einer Weile kehrten wir zu unserer Abteilung zurück. Als wir zwei Kilometer von dem Feld, in dem wir die Scheinwerfer gesehen hatten, entfernt waren, erreichten wir eine kleine Anhöhe. Von da konnten wir die Erscheinung gut sehen, denn wir überblickten die ganze Landschaft. Es war ein Kreis mit etwa einem Meter Durchmesser, gezackt wie ein Stern.
– Und er war noch immer am Boden?
– Ja.
– Haben Sie nicht versucht, näherzukommen?
– So einfach war das nicht. Wir waren ziemlich weit weg, und das Ding befand sich mitten in einem Feld, wo kein Weg hinführte. Außerdem hatte es geregnet, und der Boden war aufgeweicht. Wenn wir versucht hätten, mit unserem Polizeiauto hinzukommen, wären wir steckengeblieben. Und zu Fuß, ohne richtige Stiefel – da hätten wir sauber ausgesehen!
– Haben Sie nicht versucht, das Feld auf einer anderen Straße zu umfahren?
– Nein, das ging nicht, weil es keine andere Straße gab. Und außerdem, wissen Sie, so ein Ding müßten Sie mal gesehen haben!
– Hatten Sie denn Angst?
– Nein, Angst hatten wir nicht. Aber man fragt sich doch trotzdem, was das wohl sein mag.
– Aber dies war nicht das erste Mal, daß derartige Lichter in der Nähe von Montréal gesehen wurden?
– Nein, man sah sie auch letzten Sonntag, also am 17. Februar, und am Donnerstag darauf noch einmal.
– Glauben Sie an fliegende Untertassen?
– Ich weiß nicht so recht . . . eigentlich nicht, aber andererseits . . .
– Und nachdem Sie das gesehen haben?
– Nachdem ich das gesehen habe, möchte ich fast daran glauben . . .
– Haben Sie Polizeiverstärkung angefordert?
– Ja, wir haben Verstärkung bekommen. Sie sind sofort auf das Feld hinausgefahren, haben aber nichts gefunden. Keine Spur. Nichts.
– Wie viele Leute sind denn gekommen?
– Etwa dreißig.
– Ich könnte mir vorstellen, daß das fast einer Mobilmachung gleichkommt!
– Das kann man wohl sagen! Die Leute reden immer noch davon!
– Welche Meinung hat man denn bei der Polizei?

Diese Aufnahme entstand Ende Februar 1974 in der Nähe von Ajaccio auf Korsika. Der Zeuge, der den Sonnenuntergang fotografierte, sah plötzlich, wie sich eine leuchtende Masse lautlos bewegte.

– Gar keine. Wir sind da, um Fakten aufzunehmen und die Untersuchung zu leiten, und das ist alles.
– Sprechen wir noch einmal von der Beobachtung, die Sie letzte Nacht gemacht haben. Sie sagen, Sie haben etwas gesehen, das aussah wie zwei riesige rote Scheinwerfer. Wie weit waren die auseinander?
– Das war verschieden. Sie entfernten sich voneinander und kamen sich dann wieder näher.
– Es waren also bewegliche Scheinwerfer?
– Ja, sie waren beweglich. Man kann nicht sagen, daß sie an irgend etwas befestigt waren, denn wir haben nur die Lichter gesehen.

Soweit also die direkte Beobachtung des Polizisten. Ich hatte auch Gelegenheit, mit dem zuständigen Kommandeur der Polizeibrigade zu sprechen.
– Was wir da gesehen haben, ist doch beunruhigend. Irgend etwas daran ist nicht ganz normal.
– Und Sie können es sich nicht erklären?
– Nein, wirklich nicht. Man hat Feuerkugeln gesichtet, eine Art leuchtender Scheinwerfer. Wir verfügen über sechs Zeugenaussagen zu diesen Erscheinungen – überdies noch die von meinen zwei Leuten. Aber es ist unmöglich zu sagen, was es war!
– Haben Sie die Polizeistreifen verstärkt?
– Wir sind jetzt jeden Abend dort. Aber gestern waren zu viele Leute da. Wir sind immer begleitet von mehreren Wagen mit Neugierigen und Journalisten. Die Leute hoffen immer noch, daß sich die Erscheinung wiederholt.
– Und Sie glauben trotzdem, daß die geheimnisvollen Kugeln wieder auftreten?
– Ja, denn sie wurden ja in einer einzigen Woche dreimal gesehen! Es gibt keinen Grund, warum dies plötzlich aufhören sollte. Wir haben alle Vorkehrungen getroffen. Auch die Journalisten übrigens, und sogar die Dorfbewohner. Sie halten abwechselnd Wache.
– Haben Ihre Wagen Funkverbindung untereinander?
– Ja. Wir haben drei Wagen mit Funk.
Der Kommandeur der Polizeitruppe, Hauptmann Pistre, hat persönlich die Aufsicht über die Aktionen übernommen. Er hat einen seiner Offiziere, Hauptmann Abadie, bestimmt, alle Meldungen über identische Vorkommnisse im Departement zu sammeln. Hauptmann Pistre hat mir das Ziel seiner Aufgabe erklärt.
– Zunächst möchte ich etwas klarstellen. Es ist nicht etwa so, daß wir die ganze Sache in die Hand nehmen. Wir begnügen uns vielmehr da-

mit, Kontrollen durchzuführen. Die Polizei arbeitet im Bereich der Wirklichkeit. Wenn man uns von etwas Ungewöhnlichem berichtet, so überprüfen wir es. Es ist gut möglich, daß wir letzten Endes feststellen, daß es sich um einen schlechten Scherz oder um unerklärliche Tatsachen handelt. In diesem Sinne arbeiten wir. Die Tatsachen haben sich folgendermaßen abgespielt: Am Dienstag, dem 17., hat ein Weinbauer aus der Gegend, Herr C., in einem Feld eine Lichterscheinung wahrgenommen. Er hat ihr zunächst keine besondere Bedeutung zugemessen, weil er dachte, es handele sich um zusammengekoppelte Traktoren – und zwar rückwärts zusammengekoppelt, denn es waren je zwei Scheinwerfer vorne und hinten. Das Ganze war auch etwa so groß wie zwei mit dem Rücken gegeneinander stehende Traktoren. Als er zu Hause ankam, gab ihm die Sache jedoch zu denken: Es goß nämlich wie aus Kübeln. Was mögen Traktoren bei solchem Wetter zu tun haben? Am Donnerstag darauf machte er die gleiche Beobachtung – mit einem Unterschied jedoch: diesmal waren es nur noch zwei Scheinwerfer, die sich unabhängig voneinander bewegten. Abwechselnd trennten sie sich und kamen einander wieder näher, das Ganze etwa einen Meter über dem Boden schwebend. Da es geregnet hatte und schon spät am Abend war, wunderte sich Herr C. noch mehr als am ersten Tag. Er ging nach Hause und sprach mit seiner Frau und einem seiner Nachbarn darüber. Nun traf es sich, daß dieser die gleiche Beobachtung gemacht hatte. Von ihm kam der Vorschlag, die Polizei zu verständigen.

– Sie haben sich an Ort und Stelle begeben. Haben Sie irgendwelche Spuren gefunden, Herr Hauptmann?

– Keine Spuren. Allerdings hatte es am Vorabend geregnet, und der Boden war sehr aufgeweicht.

– Ist das alles?

– Nein. Am Sonntag darauf, also letzten Sonntag, am 24. Februar 1974, wiederholte sich die Erscheinung um zehn Uhr abends, allerdings mit einigen Abweichungen, einige hundert Meter von der ersten Beobachtungsstelle entfernt, direkt vor dem Hof des Zeugen, dessen Haus grell erleuchtet wurde. Anstelle der zwei Traktoren (ich benutze diesen Ausdruck, um eine Vorstellung von der Größe der Erscheinung zu geben, aber selbstverständlich hat das Ganze nichts mit Traktoren zu tun) hatte die Erscheinung diesmal die Form einer einfachen Kugel.

– In welcher Farbe?

– Rot, wie rotglühendes Eisen. An den Seiten blitzte es zwischendurch auf wie bei einem glitzernden Stern. Die Zeugen behaupten beharr-

lich, daß sie oberhalb dieser Kugel etwas gesehen hätten, das sie als »Antenne« bezeichnen, aber es gibt wirklich keinerlei Anhaltspunkte dafür, daß es sich um etwas Derartiges handelte.
– War das Ganze aus Metall?
– Für die Kugel läßt sich das nicht sagen. Was die Antenne betrifft, so behaupten sie, eine rote Halbkugel gesehen zu haben – ähnlich wie ein elektrischer Widerstand. Die Kugel bewegte sich etwa einen Meter über dem Boden, bald langsam, mit fünfzehn oder zwanzig Stundenkilometern, bald blitzschnell. Bei diesen schnellen Bewegungen habe es ausgesehen, als teile sich die Kugel in zwei Hälften. Auf jeden Fall waren da Lichter, die sich bis zu zwei- oder dreihundert Metern voneinander entfernten und sich dann mit unglaublicher Geschwindigkeit wieder vereinigten.
– Hat der Zeuge mit seinem Sohn versucht, näher hinanzugehen?
– Ja, die beiden Zeugen haben sich dem Objekt genähert, aber sie konnten keine materielle Form wahrnehmen, sondern nur den blendend hellen Lichtschein.
– Bis auf welche Entfernung haben sie sich hinangewagt?
– Sie schätzen, daß es hundert bis hundertfünfzig Meter gewesen sind, machen dabei aber keinen sehr überzeugenden Eindruck. Es scheint, daß ihnen dann die Erscheinung von sich aus näher gekommen ist. Sie bekamen es mit der Angst zu tun und entschlossen sich, die Polizei zu verständigen. Zu diesem Zeitpunkt war es elf Uhr nachts. Zwanzig Minuten später war die Polizei zur Stelle und konnte das Lichterballett in Augenschein nehmen, das sich nun allerdings in den Hügeln verlor.
– Wie ist der Stand Ihrer Untersuchungen?
– Wir haben zunächst das Gelände untersucht. Obwohl der Boden, wie ich schon sagte, schwer war – große Flächen waren frisch eingesät –, haben wir keine Spur gefunden. Das gilt auch für die Suche nach radioaktiven Spuren.
– Hat denn die Polizei eine Untersuchung nach eventuellen radioaktiven Spuren durchgeführt?
– Nein, das hat der Zivilschutz des Departements übernommen. Ich führe kurz zu Ende, wie es mit den Ergebnissen unserer Untersuchung steht: also keine Spuren, keine Radioaktivität, kein Lärm, keine Hitzeeinwirkung. Das ist alles, was ich Ihnen sagen kann. Das macht natürlich eine Stellungnahme schwierig. Waren es vielleicht Wilderer? Die hätten aber Spuren hinterlassen. Die Hecken sind nirgends beschädigt. Auch am Boden nichts – und wenn wir auf diese Weise auch keinen festen Anhaltspunkt über die Spuren von UFOs haben,

so können wir doch eines mit absoluter Sicherheit sagen: Menschliche Spuren gab es dort nicht. Natürlich beschäftigt uns diese ganze Angelegenheit sehr.

Der schwarze Roboter

Bei der Aufzeichnung, die am Mittwoch, dem 27. Februar 1974, um 20.30 Uhr im Rahmen der Sendung *Keine Angst* von Claude Villiers, Olivier Nanteau und Monique Desbarbat auf *France-Inter* ausgestrahlt wird, handelt es sich um ein ungewöhnliches Dokument. Wir konnten es nur dank der Mitarbeit von Jean-Paul Guguen erhalten, einem Mitarbeiter der staatlichen Rundfunkstation in Poitiers. Wie wir im einzelnen dazu kamen, können wir nicht darlegen, weil wir uns verpflichtet haben, die Anonymität des Zeugen zu wahren. Diese Aufzeichnung wurde nicht von einem Reporter unserer Rundfunkanstalt aufgenommen, sondern von einem Studenten, der sich schon seit mehreren Jahren mit dem Phänomen der UFOs befaßt. Er hatte sie schon seit längerer Zeit in Besitz und hielt sie in einer Schublade unter seinen persönlichen Dingen verborgen. Zwei seiner Freunde, eine Französischlehrerin und ihr Mann, ein Musiklehrer, fanden sich beim Camping in Südfrankreich unversehens dem Phänomen UFO gegenüber. Aus Angst, sich der Lächerlichkeit preiszugeben, haben sie ihr Erlebnis niemandem als diesem Freund geschildert. Sie konnten sicher sein, daß zumindest er ihnen Glauben schenken würde, weil er sich in diesem Thema schon auskannte. Hier also der Abdruck der Aussage von Frau X., die zur Zeit in einem Gymnasium Französischunterricht erteilt.

– Das Ganze spielte sich in Saint-Jean-du-Gard ab, am Mittwoch, dem 9. August 1972, gegen halb drei Uhr morgens. Wir waren ziemlich spät nach Hause gekommen und hatten unser Zelt bei Freunden aufgeschlagen, die einen in Terrassen angelegten Garten haben. Dieser Garten liegt direkt an der Straße nach Nîmes, am Ortsausgang von Saint-Jean-du-Gard. Wir befanden uns auf einem der Hügel, die das Tal eingrenzen. Ich trat gegen 2.30 Uhr aus dem Zelt ins Freie, weil ich in der Ferne den Lärm des Dorffestes in Saint-Jean-du-Gard hörte. Über der Stadt sah man einen hellen Lichtschein, der von den zahllosen Lichtern des Festes herrührte. Aber auf unserer Seite war der Himmel dunkel. Er war mit dicken Wolken verhangen, die nicht vom geringsten Mondschimmer durchdrungen wurden. Auch in den Häusern oben auf den Hügeln brannte nirgends Licht. Ich begann gerade

etwas zu frösteln, als etwas wie eine weiße Kugel meinen Blick auf sich zog. Sie war so groß wie eine *Isetta*. Die Kugel beunruhigte mich, weil sie ganz ungewöhnlich glänzte. Ich konnte nicht verstehen, warum diese Kugel so glänzte, wo doch alles im Dunkel lag und nirgends ein Licht zu entdecken war. Dieses »Auto« stand auf einem kleinen Parkplatz, der den Bewohnern der drei oder vier Villen auf unserem Hügel vorbehalten war. Während ich noch das phosphoreszierende »Auto« beobachtete und herauszufinden versuchte, warum es wohl so glänzte, vernahm ich hinter mir Schritte. Es waren eigenartige Schritte, in einiger Entfernung, wie die eines Kindes, das langsam und stetig über trockenes Gras geht. Ich wandte mich nach links und entdeckte in drei oder vier Metern Entfernung eine Gestalt, die mir zugewandt war. Ich sage bewußt nicht, »jemand, der mich ansah«, weil ich im Augenblick die Szene auch gar nicht so empfand. Die Gestalt war etwa einen Meter zwanzig hoch und ganz und gar schwarz. Der Körper war einfach quaderförmig. Mir schien, als bestünde er aus einem dreißig bis vierzig Zentimeter dicken Holz. Über diesem Quader saß anstelle des Kopfes etwas Eiförmiges. In Augenhöhe befanden sich zwei weiße Kreise von etwa fünf Zentimeter Durchmesser, die sich als einziges von dieser schwarzen Masse abhoben, die unbeweglich mir gegenüberstand. Beine oder Füße (oder sagen wir besser: Gehinstrumente) konnte ich nicht sehen, weil sie durch das hohe Gras verborgen waren.
Ich werde niemals den Eindruck vergessen, den diese Erscheinung auf mich machte. Ich empfand eine wahnsinnige Angst, die keinen natürlichen Ursprung hatte. Diese Angst kam gar nicht aus mir selbst. Es schien mir vielmehr, daß sie von der Gestalt ausgestrahlt wurde, um mich zu lähmen. Es war eine Empfindung, wie ich sie noch nie zuvor gehabt hatte. Sie dauerte etwa drei Sekunden – solange ich dastand und die Gestalt anstarrte. Die umliegende Natur war wie tot, versteinert von der Gegenwart dieses Dings. Man hatte den Eindruck, daß dieses Wesen einen ungewöhnlichen Einfluß auf seine ganze Umgebung ausübte, gleichgültig, ob es sich um lebende Wesen oder um Pflanzen handelte. Alles wurde in denselben Zustand der Versteinerung versetzt. Dann war ich plötzlich mit einem großen Satz im Zelt, bei Michel, meinem Mann. Zunächst hatte ich das eigenartige Wesen und die runde, phosphoreszierende Form auf dem Parkplatz überhaupt nicht in Zusammenhang gebracht. Am nächsten Tag aber begann ich zu begreifen, daß beide etwas miteinander zu tun haben mußten. Nach dieser kurzen, aufregenden Begegnung sind wir eingeschlafen. Am nächsten Morgen wollten wir zunächst mit niemandem

darüber reden, aber schließlich entschlossen wir uns doch, die Bewohner der angrenzenden Villen zu fragen, ob sie nichts Ungewöhnliches wahrgenommen hätten. Wir stießen jedoch auf völliges Unverständnis. Alle verschanzten sich hinter ihren Vorurteilen. Sie wollten die Sache rationalisieren, indem sie uns zu überzeugen versuchten, daß es sich bei dem, was wir gesehen hatten, um Schottersteinchen auf der Straße gehandelt habe, die in der Nacht aufblitzten, oder um die Lichter vorbeifahrender Mopeds. Aber ich war sicher, daß so etwas überhaupt nichts damit zu tun hatte. Nur eine ältere Dame begann wenigstens ernsthaft nachzudenken. Sie sagte schließlich: »Stimmt, ich kann mich erinnern, daß ich um halb drei Uhr morgens Schritte auf meiner Terrasse gehört habe.« Ihr Haus lag dreißig Meter von unserem Zelt entfernt, etwas unterhalb. Aber die Dame war nicht aufgestanden, um den vermeintlichen Landstreicher zu erwischen, sondern wieder eingeschlafen. Die anderen blieben bei unserer Geschichte sehr skeptisch. Wir standen vor einer Mauer.

Dies also war die Aussage von Frau X., der besagten Französischlehrerin. Wir hätten diese Aufzeichnung niemals gesendet, wenn es uns nicht gelungen wäre, das betreffende Ehepaar ausfindig zu machen und erneut zu befragen. Auch hier hat wieder Jean-Paul Guguen die Nachforschungen angestellt. Ihm gelang es, das Paar aufzuspüren. Zwei Jahre nach ihrem Erlebnis schilderte Frau X. genau denselben Hergang. Ihre Darstellungen gaben Jean-Paul Guguen Anlaß zu einigen Fragen.
Hier das Interview von Frau X. und Michel X., ihrem Ehemann. Frau X. hat uns nochmals die gleiche Darstellung gegeben. Zwischen ihren beiden Berichten sind jedoch zwei Jahre vergangen. Wir schalten uns an der Stelle in das Gespräch ein, wo sie das »Ding« erblickt, weil wir dadurch die Möglichkeit haben, zwischen beiden Berichten zu vergleichen.
– Das Zelt befand sich hinter mir. Ich vernahm Schritte und glaubte, mein Mann sei herausgekommen oder bewege sich im Zelt. Ich wandte mich links um und entdeckte dabei etwas, das sich in fünf Metern Entfernung auf der gleichen Terrasse befand wie unser Zelt. Ich kann eigentlich nicht »etwas« dazu sagen, weil ich den Eindruck hatte, daß da ein lebendiges Wesen sei. Ich sah etwas, das mich beobachtete oder doch zumindest mir zugewandt war, ohne sich zu rühren. Stellen Sie sich ein schwarz angestrichenes Zuckerstück vor. Setzen Sie einen ovalen Kopf oben darauf. Das Ganze nicht glänzend, sondern in mattem Schwarz. Statt der Augen muß man sich zwei große

weiße Scheiben vorstellen. Und das ist alles. Keinen Mund, keine Nase, keine Augen. Ob es Beine hatte, konnte ich nicht sehen, weil das wild wachsende Gras sehr hoch war. »Es« war etwa einen Meter zwanzig groß.

– Hatten Sie den Eindruck, daß »es« Sie anstarrte?

– So würde ich es eigentlich nicht ausdrücken, denn es hatte keinen Blick. Es hielt nur den Kopf unbeweglich mir zugewandt. Ich hatte den Eindruck, daß irgend etwas vorging. Und daß die Natur für diesen Augenblick aufgehört hatte zu leben.

– Wie lange etwa haben Sie diesen Humanoiden angeschaut?

– Höchstens fünfzehn Sekunden. Ich bekam Angst und stürzte mit einem großen Satz ins Zelt.

Michel X., der Ehemann, bekräftigt die Aussage seiner Frau:

– Ich hatte mich im Zelt ausgestreckt. Plötzlich sah ich meine Frau mit einem unglaublichen Satz hereinstürzen. Dabei sagte sie: »Ich habe etwas Entsetzliches gesehen! Es war grauenhaft!« Ich verstand überhaupt nicht, worum es sich handeln könnte, aber es war klar, daß sie etwas Ungewöhnliches erlebt haben mußte.

– Warum sind Sie nicht selbst hinausgegangen?

– Das Gesicht meiner Frau war vor Angst buchstäblich verzerrt. Ich hatte nicht den Mut hinauszugehen. Ich verschloß das Zelt von innen. Dann warteten wir, ob irgendein Laut zu hören sein würde.

– Als mir klar wurde, daß ich einen kleinen Humanoiden gesehen hatte, fügt Frau X. an dieser Stelle ein, wollte ich nicht wieder hinausgehen, denn ich hatte gelesen, daß plötzliche Angstreaktionen unsererseits mißverstanden werden könnten.

– Wenn ich recht verstehe, waren Sie durch Ihre Lektüre schon auf ein derartiges Phänomen vorbereitet?

– Nein, ich habe nicht gleich an ein außerirdisches Wesen oder an eine fliegende Untertasse gedacht. Zunächst hatte ich große Angst und war etwa zehn Minuten lang wie gelähmt. Erst danach begann ich zu überlegen und stellte einen Zusammenhang zu der runden, leuchtenden Form auf dem Parkplatz her.

– Waren Sie am nächsten Morgen so neugierig, um nach möglichen Spuren zu sehen?

– Ja. Wir haben die Stellen untersucht. Neben unserem Zelt war das Gras zertreten. Das besagte aber wenig, denn diese Spuren konnten ebensogut von Menschen stammen. Unten auf dem Parkplatz haben wir vergeblich nach Spuren gesucht.

– Als wir unsere Geschichte am nächsten Morgen erzählten, fügt Michel X. hinzu, glaubte sich eine Dame, die etwa fünfzig Meter von uns entfernt wohnte, zu erinnern, daß sie in dieser Nacht um halb drei Schritte auf ihrer Terrasse gehört hatte. Sie war nahe daran gewesen, aufzustehen, weil sie dachte, es sei ein Landstreicher. Schließlich ist sie aber wieder eingeschlafen.

– Wenn Sie morgen wieder einen Humanoiden treffen würden, würden Sie versuchen, Ihre Erfahrung zu erweitern? Würden Sie versuchen, sich auf irgendeine Weise mit ihm zu verständigen?

– Ich auf jeden Fall, lautet die Antwort von Frau X.

– Ohne jede Furcht?

– Dieses Mal sicher. Wenn es allerdings wieder wie das letzte Mal wäre und noch dazu bei Nacht, hätte ich vielleicht die gleichen Angstgefühle. Aber wenn ich ihn bei Tage aus einer Untertasse steigen und auf mich zukommen sähe, auch wenn es ganz plötzlich geschähe, so würde ich aus reiner Neugier abwarten, wie es weitergeht.

– Glauben Sie, daß die Entdeckung dieser Wesen einen Fortschritt für die Wissenschaft bedeutet?

– Für die Wissenschaft wohl nicht, aber dafür für jeden einzelnen von uns. Sie gibt uns Gelegenheit, offeneren Geistes zu werden, unser Blickfeld zu erweitern und unsere Lebensweise weniger absolut zu setzen. Man muß sich die Möglichkeit vor Augen führen, daß im Weltraum noch ganz andere Lebensformen als die unsrige existieren.

Antworten auf weitere Fragen

Mit diesem Abschnitt geht auf *France-Inter* die fünfte Woche des UFO-Reports zu Ende. Wir werden von Briefen geradezu überschwemmt und können die Tausende von Fragen nicht einzeln beantworten. Auffallend ist die Qualität der Zuschriften. Wir erhalten viele Briefe von Professoren, Lehrern, Studenten, Gymnasiasten, Ärzten, Rechtsanwälten, Bürgermeistern und Ingenieuren . . . Ich war eher auf überspannte Beiträge gefaßt gewesen, so etwa in dem Stil »Ich habe regelmäßigen Kontakt mit außerirdischen Wesen«. Aber nein! Von viertausend eingegangenen Briefen gehören nur zwei oder drei eindeutig in den Bereich der Psychiatrie. Das ist ein ungewöhnlich geringer Prozentsatz! Aufgrund dieser Feststellung haben wir jeden Freitag eine Persönlichkeit aus der Wissenschaft gebeten, die häufigsten Fragen unserer Zuhörer gesammelt zu beantworten. In der hier wiedergegebenen Sendung vom Freitag, dem 1. März 1974, war Claude Poher Gast bei *France-Inter*. Er ist Leiter der Abteilung Rake-

ten und Sonden beim Nationalen Institut für Raumforschung (C.N.E.S.).
– Claude Poher, welche verschiedenen UFO-Formen sind uns bekannt?
– Hauptsächlich handelt es sich um runde Maschinen, daneben gibt es eiförmige sowie einige, die von der Form her einem Rugbyball vergleichbar sind, und schließlich einige ganz seltene in Form einer Riesenzigarre.
– Ist man noch nie auf eckige Formen gestoßen?
– Das ist wirklich sehr außergewöhnlich.
– Gibt es Gegenden, in denen sich UFOs ganz besonders häufig zeigen?
– Nein, keineswegs. Es scheint vielmehr, als trete das Phänomen auf der ganzen Erdoberfläche in Erscheinung.
– Weiß man etwas über die Antriebsmechanismen der UFOs?
– Absolut nichts.
– Was halten Sie vom Fall Adamski? (Adamski behauptet, er habe außerirdische Wesen beim Aussteigen aus einer fliegenden Untertasse beobachtet.)
– Der Fall Adamski ist ein alter Witz, nichts weiter.
Gerade zum Fall Adamski habe ich etwa fünfzig Briefe erhalten. Eine ganze Reihe von Leuten ist tatsächlich überzeugt, daß Adamski diese außerirdischen Wesen tatsächlich begegnet und sie gekommen seien, um ihm zu sagen, daß die Welt ihrem Verderben entgegengehe, wenn der Lauf der Dinge weiter der gleiche bleibe. Dieses Märchen, das schon eher als Mythomanie bezeichnet werden muß, findet sich immer wieder in der Geschichte der UFOs. Adamski ist derjenige, der es am besten vermarktet hat. Derzeit überschwemmt gerade ein Sizilianer mehrere Länder Europas, insbesondere die Schweiz, mit seinen naiven Geschichten. Ebenfalls in jüngerer Zeit ist ein französischer Journalist aus Clermont-Ferrand angeblich an sechs aufeinanderfolgenden Tagen frühmorgens in eine fliegende Untertasse geklettert, um sich dort einige Seiten über die Bibel und die bevorstehende Rückkehr der außerirdischen Wesen diktieren zu lassen. In diesem letzten Fall, in dem ich selber recherchiert habe, bin ich zu dem Schluß gekommen, daß es sich ebenfalls um reine Erfindung handelte. Fast zwei Stunden lang erzählte mir dieser junge Journalist, wie er bei einem Spaziergang durch einen Vulkankrater in der Auvergne die Landung einer fliegenden Untertasse beobachtet hatte (der erwähnte Sizilianer machte seine Beobachtung in der Nähe des Ätna). Ein menschenähnliches Wesen sei ausgestiegen, mit grünlicher Hautfarbe (eine

Anspielung auf die kleinen grünen Männchen, die nie jemand gesehen hat). Dieses Wesen soll also meinen Kollegen aufgefordert haben, in die Untertasse zu steigen, um sich die Bibel erklären zu lassen! Sechs Tage hintereinander ist der gute Junge mit Papier und Bleistift wiedergekommen, um sich alles aufzuschreiben, was ihm in allerbestem Französisch von diesem außerirdischen Wesen diktiert wurde!
Ein Journalist, der sechs Tage hintereinander Zugang zu einer fliegenden Untertasse hat und noch nicht einmal auf die Idee kommt, seinen Fotoapparat mitzunehmen . . . oder einen Kollegen, der fotografieren kann und außerdem als Zeuge nützlich wäre! »Daran habe ich gar nicht gedacht!« war die Antwort dieses Kollegen. Den nenne ich keinen Kollegen mehr! – Kehren wir also zu den Fragen zurück, die unsere Zuhörer zur UFO-Sendereihe stellten, und zu den Antworten von Claude Poher.
– Haben russische und amerikanische Astronauten auf ihren Weltraumflügen UFOs beobachtet?
– Wir kennen nur die Aussagen amerikanischer Astronauten, die versichern, daß sie etwas gesehen haben, das sie nicht identifizieren konnten. Diese Beobachtung war aber nicht von großem Interesse, denn es handelte sich nur um einen Punkt, der sich kaum im Weltraum abzeichnete.
– Wie läßt sich denn das Glänzen der UFOs erklären?
– Darüber wissen wir überhaupt nichts. Man kann annehmen, daß es von der Ionisierung der Atmosphäre herrührt, aber wir haben darüber keine Sicherheit.
– Werden durch das Vorüberfliegen von UFOs elektromagnetische Phänomene erzeugt?
– Ja, mit Sicherheit. In zwei Prozent der Fälle läßt sich eine Ablenkung der magnetischen Kompaßnadeln und eine Veränderung des Magnetfeldes beobachten. Es ereignen sich auch Pannen an Autos mit elektrischer Zündung.
– Gibt es auf der Welt Untersuchungskommissionen für UFOs, und existieren insbesondere in Frankreich offizielle Kommissionen?
– Bis jetzt gibt es noch keine, und darin sehe ich ein großes Problem.
– Stimmt es, daß in der Wüste von Neumexiko eine Untertasse abgestürzt ist?
– Das ist reine Erfindung.
– UFO: Ein unbekanntes Flugobjekt. Wären Sie mit dieser Definition einverstanden?
– Wir wissen nichts darüber. Keine der Hypothesen, die wir aufge-

stellt haben, läßt sich beim gegenwärtigen Stand der Wissenschaft untermauern.

– Welche Bedeutung messen Sie der Botschaft zu, die von einer Untertasse abgeworfen sein soll und danach unter Mitwirkung der Spionageabwehr vom Computer des Nationalen Forschungsinstitutes analysiert wurde? So fragte ein Zuhörer, der seinem Brief einen Zeitungsausschnitt aus dem Figaro vom 27. Dezember 1972 beifügte.

– Auch das ist eine völlig unhaltbare Erfindung!

– Gibt es viele Franzosen, die schon einmal ein UFO gesehen haben?

– Man schätzt, daß etwa sieben Prozent der Bevölkerung derartige Beobachtungen gemacht haben.

– Sind diese UFOs bewohnt?

– In fünf Prozent der Fälle wurden Bewohner gesichtet. Diese Zahl gilt für alle Länder.

– Wie sehen diese Bewohner aus?

– Oft handelt es sich um kleine Männchen, die etwa einen Meter zwanzig groß, aber mit Sicherheit niemals grün sind.

– Zu welcher Zeit erscheinen diese UFOs?

– Man sieht sie häufig bei Nacht. Siebzig Prozent der Beobachtungen werden nachts gemacht, und zwar hauptsächlich zwischen 20 und 22 Uhr. Hierbei dürften allerdings verschiedene Gründe mitwirken.

– Sind die von UFOs hinterlassenen Spuren immer gleichartig?

– In etwa ja.

– Bewegen sich die UFOs immer lautlos?

– Sie wirken in siebzig Prozent der Fälle lautlos, wenn der Betrachter mehr als 150 Meter entfernt ist. Bei geringerer Entfernung wird von sehr schwachen Geräuschen berichtet, wie zum Beispiel ein leises Brummen, schwaches Pfeifen oder ähnliches.

– Können die UFOs von Technikern auf dem Radarschirm verfolgt werden?

– Ja, das ist schon in etwa zehn Prozent der Fälle geschehen.

– Gibt es Zeugen, die schon einmal eine fliegende Untertasse berührt haben?

– Das soll angeblich ein einziges Mal passiert sein. Da ich in diesem Fall jedoch nicht selbst die Untersuchung durchgeführt habe, fühle ich mich zu dem Hinweis verpflichtet, daß man diese Information mit aller gebotenen Zurückhaltung zu betrachten hat. (Die Geschichte ereignete sich in Kanada. Der Zeuge verbrannte seinen Handschuh, als er die Untertasse berührte, die sich wenige Sekunden danach in die Luft erhob. Der Zeuge litt noch einige Wochen lang unter starker Übelkeit.)

– Wie schätzen Sie die Tatsache ein, daß den UFOs gegenwärtig so große Aktualität beigemessen wird? Ist da nicht auch ein bißchen Psychose dabei?
– Das glaube ich nicht. Wenn man all diese Zeugenaussagen sorgfältig betrachtet, stellt man fest, daß die Mehrzahl der Beobachtungen etwa einen bis anderthalb Monate vor der breiten Behandlung des Themas in der Presse gemacht wurde. Zu Beginn des Jahres 1974 können wir eine klassische Beobachtungshäufung feststellen. Etwas Ähnliches spielte sich im Jahre 1954 ab, aber in viel stärkerem Maße, denn damals hatten wir bis zu sechzig Beobachtungen am Tag!
Claude Poher wird an diesem Freitag, dem 1. März 1974, am Mikrofon gefolgt von einem der bedeutendsten Berufsfotografen. Jacques Vainstain ist mehrmals mit stets schußbereiter Kamera um die Welt gereist. Er ist wirklich ein Experte auf dem Gebiet der Fotografie. Und nichts ist schwieriger, als ein UFO zu fotografieren, insbesondere bei Nacht. Ich habe also Jacques Vainstain gebeten, unseren Hörern einfache Ratschläge zu erteilen, für den Fall, daß sie eines Tages das Glück haben, einem UFO gegenüberzustehen.
– Der erste Ratschlag scheint idiotisch, aber ich versichere Ihnen, daß es der wichtigste ist: Man muß einen Apparat griffbereit haben, und zwar einen geladenen! Das scheint zwar eine Selbstverständlichkeit zu sein, aber ich möchte nicht wissen, wie viele Augenzeugen diesem Rat gerne gefolgt wären, um ihre ungewöhnliche Erscheinung auf dem Film festhalten zu können! Denn es ist leicht möglich, daß sich der Zeuge von der Unglaublichkeit der Erscheinung fesseln läßt und dabei ganz vergißt, eine Aufnahme zu machen, oder daß er wie wild herumknipst mit einem Apparat, in dem nicht einmal ein Film ist!
– Jacques Vainstain, wie steht es mit dem Fotografieren von UFOs bei Tage?
– Da gibt es zunächst kein besonderes Problem. Ein UFO am hellichten Tage kann genauso fotografiert werden wie ein gewöhnliches Familienbildchen im Urlaub. Es genügt, daß man darauf achtet, den Gegenstand richtig ins Bild zu setzen. Man kann auf diese Weise ausgezeichnete Wiedergaben von UFOs erhalten, unter der Bedingung allerdings, daß man sehr viele Fotos macht. Man muß schießen, bis der Film zu Ende ist, und alle Möglichkeiten verschiedenster Einstellungen ausnutzen, soweit es der Apparat erlaubt.
– Zweiter Fall: Nachtaufnahmen!
– Nachtaufnahmen sind etwas schwieriger, hauptsächlich mit einfachen Fotoapparaten. Alles hängt ab von der Leuchtkraft des UFOs. Wenn diese gering ist, braucht man eine lange Belichtungszeit, wobei

man sich am besten gegen eine Mauer oder einen Baum abstützt und dabei den Atem anhält. Auf diese Weise zeichnet man den Flugweg des Objekts auf. Für einen lichtempfindlichen Film, das heißt mindestens 22 DIN, dürfte eine Belichtungszeit von drei bis vier Sekunden hinkommen. Wenn das UFO stark leuchtet, beispielsweise wie eine elektrische Birne, muß man fotografieren wie am Tage, also eine Momentaufnahme machen. Aber ich sage noch einmal, wenn Sie die Zeit haben, verändern Sie die Belichtungszeit und die Einstellung, denn Sie erhöhen damit Ihre Chance, eine gute Aufnahme zu erhalten.

– Und die Entwicklung?

– Die ist natürlich von großer Bedeutung. Man muß sie einem guten Labor anvertrauen, wo vor der endgültigen Entwicklung, in Anbetracht der Bedeutung des Films, Kontrolltests durchgeführt werden. Auf die Wichtigkeit des Films muß natürlich bei der Einlieferung besonders hingewiesen werden!

Das Ereignis von Valensole

Das Ereignis von Valensole ist so ungewöhnlich, daß wir es mit aller nur möglichen Vorsicht betrachtet haben. Wir haben Nachforschungen bei der Polizei, bei einem Richter und in der Familie des Zeugen angestellt und schließlich den Zeugen selbst interviewt. Das Ganze spielte sich am Morgen des 1. Juli 1965 ab. Polizeioberstleutnant Valnet, der zur Zeit des Ereignisses die polizeilichen Nachforschungen geleitet hatte, berichtet:

– Die Sache ereignete sich in zwei Kilometer Entfernung nordwestlich von Valensole, einem Zentrum des Lavendelanbaus, einer Stadt mit zweitausend Einwohnern im Departement Alpes de Haute-Provence. Bei dem Zeugen handelt es sich um einen Bauern, verheiratet, mit zwei Kindern. Damals war er etwas über vierzig Jahre alt. Er ist ein Mann, der mit beiden Beinen auf der Erde steht, geistig und körperlich absolut gesund. Ich selbst war damals Hauptmann und befehligte die Polizeikompanie von Digne. Der Zeuge ließ sich von mir befragen und schilderte mir sein Erlebnis.

Am 1. Juli 1965 befand sich der Zeuge frühmorgens auf seinem Feld, um zu hacken. Gegen sechs Uhr machte er eine Pause und setzte sich im Schutze einer kleinen Anhäufung aus Steinen und Erde nieder. Plötzlich vernahm er in geringer Entfernung ein kurzes Pfeifen. Von seinem Platz aus konnte er nicht sehen, was es war. Er dachte, es handele sich um einen Hubschrauber, und wollte nachsehen, ob dieser in seinem Lavendelfeld gelandet sei. Deshalb ging er einige Schritte in die Richtung, aus der er den Laut vernommen hatte. Da stellte er fest, daß sich in der Tat eine Maschine von eigenartiger Gestalt in etwa hundert Metern Entfernung auf seinem Feld niedergelassen hatte. Er ging näher heran, ohne die Maschine aus den Augen zu lassen. Er hatte schnell erkannt, daß sie die Form eines Rugbyballes in der Größe eines *Renault Dauphine* hatte und auf mehreren Beinen stand. Zwei Wesen, die keine Menschen sein konnten, standen darunter auf dem Feld. Er näherte sich ihnen bis auf zehn Meter. Die beiden Wesen hatten sich niedergebeugt, wobei ihm einer den Rücken, der andere das Gesicht zuwandte. Dieser entdeckte ihn plötzlich, als er noch zehn Meter von ihnen entfernt war. Nun richteten sich beide plötzlich auf. Derjenige, der ihm den Rücken zugewandt hatte, drehte sich um und machte eine Bewegung mit der rechten Hand, in der er einen Gegenstand hielt, den er daraufhin in ein Etui auf seiner linken Seite steckte. Augenblicklich konnte sich der Zeuge nicht mehr rühren. Er fühlte nichts. Er war weder betäubt noch verkrampft. Aber er konnte weder den Kopf noch seine Glieder bewegen.

– Herr Hauptmann, wie hat er Ihnen diese Wesen beschrieben?

– Etwa einen Meter groß, mit einem Kopf, der größer war als der eines Menschen. Sie waren völlig unbehaart und hatten kein Kinn. An der Stelle des Mundes befand sich ein rundes Loch. Die Augen ähnelten den unseren, waren aber wimpernlos, die Haut glatt und der Teint ähnlich dem eines Mitteleuropäers. Die Schultern waren kaum breiter als der Kopf, der fast übergangslos in den Körper mündete. Ein Hals war kaum zu sehen. Sie hatten zwar Arme und Beine, der Zeuge konnte jedoch weder Füße noch Hände beschreiben.

– Wie waren sie gekleidet?

– Sie trugen dunkle, hautenge Anzüge. An jeder Seite hing so etwas wie ein Etui, ein ziemlich kleines links und ein etwas größeres rechts.

– Wie haben sich die beiden Wesen verhalten, nachdem sie den Zeugen gelähmt hatten?

– Sie haben sich eine Zeitlang unterhalten und ihn dabei angeblickt. Ihre Augen bewegten sich, und aus ihrem Mund drang eine Art Gurgeln.

– Fürchtete sich der Zeuge?

– Nein, er empfand keinerlei Angst. Die beiden Wesen strahlten eine große Freundlichkeit aus.

– Wie hat er diese Aussage begründet?

– Er empfand einen großen Frieden und fürchtete sich vor nichts.

– Hatte er den Eindruck, daß ihm dieses Gefühl des Friedens von den beiden Wesen eingeflößt worden war?
– Ja, diesen Eindruck hatte er tatsächlich. Ich persönlich kam dadurch zu der Vermutung, daß diese beiden Wesen vielleicht beruhigende Wellen ausgesandt hatten, um den Zeugen zu beschwichtigen und ihm klarzumachen, daß sie keine bösen Absichten hegten.
– Und die Maschine, wie hat er sie Ihnen beschrieben?
– Der Boden befand sich etwa fünfzig Zentimeter über der Erde. Darüber wölbte sich eine Kuppel wie aus Plexiglas. Die Maschine war etwa zwei Meter fünfzig hoch. Nach etwa vier Minuten kletterten die beiden Gestalten mit großer Behendigkeit hinein, indem sie zuerst ihre rechte, dann ihre linke Hand zu Hilfe nahmen. Sobald sie an Bord waren, schloß sich eine Schiebetür automatisch von unten nach oben, wie bei einem Rollschrank.
– Konnte der Zeuge die beiden Wesen immer noch sehen?
– Ja, in der Kuppel. Plötzlich vernahm er ein dumpfes Geräusch und sah, wie sich die Maschine etwa einen Meter hoch in die Luft hob. Dabei entdeckte er an ihrer Unterseite eine Röhre wie aus Stahl, die in der Erde gesteckt hatte. Die sechs Beine der Maschine begannen sich zu drehen, ohne jedoch Staub aufzuwirbeln oder Rauch zu erzeugen. Die beiden Wesen blickten den Zeugen noch immer an, während sich die Maschine nach rückwärts entfernte und dabei schräg gegen Westen anstieg.
– Konnte der Zeuge den Weg der Maschine verfolgen?
– Ja, etwa dreißig Meter weit. Dann verschwand sie plötzlich wie ein Blitz.
– Und was geschah danach?
– Der Zeuge konnte sich immer noch nicht bewegen, aber er hatte eine Sicht bis in die Hügel, die etwa zehn Kilometer weit weg in der Richtung liegen, in der sich die Maschine entfernt hatte. Nach etwa fünfzehn Minuten fiel die Unbeweglichkeit von ihm ab, und er fühlte sich wie vor dem Ereignis.
– Was tat er dann?
– Er blieb ein paar Minuten stehen, wo er war, weil er einen leichten Schock davongetragen hatte. Er stellte fest, daß die Erde an der Stelle, wo die Maschine gelandet war, ganz aufgeweicht war.
– Welche Feststellungen hat die Untersuchung des Bodens ergeben?
– Wir haben eine leichte Mulde von einem Meter zwanzig Durchmesser gefunden, in deren Mitte sich ein zylindrisches Loch von achtzehn Zentimeter Durchmesser und vierzig Zentimeter Tiefe befand sowie vier kaum markierte Furchen von acht Zentimeter Breite und zwei

Meter Länge. Genauer gesagt waren es zwei Furchen, die ein Kreuz formten, dessen geometrische Mitte genau über dem Loch lag.
– Wie lange nach der Landung haben Sie den Ort inspiziert?
– Vierundzwanzig Stunden. Das heißt also, am nächsten Tag.
– Sie sagen, der Boden sei aufgeweicht gewesen. Hatte es denn an diesem Tage geregnet?
– Nein, überhaupt nicht. Der Boden muß von der Maschine aufgeweicht worden sein.
– Wieviel Zeit hat Ihre Untersuchung in Anspruch genommen?
– Sie verlief in zwei Abschnitten und hat mehrere Stunden gedauert. Der Zeuge hat uns nicht alles in einem Zug erzählt. Wir mußten ihn zuerst ins Vertrauen ziehen. Wir haben ihm dargelegt, daß es sich um eine wichtige Angelegenheit handele, die es uns erlauben würde, Erscheinungen besser zu verstehen, die sich sowohl in Frankreich als auch in anderen Ländern ereignet hatten.
– Welche Schlußfolgerung haben Sie aus Ihren Untersuchungen gezogen?
– Ich schenke dem Zeugen vollen Glauben.

Die Schlußfolgerung, die Oberstleutnant Valnet aus seinen Nachforschungen zieht, ist klar: Der Zeuge hat die Wahrheit gesagt. Es handelt sich um einen vernünftigen, verantwortungsbewußten Mann, der sich nichts vormachen läßt. Es war von großem Interesse, die Untersuchung der Polizei zu vergleichen mit der, die zwei Monate später von Richter Chautard durchgeführt wurde, der seinem Beruf in Lyon nachgeht und auch dem dortigen Appellationsgericht angehört.
»Ich habe diese Untersuchung auf ausschließlich persönliche Initiative Anfang September 1965 durchgeführt und meine Ergebnisse sofort an die Studiengruppe für Lufterscheinungen *(Gepa)* weitergeleitet, der ich angehöre.
Ziel meiner Untersuchung war es, an Ort und Stelle die Aussagen zu überprüfen, die Herr M. schon gegenüber verschiedenen Personen und insbesondere vor der Polizei von Valensole über seine Erlebnisse vom Morgen des 1. Juli 1965 gemacht hatte. Ich hatte mir auch vorgenommen, alle nur möglichen Auskünfte über die Glaubwürdigkeit derartig ungewöhnlicher Erklärungen einzuholen.
Ich habe deshalb folgende Personen vernommen:
1. die Polizisten Azias und Santoni, die mit der offiziellen Untersuchung betraut gewesen waren,
2. den Befehlshaber der Polizeikompanie der Departements Alpes de

Haute-Provence, Hauptmann Valnet; er hatte den Ablauf der offiziellen Untersuchung beaufsichtigt und persönlich den Zeugen M. befragt.
3. Ich habe auch mit Herrn Richaud, dem Bürgermeister von Valensole und Verwaltungsrat des Kantons, gesprochen, ebenso mit Herrn Ciapello, dem Ratsschreiber, und seiner Vertreterin, Frau Tardieu.
4. Ich habe Pater Gourjon, den Pfarrer von Valensole, aufgesucht.
5. Ich habe ein besonders interessantes Gespräch mit Herrn Moisson geführt, dem Besitzer des *Café des Sports*, der ein Freund von Herrn M. ist: Er hat als erster die ganze Geschichte gehört.
Außerhalb von Valensole hatte ich Gelegenheit, mit einem Techniker des Observatoriums des Departements Haute-Provence zu sprechen, der im Anschluß an die Erklärungen von Herrn M. ebenfalls eine offiziöse Untersuchung durchgeführt hat. All meine Gesprächspartner haben mir übereinstimmend die vollkommene Glaubwürdigkeit von Herrn M. bezeugt. Er gilt als nüchterner, maßvoller und überlegter Mann von großer Ausgeglichenheit. Er ist einundvierzig Jahre alt, verheiratet, Familienvater und betreibt in Valensole eine Lavendeldestillerie. Das Geschäft geht gut. In der Freizeit geht er am liebsten der Fischerei und der Jagd nach, hauptsächlich der Jagd. Er hatte niemals das geringste Interesse für fliegende Untertassen.
Die Gespräche, die ich mit ihm, mit seiner Frau, seinem Vater und seiner Mutter geführt habe, haben mich in der Überzeugung bestärkt, daß er diese Geschichte sicher nicht erfunden hat. Ich hatte sogar das eigenartige Gefühl, daß Herr M. selbst eigentlich der Sache am ungläubigsten gegenüberstand und daß er eine gewisse Zeit gebraucht hatte, bis er das, was ihm geschehen war, realisieren und akzeptieren konnte, um schließlich darüber zu reden.«

Die Darstellung von Herrn M.

– Am 1. Juli 1965 gegen fünf Uhr dreißig war ich wie üblich auf meinem Lavendelfeld, das etwas nördlich von Valensole in der Nähe der Straße nach Oraison gelegen ist. Ich hatte meinen Traktor, der hinter einem kleinen Steinhaufen stand, noch nicht angelassen. Ich wollte es gerade tun und zündete mir eine Zigarette an, als ich ein Pfeifen vernahm, über dessen Ursprung ich mir nicht im klaren war. Ich trat also hinter dem Steinhaufen hervor, der mich verborgen hatte, und sah in etwa neunzig Metern Entfernung eine eigenartig geformte Maschine, die in meinem Feld gelandet war. Zunächst hatte ich gedacht, es handle sich vielleicht um einen Helikopter, aber dann erkannte ich, daß dies nicht der Fall sein konnte. An diese Maschinen war ich schon gewöhnt, weil sie oft, wenn sie in Schwierigkeiten sind, oder auch einfach so auf meinem Feld oder in der Nähe landen. Da gehe ich jedesmal gerne hin, um mich mit den Piloten zu unterhalten, von denen viele auch Jäger sind wie ich selbst. Was aber konnte diese Maschine wohl sein? Sie erinnerte an einen Rugbyball, aber in der Größe eines *Renault Dauphine*, mit einer Kuppel obendrauf, und stand auf sechs Stützen. Vielleicht ein Versuchstyp? Mir war aber in keiner Weise ängstlich zumute, und so ging ich, ohne etwas in den Händen zu halten, mit ruhigem Schritt über die jungen Lavendelsetzlinge auf meinem Feld darauf zu. Und ganz nahe an der Maschine entdeckte ich zwei kleine, menschenähnliche Wesen, die sich über einen Lavendelbusch beugten. Ich war nicht eigentlich beunruhigt und ging näher, um die beiden anzusprechen. So kam ich bis auf fünf oder sechs Meter an die fremdartigen Besucher heran. Als mich diese jedoch bemerkten, richteten sie sich auf, und einer von ihnen streckte blitzschnell einen Arm mit einer Art Röhre oder »Pistole« gegen mich aus. Ich fand mich augenblicklich am Boden festgewachsen und konnte keine einzige Bewegung mehr machen. Allerdings konnte ich sehr wohl weiter beobachten, was sich um mich her ereignete. Ich betrachtete in aller Ruhe die beiden »Männchen« mit ihren Kinderkörpern und den Riesenköpfen, die etwa dreimal so groß waren wie der eines durchschnittlichen Menschen. Es fiel mir auf, daß sie völlig unbehaart waren und eine glatte weiße Haut hatten, wie ein Baby, jedenfalls im Gesicht und am Kopf. Der übrige Körper war von einem dunklen Anzug verhüllt. Das Gesicht ähnelte in den Zügen und den Maßen etwa dem eines Menschen. Allerdings fehlten dem Mund die Lippen – er glich einem Loch. Die beiden kleinen Wesen verständigten sich mit Hilfe unartikulierter Laute, die nicht aus der Mundöffnung zu kommen schienen. Sie betrachteten mich ausgiebig und schienen sich über mich lustig zu machen. Ihr Blick war jedoch überhaupt nicht böse, ganz im Gegenteil. Ihre gesamte Erscheinung vermittelte mir nicht den Eindruck, als ob ich einem Monster gegenüberstünde.

Nach wenigen Augenblicken kehrten die beiden Besucher mit erstaunlicher Behendigkeit in ihre Maschine zurück, die sie durch eine Schiebetür betraten. Dann flogen sie nach Westen davon, etwa in einem Winkel von 45 Grad, und zwar mit ungewöhnlicher Geschwindigkeit. Dabei gab die Maschine ein ähnliches Pfeifen von sich wie bei der Landung, ohne allerdings eine Rauchspur zu hinterlassen. Ich dachte, daß ich mich nun endlich wieder frei bewegen könne, aber dies erwies sich als Irrtum. Erst nach einer Viertelstunde gewannen meine Glieder allmählich ihre Bewegungsfreiheit zurück.

Dieses ist nun der dritte und letzte Teil unserer Nachforschungen, der sich mit dem außergewöhnlichen Ereignis von Valensole beschäftigt. Der Zeuge selbst, Herr M., der seit zehn Jahren sein möglichstes tut, um den Journalisten zu entgehen, war liebenswürdigerweise bereit, persönlich auf meine Fragen zu antworten. Er ist ein sympathischer Mann, der offensichtlich über einen gesunden Menschenverstand verfügt.
– Herr M., würden Sie Ihre Aussage von 1965 gerne revidieren?
– Aber nein! Niemals!
– Erinnern Sie sich der Geschehnisse heute noch so gut wie damals?
– Aber ja!
– Haben Sie in der Zeit, nachdem Sie von den beiden Wesen gelähmt worden waren, mehr geschlafen als sonst?
– Ja, wesentlich mehr.
– Wie viele Stunden täglich?
– Mindestens zehn oder zwölf.
– Und wieviel Schlaf brauchten Sie normalerweise?
– Fünf oder sechs Stunden.
– Und danach haben Sie Ihren normalen Rhythmus wiedergefunden?
– Ja, dann wurde es wieder normal, ein paar Monate später.
– Sie sagten, als Sie von den beiden Wesen gelähmt worden seien, hätten Sie gespürt, daß sie Ihnen nicht feindlich gesinnt waren?
– Nein, in keiner Weise feindlich!
– Auf welche Weise haben Sie das empfunden? Durch Gedankenübertragung?
– Wissen Sie, das kann ich nicht so genau erklären . . . ich fühlte einfach, daß sie nicht böse waren.
– Können Sie mir diese beiden Wesen beschreiben?
– Sie waren alles andere als hübsch! Ganz winzig und von heller Hautfarbe, so wie wir, und mit einem Kopf so groß wie ein Fußball.
– Wie groß waren diese Wesen denn?
– Einen Meter, vielleicht einen Meter zehn.
– Und die Gesichter, die Augen?
– Wissen Sie, man hat mir schon so viele Fragen gestellt! Die Augen müssen auch »irgendwie« gewesen sein, aber da ist meine Erinnerung einfach nicht mehr so klar. Schließlich ist all das ja jetzt schon zehn Jahre her!

– Sie können sich also nicht mehr genau an alle Einzelheiten erinnern?
– Nach all der Zeit!
– Aber Sie können ganz ohne Zweifel bekräftigen, daß es sich nicht um eine Sinnestäuschung gehandelt hat?
– Das halte ich für ausgeschlossen, denn man hat ja Bodenuntersuchungen durchgeführt.
– Welchen Durchmesser hatte die Maschine?
– Sie war nicht so besonders groß – etwa wie ein kleines Auto.
– Wie ein *Renault Dauphine*?
– Ja, so etwa. Aber höher, denn sie stand ja auf einer Art Stützen.
– Wie weit waren Sie von der Maschine entfernt?
– Höchstens sieben bis acht Meter.
– Was geschah, als Sie ganz nahe an sie herankamen?
– Da haben sie mich gesehen und mich gelähmt.
– Hat sich einer der beiden zu Ihnen umgedreht?
– Ja, genau.
– Und was tat er dann?
– Die beiden haben mich gelähmt und sind dann in ihre Untertasse gestiegen. Es sah so aus, als ob sie sich miteinander unterhielten. Dann sind sie abgeflogen.
– Was haben sie denn gesagt?
– Oh, da konnte ich wirklich nicht mehr hören als ein undeutliches Gurgeln.
– Wie lange sind die beiden noch am Boden geblieben, nachdem sie Sie gelähmt hatten?
– Vielleicht ein oder zwei Minuten – eher nur eine Minute.
– Und was taten die beiden, als Sie auf sie zugingen?
– Das kann ich Ihnen nicht so genau sagen. Sie hatten sich zum Boden hinabgebeugt, aber ich weiß nicht, was sie dort taten.
– Und dann ist die Maschine abgeflogen. Hat sie dabei ein Geräusch verursacht?
– Ja, ein ziemlich dumpfes Geräusch.
– Ist der Lavendel an der Landestelle weiterhin normal gewachsen?
– Nein, erst dieses Jahr, also zehn Jahre später, ist er endlich wieder gekommen.
– Sie wollen sagen, der Lavendel habe zehn Jahre gebraucht, um wieder normal zu wachsen?
– Ja, genau das! Und dabei habe ich zwei- oder dreimal neue Setzlinge gepflanzt, doch in diesem Kreis von fünf oder sechs Metern ist alles verdorrt.

– Aber kann es für diesen Kreis keine natürliche Erklärung geben? Haben Sie in Ihrem Feld nicht noch andere, ähnliche Stellen?
– Ganz bestimmt nicht! Das war die einzige.

Ein UFO im Departement Nièvre

In Decize, einem Ort im Departement Nièvre, mehrten sich 1974 die Augenzeugenberichte über UFOs. Wir haben mit zwei besonders glaubwürdig erscheinenden Zeugen gesprochen: einem Ingenieur und einem Polizisten.
Am Freitag, dem 10. Februar 1974, machte Herr C., ein Ingenieur, die erste Beobachtung:
– Als ich frühmorgens – etwa um sechs Uhr – aus dem Haus trat, wurde meine Aufmerksamkeit sofort von einem stark glänzenden Objekt angezogen, das sich durch seine Größe und durch seine Leuchtkraft deutlich von einem gewöhnlichen Stern unterschied. Es hatte etwa die Färbung der Venus, und die eine sichtbare Oberfläche dürfte etwa das Zehnfache dieses Planeten betragen haben. Zunächst verhielt sich das Objekt unbeweglich und schien die Form einer Zigarre zu haben. Dann gingen einige Veränderungen mit ihm vor. Es richtete sich im Winkel von etwa 45 Grad auf und nahm dabei die Gestalt eines Rugbyballes an. Das auffallendste an der ganzen Erscheinung war jedoch ein leuchtender Punkt, der sich mit großer Geschwindigkeit in raschen Kreisen um das Objekt drehte. In Augenblicken, in denen dieser Punkt nicht zu sehen war, schien die Leuchtkraft des Objekts veränderlich. Es wandelte sich in verschiedener Hinsicht: Es glitzerte, hob sich senkrecht etwas in die Höhe, aber alles sehr langsam. Die Sicht war leider nicht ideal: Das Objekt befand sich hinter einem Baum und verschwand sogar zwischendurch für kurze Zeit hinter dem Baumstamm. Nachdem ich es eine Stunde lang beobachtet hatte, trat es ganz hinter dem Baum hervor und war unbehindert zu sehen. Dabei war es um 45 Grad nach Süden angestiegen. Es wurde eine Viertelstunde von einem meiner Nachbarn beobachtet, den ich herbeigerufen hatte. Auch meine Frau und meine Tochter sahen es. Schließlich wurde die Maschine um etwa 7.15 Uhr von den Wolken verdeckt.

Zwei Tage später ereignete sich am Himmel von Decize eine neuerliche Erscheinung. Diesmal wurde sie von Polizisten beobachtet. Einer von ihnen berichtet:

– Das Objekt war etwa zehn- bis zwanzigmal so groß wie die größten Sterne.
– Auf welche Entfernung?
– Die Entfernung war ziemlich groß, aber ich kann da keine Zahl nennen.
– Hat das Objekt stark geglänzt?
– Ja, es ging ein starkes Leuchten von hellem Grüngelb von ihm aus, dessen Intensität sich ständig veränderte. Zwischendurch war sie so stark, daß man um die Maschine herum einen Lichtkreis wahrnehmen konnte.
– Hat sich das Objekt bewegt?
– Es schien eigentlich ziemlich an der gleichen Stelle zu verharren. Als ich es durch mein Fernglas betrachtete, hatte ich den Eindruck von kaum merklichen Veränderungen. Es stieg ganz langsam in die Höhe, sank dann wieder herab, aber immer an der gleichen Stelle. Dann richtete es sich senkrecht auf, verharrte dabei jedoch einen Augenblick in der Schrägstellung.
– Wie würden Sie denn die Form beschreiben?
– Die Form konnte ich nur durch das Fernglas erkennen. Mit bloßem Auge nahm man nur ein Leuchten wahr. Es handelte sich um eine veränderliche Form, die sich am besten mit einer Zigarre vergleichen läßt, die in der Mitte stark verdickt ist. Schließlich ließ das Leuchten nach. Es sah so aus, als ob die Maschine höher stieg und sich von uns entfernte . . .

Zweiter Teil:

Aussagen und Nachforschungen, die nicht auf *France-Inter* gesendet wurden

Riesen landen in Kanada

Die nun folgende Aussage ist wie alle weiteren bisher unveröffentlicht geblieben. Wir konnten sie aus Zeitmangel nicht in unsere Sendereihe einbeziehen. Nach langem Suchen ist es uns dank der Hilfe von Jean Cazeau, einem UFO-Spezialisten aus Quebec, gelungen, die Zeugin L. in Montreal aufzuspüren. Am 22. September 1969 hatte sie auf einem Spaziergang die abenteuerlichste Begegnung ihres Lebens. Hier ihr Bericht:

– Ich ging mit meinem Sohn einen kleinen Weg am Waldrand entlang. Wir sahen uns überall ein bißchen um, denn wir hatten unterwegs unseren Hund verloren. Plötzlich entdeckten wir am Waldrand ein leuchtendes Objekt, das sich auf dem Boden niedergelassen hatte. Mein Sohn und ich blieben stehen. Wir hatten beide ein beklommenes Gefühl und entschlossen uns, umzukehren und meinen Mann zu holen. Zunächst beobachteten wir jedoch, was vorging – gut zwei Minuten lang. Wir sahen zwei Männer in der Maschine und zwei, die herabgestiegen waren, große, schlanke Männer. Sie waren mit einer Art Overall bekleidet.

– Und was taten sie?

– Sie schienen etwas am Boden zu suchen. Wir sahen aber nicht, was.

– Hatte die Maschine eine Gestalt, die Ihnen irgendwie bekannt vorkam?

– Überhaupt nicht. Es war weder ein Helikopter noch ein Flugzeug oder sonst etwas Ähnliches.

– Und nach zwei Minuten sind Sie umgekehrt, um Ihren Mann zu holen?

– Genau! Das alles schien mir nicht ganz mit rechten Dingen zuzugehen! Als wir wieder zurückkamen, war alles verschwunden. Nur eine runde Druckstelle im Gras war noch zu sehen.

– Wie groß war deren Durchmesser?

– Etwa zehn Meter. An den Bäumen in der Umgebung dieses Flecks entdeckten wir auch einige abgeknickte Äste.

– Aus welcher Entfernung haben Sie diese Wesen beobachtet?
– Höchstens hundertfünfzig Meter, vielleicht auch nur hundert.
– Und Sie sind nicht näher gegangen?
– Nein, denn ich hatte fürchterliche Angst! Ich sah doch genau, daß da etwas nicht stimmte!
– Woran haben Sie bemerkt, daß etwas nicht stimmte?
– Wir kennen diesen Platz sehr gut. Seit mehr als zehn Jahren kommen wir regelmäßig dorthin und haben außer Spaziergängern noch nie jemand getroffen, und erst recht keine Maschine – geschweige denn ein Auto –, es gibt dort gar keine befahrene Straße. Die Form der Maschine, das auffallend helle Licht im Innern und hauptsächlich die Größe der beiden Gestalten ließen überhaupt keinen Zweifel daran, daß das, was wir da sahen, nicht normal sein konnte. Das war ganz eindeutig.
– Wie groß waren denn diese Gestalten?
– Etwa zwei Meter dreißig, vielleicht auch mehr.
– Und die Maschine?
– Etwa fünf Meter hoch.
– Wurden Sie von diesen »Männern« gesehen?
– Ich glaube nicht. Auf jeden Fall nicht, solange wir dort standen. Als wir umgekehrt waren, um meinen Mann zu holen, haben sie uns wahrscheinlich gesehen. Auf jeden Fall waren sie verschwunden, als wir mit meinem Mann zurückkehrten.
– Sie sagen, Sie hätten zwei Gestalten im Innern gesehen. Wie war das möglich?
– Die Maschine war in der Mitte durchsichtig, als wäre sie verglast. Man konnte ins Innere hineinsehen.
– Und welche Form hatte die Maschine?
– Sie war oval.
– Konnten Sie die Gesichter der »Männer« sehen?
– Nein, denn die zwei, die aus der Maschine herabgestiegen waren, beugten sich zum Boden, und die beiden im Innern der Kabine wandten uns den Rücken zu. Wir haben nur ihre Uniform gesehen, eine Art dunkler, hautenger Overall.
– Haben Sie Ihre Beobachtung der kanadischen Polizei gemeldet?
– Das habe ich nicht getan, denn jedesmal, wenn jemand berichtet, er habe ein UFO gesehen, schreiben die Zeitungen über ihn, als wäre er nicht ganz bei Trost. Wir haben es deshalb vorgezogen zu schweigen.
– Danach gab es dann aber doch eine Untersuchung?
– Ja, aber sie wurde von einer privaten Gesellschaft aus Quebec durch-

geführt, die sich mit UFOs befaßt. Mein Sohn hatte sich entschlossen, dorthin zu schreiben, nachdem sich die Berichte von ähnlichen Beobachtungen in der Presse häuften. Er hat mich um Erlaubnis gebeten, von unserem Abenteuer berichten zu dürfen, und ich war einverstanden.

– Wieviel Zeit war seit Ihrer Beobachtung vergangen, als die Untersuchung durchgeführt wurde?

– Zwei Jahre.

– Sprechen wir noch einmal von dem Tag, an dem Sie Ihre Beobachtung machten. Wie lange hat es gedauert, bis Sie mit Ihrem Mann an die besagte Stelle zurückgekehrt waren?

– Etwa zehn Minuten.

– Und was hat Ihr Mann getan?

– Er ist zu dem Wäldchen hinübergegangen, an die Stelle, die wir ihm zeigten. Mein Sohn ging mit ihm. Ich selbst blieb zurück, weil ich immer noch Angst hatte. Er winkte mich aber herüber und rief: »Komm her, da sind Spuren!« Da folgte ich den beiden dann und sah die kreisförmige Stelle, auf der das Gras niedergedrückt war.

– Konnten Sie auch Spuren von Schritten entdecken?

– Das kann man im hohen Gras schlecht sagen. Wir entdeckten schon Spuren, wo jemand durch das Gras gegangen sein mußte, aber die konnten ebensogut von Spaziergängern herrühren.

Die Hunde geraten in Panik

Ich habe einen Brief von Frau B. und ihrem Mann erhalten. Sie verfolgten unsere Sendereihe über die UFOs mit größtem Interesse, da sie selbst mit dem Phänomen in Berührung gekommen waren. Michel Sorbier, einer meiner Kollegen vom Sender Poitiers, hat die Untersuchung geführt. Die Geschichte ereignete sich im Jahre 1957. Herr und Frau B. waren mit ihrem Wohnwagen beim Camping, etwa 30 Kilometer von Saint-Etienne entfernt. An einem einsamen Ort geschah folgendes:

– Wir waren gerade dabei, einen großen Stein aus dem Weg zu räumen.

– Sie waren also mit etwas beschäftigt und haben nicht etwa geschlafen?

– Wir haben keineswegs geschlafen und hatten unsere ganze Aufmerksamkeit auf das gerichtet, was wir gerade taten. Ich habe übrigens auch an Jean-Claude Bourret geschrieben, daß wir in keiner

Weise auf ein derartiges Ereignis gefaßt waren, denn wir hatten an solche Dinge weder gedacht noch geglaubt.
Plötzlich wurden wir durch eine Art Scheinwerfer geblendet, der von einer unbeschreiblich starken Leuchtkraft war. Wie ein um das Vieltausendfache verstärkter Strahl eines Autoscheinwerfers. Wir waren in einen Lichtkreis getaucht und hatten das Gefühl, durchleuchtet, durchdrungen, bis ins Innerste bloßgestellt, ja geradezu durchsichtig zu werden.
– Sie sind beide Jäger und hatten Waffen bei sich.
– Ja. Unsere Waffen waren jedoch im Wohnwagen. Mein Mann hat eine Schwäche für Waffen, und wir sind eigentlich nie ohne einen Karabiner oder ein Jagdgewehr unterwegs. Auch an diesem Tage hatten wir zwei Waffen dabei.
– Wären Sie in der Lage gewesen, sich dieser Waffen zu bedienen?
– Wir haben sie häufig benutzt, aber doch noch nie gegen eine fliegende Untertasse! Ich wiederhole, daß ich in diesem Augenblick keine Waffe in der Hand hatte.
Mein Mann, der eine Situation immer sehr rasch erfaßt, rief sofort aus: »Das ist eine fliegende Untertasse!« Aber ich weiß nicht, welche Überlegung ihn zu diesem Schluß brachte.
Im gleichen Augenblick blieb der Motor unseres Wagens stehen. Dann verlosch der Scheinwerfer, und eine Art großer Ellipse wurde sichtbar. Auf mich wirkte es wie ein großer Neonblock, der rund oder elliptisch war und zunächst orange, dann später grün gefärbt war. Das waren zwei Farben, die mir ziemlich ungewöhnlich erschienen. Sie wirkten irgendwie nicht wie »irdische« Farbtöne. Das Orange leuchtete sehr stark. Zugleich war ein schwaches Zischen zu vernehmen, vermischt mit einem kleinen Laut, der mich an eine Nähmaschine erinnerte. Diese Geräusche waren sehr schwach – viel schwächer als etwa das eines Autos beim Anlassen. Dann entfernte sich das Licht sehr rasch schräg nach oben. Je mehr es an Entfernung gewann, desto rascher verwandelte sich das Orange in ein sehr leuchtendes Grün, wie ich es noch niemals gesehen hatte. Während es noch weiter wegflog, verblaßte das Grün an den Seiten immer mehr. Ich weiß nicht, ob es durch die Höhe kam, aber ich bildete mir irgendwie ein, daß das Objekt eher verlosch, als daß es sich entfernte. Die Ränder wurden immer dunkler, und schließlich war nur noch ein großer leuchtender Punkt übrig. Schließlich verschwand auch er. Aber all dies ging so schnell . . .
– Wie lange hat Ihrer Schätzung nach das ganze Ereignis gedauert?
– Zwischen dem plötzlichen Erscheinen des großen Lichts und dem

Verschwinden des leuchtenden Punktes lagen vielleicht anderthalb Minuten.
– Wie haben Ihre Jagdhunde auf das Ereignis reagiert?
– Als der Punkt verschwunden war, blieben wir beide wie versteinert stehen. Dann fragte mich mein Mann, ob ich wegfahren oder hierbleiben wolle. Wir zitterten beide am ganzen Leib und wußten nicht so recht, was wir tun sollten. Unserer Meinung hatten wir »sie« (wir zweifelten keinen Augenblick daran, daß es sich um eine fliegende Untertasse gehandelt hatte) daran gehindert, an dieser Stelle zu landen. Vielleicht war sie auch schon gelandet, und wir hatten sie gestört. Nach dem Ablauf des ganzen Geschehens zu urteilen, schien sie eher abzufliegen als zu landen.
Schließlich beschlossen wir, dort zu bleiben und den Wohnwagen aufzustellen. Mein Mann ließ die Hunde los. Sie rannten sofort weg, den Hang hinunter und auf der anderen Seite des Tals in etwa fünfhundert Metern eine andere Anhöhe hinauf. Wir hatten beschlossen, für diese Nacht den Wohnwagen nicht abzuhängen und aufzubocken. Obwohl wir noch nicht zu Abend gegessen hatten, war keiner von uns hungrig. Der Magen war uns wie zugeschnürt. Mein Mann machte sein Gewehr schußbereit und murmelte dabei: »Man kann ja nie wissen.« Gerade wollten wir doch noch eine Kleinigkeit essen, als unsere Hunde in wahnwitzigem Tempo mit weit aufgerissenen Augen, eingezogenem Schwanz und gesträubtem Haar zurückgerast kamen. Sie boten ein Bild völligen Entsetzens. Wir hatten sie nie zuvor in einem derartigen Zustand gesehen. Und wir kennen unsere Hunde gut: Sie fürchten sich wirklich vor nichts. Wir konnten uns ihren Zustand nur damit erklären, daß sie einen ähnlichen Schock erlebt haben mußten wie wir. Daraus schlossen wir mit Sicherheit, daß sie auf ihrem Ausflug dasselbe gesehen hatten, was uns zuvor begegnet war. Es konnte ja sein, daß die Untertasse, die wir gesehen hatten, auf einem anderen Hügel gelandet war. Die Hunde hatten jedenfalls etwas gesehen, was ihnen einen tiefen Schrecken eingejagt hat. Wir konnten sie in dieser Nacht nicht mehr dazu bringen, den Wohnwagen zu verlassen. Sobald wir sie hinausführen wollten, wurden sie böse. Sie waren nahe daran, uns zu beißen. Sie waren wie verwandelt. Erst am nächsten Morgen wurden sie wieder normal.
– Die Hunde waren eingeschlossen, als Sie beide die Maschine zum erstenmal sahen. Hatten die Tiere in diesem Augenblick gar nicht reagiert?
– Nein, sie waren im Wohnwagen. Als sie dann nachher wegliefen, machten sie auch einen völlig normalen Eindruck. Als wir ihnen die

Türe öffneten, stürzten sie heraus und fanden ganz offensichtlich die Fährte eines Hasen. An ihrem Gebell erkannten wir, daß sie eine Spur verfolgten. Dann plötzlich hörten wir sie nicht mehr. Wir nahmen an, sie hätten ihre Fährte verloren, und dachten, daß sich ihnen irgend etwas in den Weg gestellt haben müsse – aber was? In der Zwischenzeit sind alle wieder ganz normal geworden, bis auf den alten »Miro«, der kein Gewitter mehr ertragen kann. Wir haben lange überlegt, woran das wohl liegen mag, und sind zu der Annahme gekommen, daß er an diesem Tage ein Trauma erlitten hat und seitdem keine Blitze mehr sehen kann. Jedesmal, wenn ein Gewitter kommt, müssen wir ihn in einen Wandschrank einschließen, denn er benimmt sich wie wahnsinnig. Früher hat er so etwas nie getan. Im Gegenteil, er war ein Hund, der wirklich vor nichts Angst hatte.

Wollt ihr mit uns spielen?

Am 29. August 1967 begannen in Cussac, im Departement Cantal, etwa zwanzig Kilometer von Saint-Flour entfernt, zwei Kinder einen Tag wie jeden anderen. Sie hatten gerade Ferien und halfen ihren Eltern auf dem Bauernhof. François, dreizehn Jahre alt, und Anne-Marie, knapp zehn, hüteten die Kühe auf einer Wiese, an der ein Landsträßchen vorbeiführt. Plötzlich bemerkte François, daß die Kuhherde, statt friedlich zu weiden, mit allen Anzeichen der Aufregung von der Straße weglief, als sei sie durch irgend etwas erschreckt worden. François rannte, um sich der Herde in den Weg zu stellen, denn einige der Kühe waren schon in die benachbarten Wiesen getreten. In diesem Augenblick blickte er in die Richtung, aus der die Kühe gerannt kamen, und sah hinter einigen Bäumen, in etwa vierzig Metern Entfernung, eine große, glänzende Kugel von etwa drei Metern Durchmesser. Vor dieser Kugel bewegten sich vier dunkle Gestalten. Zusammen mit seiner Schwester ging er näher. Sie blieben etwa eine Minute lang auf der anderen Straßenseite stehen, um genauer zu erkennen, was sich da vor ihnen bewegte. Da die Gestalten so klein waren – etwa einen Meter groß –, nahm François an, es seien Kinder. Er rief: »He, ihr, wollt ihr mit uns spielen?«
Die kleinen Wesen, die etwas am Boden zu suchen schienen, hoben die Köpfe. Und dann geschah etwas Unglaubliches: Eins nach dem andern erhob sich lautlos in die Luft und verschwand, den Kopf voraus, in der leuchtenden Kugel. Das vierte Männchen war gerade dabei, ebenfalls darin zu verschwinden, ließ sich aber noch einmal auf die

Erde hinab, um dort noch etwas aufzuheben. Nun wurde das Leuchten der Kugel stärker. »Das tat mir in den Augen weh«, sagte François später zur Polizei. Die Kugel begann, in einer spiralförmigen Bewegung langsam zu steigen, bis sie eine Höhe von etwa fünfzehn Metern erreicht hatte. Das vierte Männchen, das inzwischen etwas am Boden aufgehoben hatte, holte sie im Fluge ein. Daraufhin wurde das Leuchten nochmals stärker. Die Kugel begann zu pfeifen. Dieses Pfeifen wurde auch von einer weiteren Person vernommen, die uns glaubwürdig erscheint: Herr D., der Feldjäger des Dorfes. Innerhalb weniger Sekunden war die Kugel in Richtung auf die Ebene von Cantal verschwunden.

Die beiden Kinder wurden von Entsetzen gepackt und rannten nach Hause. Die Eltern fragten sich ratlos, was wohl geschehen sein könnte. Der Vater ging sofort auf die Weide, begleitet von den beiden Kindern, denen noch immer der Schreck in den Gliedern saß. Sie wollten auch nicht bis zum Landeplatz selbst mitgehen, sondern blieben auf der Straße stehen. Herr D. konnte am Boden keinerlei Spuren entdecken. Dagegen stellte er einen starken, ätzenden, ihm völlig fremden Geruch fest. Er beschloß, die Polizei in Neuvéglise zu verständigen. Die Polizisten erreichten den Ort des Geschehens gegen 16 Uhr, also fünf Stunden nach dem Ereignis. Der Geruch hing noch immer in der Luft – ein unerklärlicher Geruch, ähnlich wie Schwefel.

In diesem Zusammenhang scheint uns auch der Bericht des Arztes von Bedeutung: Nach der Beobachtung dieser stark leuchtenden Kugel litt François, der bisher ein robustes Kind ohne jegliche gesundheitliche Probleme gewesen war, plötzlich an einer Augenentzündung. Der Arzt stellte Rötung und Tränen der Augen fest wie bei einem Skifahrer, der sich zu lange ohne Schutzbrille im sonnenbeschienenen Schnee aufgehalten hat.

Was soll man zu solchen Zeugnissen sagen? Daß es sich um reine Erfindung handelt, ist ausgeschlossen. Bauernkinder lassen ihre Herde nicht ohne einen triftigen Grund im Stich. François und seine Schwester hatten noch nie etwas von UFOs gehört. Es ist also ganz ausgeschlossen, daß sich die beiden diese Geschichte ausgedacht haben. Schließlich gibt es ja in diesem Falle auch Ansätze von Beweisen. Da war der eigenartige Geruch, den zunächst der Vater, später auch die Polizisten, festgestellt haben. Dann die Augenentzündung des Jungen. Ich spreche von Ansätzen von Beweisen, denn man könnte sich ja allenfalls vorstellen, daß François an der besagten Stelle Schwefel verbrannt hat und nachher mit weitaufgerissenen Augen in die Sonne starrte, um das Ergebnis zu erzielen, das wir aus dem Arztbericht kennen. Aber ebenso wie die Polizisten und wie die Eltern von François und Anne-Marie bin ich davon überzeugt, daß die Kinder die Wahrheit gesagt haben. Der Wert ihrer Aussage wird übrigens gestützt durch die Tatsache, daß sich eine vergleichbare Geschichte in Brasilien abgespielt hat. Mein Freund Carlos Marquès, ein brasilianischer Journalist, der sich auf UFOs spezialisiert hat, übermittelte mir den Bericht der brasilianischen Polizei zusammen mit dem Ergebnis seiner eigenen Untersuchungen. Diese geben wir im folgenden wieder:

Am 20. Dezember 1971 verließ Manuel Silva e Souza um 21.30 Uhr den Luftstützpunkt Itapetuna. Die kleine Stadt im Staate Rio lebt von der Viehzucht, einer Fabrik für konzentrierte Milch und vier Thermalquellen. Manuel führt die Aufsicht über den Militärflughafen. Er ist sechzig Jahre alt und hat dreizehn Kinder. Später berichtete er der Polizei:

– Plötzlich wurde mein Augenmerk auf einen leuchtenden Punkt gezogen, der sich dem Flughafen näherte. Es war ein ganz ungewöhnliches Licht. Ich dachte einen Moment lang, es handle sich um ein in Brand geratenes Flugzeug, das zu landen versuchte. Plötzlich verschwand das Leuchten jedoch. Ich dachte, ich könne meinen Augen nicht mehr trauen, und blickte mich um, wie wenn ich aus einem Traum erwachte. Und da entdeckte ich das Leuchten hinter mir, in einem Feld neben der Landepiste. Nun dachte ich wirklich, ein brennendes Flugzeug sei abgestürzt, und begann zu laufen. Je mehr ich mich jedoch dem Leuchten näherte, erkannte ich, daß es nicht von einer Flamme herrühren konnte. Es war vielmehr ein hellblaues, ganz intensives Licht. Als ich bis auf zwanzig Meter herangekommen war, sah ich, daß dieses Licht von einer ovalen Form ausging. Das Ganze war sehr schön anzusehen, tat mir aber in den Augen weh. Da sah ich plötzlich den Mann . . .

– Wie sah er aus?

– Er bewegte sich neben der blendend hellen Form und war ganz klein, etwa neunzig Zentimeter – vielleicht auch einen Meter groß.

– Hat er Sie gesehen?

– Ja, er hat mich angeblickt, ganz unverwandt angestarrt. Ich hatte fürchterliche Angst, aber ich starrte ebenso unbeweglich zurück. Ich dachte, ich traue meinen Augen nicht!

– Was tat er denn?

– Nach einigen Sekunden wandte er mir den Rücken zu. Er streckte seitlich seine Arme aus, etwa so: (Manuel macht die Bewegung). Und da hob er sich ohne ein Geräusch von der Erde ab – ich dachte, das

kann doch nicht wahr sein. Ohne eine weitere Bewegung flog er in seine Maschine, wie von einer unsichtbaren Kraft gezogen, und verschwand darin, mit dem Kopf voraus.
– Wollen Sie damit sagen, daß er sich in die Luft erhoben hat, ohne eine Bewegung zu machen?
– Ja.
– Und Sie haben nur diese eine Gestalt gesehen?
– Nein, im Innern der Maschine befanden sich noch zwei weitere, mindestens zwei. Auch sie blickten mich unverwandt an. Ich bekam Angst. Dann hörte ich, wie sich mit leisem Geräusch eine Schiebetüre schloß. Daraufhin entfernte sich das Objekt wieder.
– Mit großer Geschwindigkeit?
– Zunächst nur sehr langsam. Aber in fünfzig Metern Entfernung beschleunigte es seine Geschwindigkeit auf ganz unglaubliche Weise und war innerhalb einer Sekunde verschwunden.
– Sprechen wir noch einmal über die Gestalten, die Sie gesehen haben. Wie waren sie denn gekleidet?
– Sie trugen eine khakifarbene Uniform aus einem Material, das sehr weich zu sein schien, mir aber nicht bekannt vorkam. Darüber trugen sie einen helleren Gürtel mit einer sehr großen, sehr hübschen Schnalle. Die Füße steckten in hohen, enganliegenden Stiefeln, ähnlich wie Boxerstiefel.
– Und die Gesichter?
– Sie waren Menschengesichtern ähnlich. Aber der Hals war recht kurz. Ich konnte all das deutlich sehen, weil sie keine Maske trugen. Dessen bin ich ganz sicher.

Die Beschreibung des brasilianischen Soldaten ist genauer als die der Kinder aus Cussac, weil er sich näher an das UFO herangewagt hat. Es ist übrigens nicht der einzige Bericht, der die Schilderung der Kinder bestätigt und ergänzt. Der Präsident des brasilianischen Forschungszentrums für unbekannte Flugobjekte (CICOANI), Hulvio Aleixo, verfügt über einen ähnlichen Bericht, den er nach sorgfältigen Nachforschungen für glaubhaft hält. Die Beschreibung der UFOs und ihrer Insassen ist also in den verschiedenen Aussagen unterschiedlich. Das macht es noch schwieriger, das Phänomen zu begreifen. Wichtig ist jedoch, festzuhalten, daß zwei französische Bauernkinder und ein brasilianischer Soldat die gleiche Erscheinung beschrieben haben.

In den Zuschriften, die wir erhalten haben, wurde häufig die Frage nach einer Entführungsgeschichte gestellt, an der ein UFO beteiligt gewesen sein soll. Angeblich habe sich die Sache in Brasilien ereignet. Nachdem ich selbst keine Untersuchungen in dieser Sache angestellt habe, kann ich sie nur einigermaßen skeptisch betrachten. Carlos Marquès, mein brasilianischer Kollege, hat allerdings die Gelegenheit genutzt, Nachforschungen zu betreiben. Hier also sein Bericht über dieses Abenteuer, das sich übrigens in der gleichen Gegend Brasiliens ereignete wie das vorher geschilderte, in der Nähe von Itaperuna.

Am 19. November 1973 kehrte Paulo Caetano Silveira, siebenundzwanzig Jahre alt, Schreibmaschinentechniker, am Steuer seines Wagens (eines *DKW*) nach Itaperuna zurück. Neben ihm saß sein Freund, Elvio Bianchi, ein *Capoeira*-Spieler (*capoeira* ist eine brasilianische Kampfart). Er fuhr gemütlich auf der leeren Straße entlang, als ihn plötzlich das Vorgefühl überkam, daß sich gleich etwas Eigenartiges begeben würde.

Schon mehrmals war Paulo Caetano auf dieser Straße auf die Insassen eines Raumschiffes getroffen, das aus einer andern Welt kam. Diese Treffen hatten sich am 15., 16., 19. und 22. November sowie am 5. Dezember 1971 ereignet. Er hatte darüber berichtet, aber da er jedesmal ohne Zeugen gewesen war, hatte ihm niemand Glauben geschenkt. Da er auch nichts beweisen konnte, waren die Bewohner der Gegend ebenso wie die Behörden dazu übergegangen, ihn für leicht geistesgestört zu halten. Man kann sich also vorstellen, in welchen Zustand ihn das plötzliche Vorgefühl versetzte. Er teilte seinem Begleiter seine Unruhe mit.

Dieser machte sich über ihn lustig und sagte: »Heute kann dir nichts passieren, ich bin ja bei dir!«

Wenige Augenblicke später war Elvio Bianchi in tiefen Schlaf versunken. Wie bei den sechs vorangegangenen Begegnungen sah Paulo Caetano das »geheimnisvolle Objekt« auf sein Auto zukommen. Verzweifelt versuchte er seinen Nachbarn zu wecken: Er schien wie tot. Paulo verlor die Kontrolle über sein Fahrzeug. Es geriet von der Straße ab, nachdem die Elektrik unterbrochen war. Inzwischen hatte sich das geheimnisvolle Objekt bis auf die Böschung herabgelassen. Hier der Bericht von Paulo Caetano Silveira:

– Die Tür meines Wagens öffnete sich ganz von selbst, wie im Traum. Ich wurde unwiderstehlich von einem Lichtbündel zu der Maschine gezogen, und ich fühlte, wie ich mich ohne eine Bewegung in die Lüfte erhob. Ich betrat die Maschine, wie wenn ich nach Hause käme. Es schien mir ganz selbstverständlich. In der Mitte stand ein Tisch, und ohne zu wissen, wie mir geschah, lag ich darauf ausgestreckt. Meine Beine baumelten in der Luft. Zu meiner Rechten tauchte ein Apparat auf. Zwei Griffe senkten sich auf mich herab. Der eine packte mein Handgelenk, um es am Tisch festzumachen – wobei er sehr achtsam umging und mir keinerlei Schmerz zufügte –, der andere umschloß meinen Oberarm. Aus einer Art grauem Gummischlauch wurde mir eine Flüssigkeit in die Arme eingespritzt, etwas oberhalb der Ellbogen. Die »drei kleinen Männchen« (sie kommen immer zu dritt) begannen, mir den Arm aufzuschneiden, ohne daß ich dabei den geringsten Schmerz empfand. Ich bemerkte es erst, als ich sah, daß sie mein Blut in eine ganz dünne, etwa zwanzig Zentimeter hohe Röhre übertrugen. Dann rollte die Maschine wieder zurück. Ich erhob mich, und die drei kleinen Männchen wiesen auf zwei Bilder, die an der Wand aufgehängt waren. Das eine zeigte eine Karte, das andere ein Foto von einer Atomexplosion. Als sie auf das zweite Bild zeigten, bewegten sie sich wie wild in allen Richtungen, ohne jedoch einen Laut von sich zu geben. Dann deuteten sie auf etwas, das aussah wie die Sauerstoffflaschen, die es in Krankenhäusern gibt. Auch hierbei vollführten sie wieder wilde Bewegungen. Sie versuchten jedoch nicht, mit mir zu sprechen. Ich selbst brachte keinen Ton heraus, ich kann mich auch gar nicht erinnern, daß ich den Versuch unternommen hätte. Als ich später auf dem Polizeikommissariat war, versuchte ich, den Ort anzugeben, den sie mir auf ihrer Karte gezeigt hatten: Es war ein Punkt im Norden des Staates Rio. Schließlich habe ich die Maschine wieder verlassen, aber ich erinnere mich nicht, auf welche Weise. Im Zweifelsfall genauso, wie ich hereingekommen war. Ich war überhaupt nicht mehr fähig, etwas wahrzunehmen.

In diesem Augenblick erwachte Elvio Bianchi. Auch er erzählt seinen Teil der Odyssee:
– Als ich erwachte, fiel mein Blick zuerst auf Piston (so wird Paulo Caetano genannt), der mit weit aufgerissenen Augen über dem Wagen lag. Er hatte eine böse Wunde am Arm. Das Auto stand quer am Fuße der Böschung, und ich dachte, wir hätten einen Unfall gehabt. Ich nahm Paulo beim Arm – er schien völlig erschöpft. Als oben auf der Straße ein Autobus vorüberfuhr, winkte ich, damit er anhalte.
Paulo Caetano wurde mit dem Krankenwagen ins Krankenhaus von

Itaperuna gefahren. Dort stellte Doktor Umberto C. Tinôco Verbrennungen dritten Grades fest (ähnlich denen, die von Feuer und kochendem Wasser hervorgerufen werden). Man unterzog ihn einer entsprechenden Spezialbehandlung. Nach Aussagen von Doktor Muniz Bussol verheilen Verbrennungen dieser Art innerhalb einer Woche, wenn sie richtig behandelt werden. Allerdings bleibt eine typische Narbe zurück. Seine Überraschung war also groß, als er Paulo Caetano am nächsten Morgen untersuchte und feststellte, daß die Verbrennungen spurlos verschwunden waren! Außer einer kleinen V-förmigen Narbe an der Stelle des Einschnitts war nichts mehr zu sehen!

Der Polizeidienst von Itaperuna, der am Abend zuvor den Arm von Paulo Caetano fotografiert hatte, machte etwa zehn Stunden später eine neue Aufnahme ohne die Verbrennungen. Die Ärzte von Itaperuna trafen sich zu einer Sondersitzung, konnten jedoch zu keinem Beschluß kommen – außer der Feststellung, daß es sich um einen Fall handle, der unserer Medizin unbekannt und bisher unerklärbar sei.

Neben den Ärzten und der Polizei von Itaperuna wissen nur der Busfahrer und seine Passagiere von Paulo Caetanos eigenartigem Zusammentreffen mit den »unbekannten Wesen«. Derselbe Autobusfahrer war in der Nacht vom 9. Oktober auf der Straße zwischen Italva und Itaperuna von einem seiner Passagiere darauf aufmerksam gemacht worden, daß sie von einem »eigenartigen, leuchtenden Objekt« aus der Luft verfolgt wurden. Alle Passagiere konnten dieses Objekt sehen. Es verfolgte sie bis in die erste Stadt, die sie nach Fahrplan ohne Halt durchfahren sollten. Der Bus mußte aber halten, weil die verängstigten Passagiere darauf bestanden, nicht in der Nacht weiterzufahren.

Diese ergänzende Aussage wurde von Polizeikommissar Airton Teixeira aufgenommen und bestätigt von Omar Salema Armond, dem Passagier, der als erster gesehen hatte, daß der Bus von einem geheimnisvollen Objekt verfolgt wurde, und die andern alarmiert hatte.

Dritter Teil:

Wissenschaftliche Stellungnahmen aus der Sendereihe auf *France-Inter*

Jacques Vallées Erläuterungen

Das Gespräch mit Jacques Vallée eröffnet den dritten Teil unseres UFO-Reports, in dem wir von den Versuchen international anerkannter Wissenschaftler berichten, nach eingehendem Studium des Problems eine Lösung zu finden. Michel Anfrol hat im Auftrag von *France-Inter* die amerikanischen Universitäten besucht und dabei die bedeutendsten UFO-Spezialisten der Vereinigten Staaten gesprochen.

Jacques Vallée, Assistent für Informatik an der Universität Stanford, hat in seinem Computer mehr als dreitausend Fälle gespeichert, in denen ein UFO bei der Landung aus nächster Nähe beobachtet worden ist. Er kennt also das Problem.

– Welche Art von Zeugenbeobachtungen speisen Sie in Ihren Computer ein?

– Ich interessiere mich für die Fälle, von denen ich weiß, daß sich der Zeuge in der näheren Umgebung des Objekts befunden hat. Und zwar aus verschiedenen Gründen. Zunächst, weil man in diesen Fällen über mehr Information bezüglich der physikalischen Gegebenheiten des Phänomens verfügt. Man erfährt etwas über Entfernung, Ausmaße, Leuchtkraft und kann auch die konkreten Spuren der Landung untersuchen. Was mich außerdem noch sehr fesselt, sind die Beschreibungen, die die Augenzeugen über die physischen Auswirkungen der Landung geben. Hier finden sich erstaunliche Feststellungen, deren Bedeutung beim gegenwärtigen Stand unserer Kenntnis aller psychischen und geistigen Abläufe nur sehr schwer zu bewerten ist. Ich sage Ihnen gewiß nichts Neues, wenn ich darauf hinweise, daß ein großer Teil der volkstümlichen Bräuche dieser Erde mit Legenden in Zusammenhang steht, in denen die Rede von fremden Wesen ist, die in Himmelsfahrzeugen von einem unbekannten Ort gekommen sind. Das findet sich im Laufe der Geschichte immer wieder. Wir entdecken derartige Aussagen auf Statuen, auf beschrifteten Felsen, in jeder Religion. Unglücklicherweise ist es sehr schwer, anhand einer

Legende nachträglich zu rekonstruieren, was sich wirklich abgespielt hat.

Was in den Berichten auffällt, in denen vom Näherkommen einer fliegenden Untertasse erzählt wird (und davon gibt es Tausende), ist die Tatsache, daß die Zeugen immer wieder einen grundsätzlichen Wandel ihrer Auffassungen über zahlreiche Probleme erwähnen. Zum Beispiel ihre Ansichten über Leben und Tod. Oft bleibt der Zeuge unter der Schockeinwirkung. Die Beobachtung, die er gemacht hat, beeindruckte ihn dermaßen, daß er alles, was er bisher dachte, in Frage stellt, und damit auch seine grundsätzlichen Ansichten über die menschliche Existenz.

Damit soll nicht gesagt werden, daß sich das Phänomen vornehmlich im rationalen Bereich abspielt. Es gibt viele natürliche und erklärbare Dinge, die denselben Effekt hervorrufen: Die Gebirge Indiens oder die Niagarafälle machen auf manche Menschen einen so tiefen Eindruck, daß sie ihr Leben verändern und eine andere Einstellung zu ihrer Existenz gewinnen. Im Falle der fliegenden Untertassen scheint es, daß der Zeuge nicht nur von einem neuen Bewußtsein bezüglich bestimmter Erscheinungen spricht, sondern auch von psychischen Auswirkungen, die offenbar nachweislich sind. Für den Augenblick ist es schwierig, mehr darüber zu sagen, denn die Forschungen sind noch nicht abgeschlossen. Man kann allerdings sagen, daß einige Zeugen nach der Begegnung mit ihrer Erscheinung ziemlich ungewöhnliche Fähigkeiten entwickelt haben: zum Beispiel auf dem Gebiet außersinnlicher Wahrnehmungen. Es wird interessant sein, die Weiterentwicklung der Forschungen in diesem Bereich zu verfolgen.

– Kann man die Gedanken der Personen, die mit der Erscheinung in Kontakt stehen, in Zusammenhang bringen mit dem, was man als außersinnliche Wahrnehmung bezeichnet?

– In vielen Fällen kann man das tatsächlich. Es geht darum, herauszubekommen, ob das Phänomen der UFOs sich selbst als Erscheinungsform eines Psychismus manifestiert oder ob es sich dabei einfach um ein physisches Phänomen handelt, dessen Wirkungskraft so groß ist, daß es die Funktionen des menschlichen Gehirns beeinflußt oder stört. Die Tatsache allein, daß die Zeugen außersinnliche Phänomene beschreiben, bedeutet noch nicht, daß von seiten der Objekte die Absicht besteht, derartige Wirkungen beim Menschen hervorzurufen. Die öffentliche Meinung ist hiervon jedoch schon fast überzeugt. Man will zu gewissen Überzeugungen kommen, weil man sich nach einem außerirdischen Retter sehnt! Die amerikanische Öffentlichkeit empfindet gerade zur Zeit – nach der Watergate-Affäre – ein großes

Bedürfnis nach Reinheit. Die fliegenden Untertassen – sofern man sie als Mythos betrachtet und nicht als physisches Phänomen – sind durchaus geeignet, den nach Reinheit lechzenden Menschen, die auf einen überirdischen Eingriff warten, zu bieten, was sie verlangen. Hierin müssen wir also ein soziologisches Phänomen erblicken. Für die Wissenschaftler, die sich mit diesem Problem befassen, wird es sehr schwierig sein, das Echte vom Falschen zu unterscheiden und wirklich ernsthafte Experimente anzustellen.

– Sie selbst haben Tausende von Fällen studiert, in denen UFO-Landungen beschrieben wurden. Können Sie daraus Schlußfolgerungen über den Ursprung dieser Objekte ziehen?

– Ich bin Informatiker, kein Physiker. Was mich in all diesen Fällen interessiert, in denen eine Beobachtung von UFOs gemacht wurde, ist die Information, die aus diesem Zusammentreffen gezogen werden kann. Danach ist es Sache des Physikers, darüber zu entscheiden, ob diese Vorgänge, die eine offensichtliche Verletzung physikalischer Gesetze bedeuten, durch eine Veränderung unserer Vorstellungen über die Struktur des Weltalls erklärt werden können. Mir persönlich erscheint es nicht unmöglich, daß man neue physikalische Theorien entdeckt, denen zufolge die Beschaffenheit der Zeit viel komplexer wäre, als es unser bisheriges Wissen scheinen läßt. Unsere Vorstellungen von Raum und Zeit sind bis jetzt mehr als primitiv. Sie stehen im Widerspruch zu Erfahrungen, die in der modernen Physik täglich gemacht werden. Ich verrate kein Berufsgeheimnis der Physiker, wenn ich daran erinnere, daß ganz offenkundige Widersprüche zwischen der Quantenmechanik und der Relativität bestehen. Auf den Universitäten der ganzen Welt sucht man nach neuen Theorien, die geeignet wären, die neueren Beobachtungen mit unserem System in Einklang zu bringen. So gesehen handelt es sich bei den UFOs lediglich um eine neue Erscheinung unter einer Vielzahl von anderen, die unseren gegenwärtigen physikalischen Gesetzen zu widersprechen scheinen. Die Tatsache, daß UFOs existieren, heißt aber noch nicht zwingend, daß wir »Besuch« von einer außerirdischen Zivilisation erhalten: Das ist lediglich eine Erklärungsmöglichkeit von vielen.

Wir können mit hoher Wahrscheinlichkeit davon ausgehen, daß es im Weltraum Leben gibt. Das heißt also auch, daß dort Wesen existieren, die in der Lage sind, sich fortzubewegen und uns möglicherweise zu beobachten. Wir müssen uns jedoch fragen, wie hoch die Wahrscheinlichkeit ist, daß wir von diesen Wesen entdeckt werden, und welches Interesse sie daran haben sollten, einen entlegenen Vorort der Milchstraße, wie es die Umgebung der Erde ist, zu besuchen. Viel in-

teressanter ist die Feststellung, daß UFOs anscheinend schon während der gesamten Geschichte der Menschheit gesichtet worden sind und daß sie sich während der letzten zweitausend Jahre anscheinend nicht verändert haben. Das weist auf eine Manipulation der Zeitstruktur hin. Damit will ich aber nur auf eine Hypothese aufmerksam machen . . .
Vom semantischen Standpunkt her, der mich als Informatiker eigentlich angeht, interessiere ich mich besonders für die Tatsache, daß das Gespräch (in den Fällen, in denen ein Gespräch zwischen dem Zeugen und den sogenannten Insassen der UFOs stattgefunden hat) niemals einen Sinn hat. Und zwar ist es in einer ganz charakteristischen Weise sinnlos. So zum Beispiel in dem Fall, in dem ein Zeuge, der im Jahre 1954 in der Nähe einer kleinen Stadt im Elsaß um vier Uhr morgens durch den Wald ging, einem Mann begegnete, der einen Overall trug. Er hielt ihn deshalb für einen Piloten. Die Unterhaltung der beiden war mühsam: Der Zeuge, der aus Polen stammt, konnte die Sprache des angeblichen Piloten nicht verstehen. Schließlich kam es zu einer Verständigung, als der Zeuge anfing, Russisch zu sprechen, von dem der angebliche Pilot einige Brocken verstand. Hier eine Zusammenfassung ihres Gesprächs: Der Pilot fragte, wieviel Uhr es sei. Vier Uhr dreißig, antwortete der Pole. »Das kann nicht sein, es ist zwei Uhr«, gab der Pilot zur Antwort und fragte dann weiter: »Bin ich in Deutschland oder in Italien?« Als er zur Antwort bekam »Sie sind in Frankreich«, verschwand der Fremde im Dunkel des Waldes und machte dabei durch Zeichen deutlich, daß er nicht verfolgt werden wolle. Der Pole war jedoch beunruhigt und beachtete das Gebot nicht. In der Nähe einer Lichtung entdeckte er ein ovales Objekt, das sich auf dem Boden niedergelassen hatte. Nachdem der Pilot hineingestiegen war, entfernte es sich mit großer Geschwindigkeit. In diesem Augenblick wurde dem Zeugen klar, daß es sich bei dem Mann nicht um einen Piloten gehandelt haben konnte. Später erfuhr er dann, daß er vermutlich mit dem Insassen eines UFOs gesprochen hatte . . .
– Welche Schlußfolgerung erlaubt diese Aussage?
– Zunächst die, daß es sich hier wohl kaum um reine Erfindung handeln dürfte. Erfindungen haben meist eine innere Logik und sind nicht absurd. Außerdem war der Zeuge in keiner Weise mit dem Phänomen der UFOs vertraut. Seine Beschreibungen stimmen jedoch in allen Einzelheiten mit dem überein, was wir bis jetzt über das Phänomen wissen. Außerdem spricht für die Authentizität die Tatsache, daß sich der Dialog auf zwei absurde Fragen beschränkte, von denen die erste bezüglich der Zeit, die zweite bezüglich des Raumes absurd war. Diese

Konstanten finden sich in allen ähnlichen Diskussionen wieder. Das ist deshalb interessant, weil sich daran feststellen läßt, daß man gezwungen ist, in die Absurdität auszuweichen, wenn man eine Wahrheit ausdrücken will, die unsere Weltsicht transzendiert. Die Sprachen aller großen mystischen Texte der Menschheit beruhen auf Absurditäten dieses Grundmusters.

Im Weltall gibt es außer uns noch andere Lebewesen

Auch am Freitag, dem 8. März 1974, beantwortet, wie an allen Freitagen seit Beginn unserer Sendereihe, ein Wissenschaftler die Fragen, die in den eingesandten Briefen am häufigsten erscheinen. Immer wieder taucht die Hypothese auf, daß es außerirdische Wesen gebe. Natürlich fehlt jede Rechtfertigung dafür, die UFOs mit solchen Wesen in Zusammenhang zu bringen. Das ist ein ganz anderes Problem. Zwischen der Wahrscheinlichkeit, daß es in unserem Milchstraßensystem noch Leben gibt, und der Erscheinung der fliegenden Untertassen liegt der Graben der Unendlichkeit, über den diese Hypothese nur eine recht wacklige Brücke schlägt. Welche Wahrscheinlichkeit spricht für die Hypothese? Jean-Claude Ribes, Radioastronom, Polytechniker, Doktor der Wissenschaften und Forschungsbeauftragter am Nationalen Forschungsinstitut, gibt Antwort:

– Konnten durch die jüngsten Forschungen mit Hilfe automatischer Sonden Lebensformen innerhalb unseres Sonnensystems entdeckt werden?

– Nein. Es spricht sehr wenig für die Möglichkeit, daß in unserem Sonnensystem Leben existiert. Die Planeten, die uns umgeben, sind entweder sehr kalt oder sehr heiß. Dabei spreche ich noch nicht einmal von den weiter entfernten Planeten (wie Jupiter), die völlig eisig sind und entweder Methan oder Ammoniak oder andere Stoffe enthalten, die irgendwelchem Leben alles andere als förderlich sind. Die Planeten, die allenfalls in Betracht kämen, sind Mars und Venus – sie sind der Erde am nächsten. Der Mars ist etwas weiter von der Sonne entfernt als die Erde, also auch kälter. Er ist von einer ganz dünnen Atmosphäre umgeben, die kaum Sauerstoff enthält. Dennoch kann man nicht ganz ausschließen, daß gewisse einfache Lebensformen existieren. Mit Sicherheit kann man dies jedoch erst sagen nach Abschluß des Unternehmens Viking und nach der vollständigen Auswertung der Messungen, die die Marssonden vorgenommen haben.

Bisher war dies noch nicht der Fall. Auf der Venus sind die Bedingungen genau umgekehrt. Dort ist es sehr heiß, fast 300 Grad. Der ungeheure Druck von einhundert Atmosphären kann sich nur schädlich auf die Bedingungen für mögliches Leben auswirken – wenngleich wir die Möglichkeit noch nicht ganz ausschließen können. Wir verfügen bisher über keinerlei Informationen darüber, was vielleicht auf der Oberfläche dieses Planeten an Leben existieren könnte. Dennoch bleibt es gewiß, daß es keine höherentwickelten Lebensformen geben kann, insbesondere keine fortgeschrittene technische Zivilisation, etwa mit Radiogeräten oder elektrischem Licht. Beleuchtete Städte auf dem Mars wären übrigens während der Marsnacht ohne weiteres zu erkennen. Und wenn mögliche Bewohner über Radio- oder Fernsehgeräte verfügten, würden uns ihre Wellen im Vergleich zu dem, was wir in der Radioastronomie empfangen, mit gut wahrnehmbarer Stärke erreichen.

– Man kann also sagen, daß es innerhalb unseres Sonnensystems keine Formen höherstehenden Lebens gibt. Aber wie sieht es außerhalb unserer Galaxis aus?

– Das Wort Galaxis sollte vielleicht näher erklärt werden. Wir verstehen darunter das Himmelsgebilde, das wir als Milchstraße bezeichnen. Es ist die Welt, in der wir leben. Sie umfaßt etwa einhundert Milliarden Sterne, von denen jeder etwas kleiner oder größer ist als unsere Erde . . .

– Sie sprechen von einhundert Milliarden Sternen in unserer Milchstraße: Wie hat man sie denn gezählt?

– Natürlich nicht einzeln! Das Verfahren besteht darin, daß man zunächst alle Sterne in einem Himmelsquadrat zählt. Auf diese Weise gelangt man zu einer Zahl von einigen hundert oder tausend Sternen. Dasselbe macht man noch mit einigen anderen Quadraten. Daraus leiten wir die Sterndichte ab, indem wir extrapolieren und dann einen einfachen Dreisatz anwenden. Das Ergebnis kann nicht sehr weit von der Wirklichkeit abweichen.

– Unsere Milchstraße zählt also etwa einhundert Milliarden Sterne. Gibt es denn noch andere Milchstraßen?

– Es gibt vermutlich viele Milliarden Milchstraßen ähnlich wie die unsrige!

– Das ist ja phantastisch! Welchen Durchmesser hat unsere Milchstraße etwa?

– Einhunderttausend Lichtjahre. Da die Lichtgeschwindigkeit im relativen Vakuum 300 000 Kilometer pro Sekunde beträgt, bedeutet dies eine astronomische Zahl von Kilometern, die Sie im übrigen selbst

ausrechnen können, wenn Sie für einen Tag 86400 Sekunden ansetzen, für ein Jahr also 31356000 und so weiter.
– Das ist eine schöne Rechenübung!
– Genau! Aber vielleicht ist ein Vergleich besser dienlich, um uns diese Entfernung vor Augen zu führen. Die Erde und ihre Sonne befinden sich in einer durchschnittlichen Entfernung von 149,5 Millionen Kilometern. Das Sonnenlicht benötigt acht Minuten und achtzehn Sekunden, um zur Erde zu kommen. Das Licht des Sternes, der der Sonne am nächsten steht, braucht vier Jahre! Das vermittelt eine Vorstellung von dem Raum, der die Sterne voneinander trennt!
– Gibt es innerhalb unseres Milchstraßensystems andere ähnliche Planeten wie die Erde und andere Formen vernunftbegabten Lebens?
– Das ist so gut wie sicher. Zunächst weiß man theoretisch seit zwanzig Jahren, daß die Bildung eines Planetensystems eine Stufe in der natürlichen Entwicklung eines Sternes darstellt. Vermutlich entsteht dieses Planetensystem zum gleichen Zeitpunkt wie der Stern oder etwas später, auf jeden Fall stellt es ein natürliches Stadium dar. Mit anderen Worten: Fast alle Sterne unseres Milchstraßensystems sind mit einem Planetensystem umgeben, das dem unsrigen vergleichbar ist. Folglich gibt es auch in zahlreichen Fällen einen Planeten, der unserer Erde vergleichbar ist und günstige Lebensbedingungen bietet.
– Dann muß man nur noch in Erfahrung bringen, ob auf jedem Planeten, der der Erde vergleichbar ist, auch eine Form von Leben entsteht? Haben Sie versucht, mit anderen Zivilisationen des Kosmos in Verbindung zu treten?
– Selbstverständlich! Eine der besten Kontaktmöglichkeiten bieten uns die Radiowellen. Seit 1960 sind Radioastronomen damit beschäftigt, Auffangprogramme zu erstellen. In den Vereinigten Staaten hat Professor Drake das OZMA-Projekt ausgearbeitet. Es besteht darin, in der Nähe der Wellenlänge von Wasserstoff zu suchen ...
– Vielleicht sollte man besonders darauf hinweisen, daß Wasserstoff überall in unserer Milchstraße vorhanden ist!
– Genau. Wasserstoff stellt einen der grundlegenden Bausteine unseres Universums dar. Daher seine Bedeutung für die Astronomie und insbesondere die Radioastronomie. Er ist kenntlich durch einen sogenannten Strahl, das heißt eine Ausstrahlung mit sehr geringer Bandbreite, ähnlich wie eine Radiosendung auf einer genauen Wellenlänge.
– Deshalb verfiel man also gerade auf diese Welle?
– Ja, denn sie ist wirklich im ganzen Universum die gleiche. Man findet sie in allen Milchstraßensystemen. Und jeder möglicherweise auf

einem anderen Stern lebende Radioastronom muß wissen, daß es eine der wichtigsten Wellenlängen in der Radioastronomie ist.
– Sprechen wir noch einmal über das OZMA-Projekt ...
– Die Idee bestand darin, in der Umgebung dieser Wellenlänge nach möglichen vernunftgesteuerten Radiowellen zu suchen. Die Sterne, die dafür ausgesucht wurden, sind unserer Sonne ziemlich ähnlich. Sie befinden sich in zehn Lichtjahren Entfernung von der Erde. Drake hatte nur ein Teleskop mit bescheidenen Ausmaßen zur Verfügung – jedenfalls im Vergleich zu unseren modernen Instrumenten. Er suchte drei Monate lang. Natürlich nicht ständig, sondern mit Unterbrechungen, und auch nur mit Hilfe sehr einfacher Empfangsgeräte.
– Und was hat er eingefangen?
– Nichts. Sein Forschungsergebnis war negativ. Aber das war normal. Es bestand praktisch keine Aussicht, daß schon im ersten Anlauf irgend etwas erreicht werden könnte.
– Dafür hätte es tatsächlich einer Häufung glücklicher Zufälle bedurft. Daß die angepeilten Sterne Planeten hatten, daß diese Planeten dem unsrigen ähnelten, daß sich dort eine vernunftbegabte Lebensstufe entwickelt hätte, daß diese Vernunft genau auf dem gleichen technologischen Stand angelangt sei wie wir und daß unsere Brüder im Kosmos auch Radio hörten!
– Genau das! Sie sehen, daß die Wahrscheinlichkeit hierfür äußerst gering ist. Man kann durchaus annehmen, daß es in der Umgebung der meisten Sterne eine Zivilisation gegeben hat oder gibt oder geben wird, die irgendwann das gleiche Stadium durchläuft, in dem wir uns gerade befinden. Aber was für ein Wunder, wenn die beiden Stadien zusammenträfen! Mit anderen Worten: Diese kosmischen Zivilisationen haben Hunderttausende von Jahren Verspätung oder sind Hunderttausende von Jahren zu früh – oder zehntausend Jahre oder tausend Jahre oder gar nur ein Jahrhundert! Sogar ein Jahrhundert kann für eine mögliche Kontaktaufnahme entscheidend sein. Wo standen wir denn vor hundert Jahren, als das Radio noch nicht erfunden war? Und wie weit werden wir in hundert Jahren sein? Hierin liegt die eigentliche Schwierigkeit, mit anderen Galaxiszivilisationen in Kontakt zu treten.
– Kann man sich andere Möglichkeiten vorstellen, mit diesen Zivilisationen Verbindung aufzunehmen?
– Das kann man sicher. Aber ich glaube, daß die Radiowellen das beste Mittel bieten. Wir wissen, wie wir damit umgehen müssen, und wissen, daß sie sich im ganzen Universum ausbreiten. Wir empfangen

natürliche Signale aus dem Universum, die Milliarden von Lichtjahren durchlaufen haben, bis sie bei uns angelangt sind. Andererseits empfangen wir auch künstliche Signale, die von unseren Raumsonden auf ihrer mehrere Millionen Kilometer langen Reise gesendet werden. Der Funk bleibt ein ausgezeichnetes Medium. Es ist nur wichtig, mit Geduld zuzuhören. Es wäre sehr zu wünschen, daß Projekte wie das OZMA in regelmäßigen Abständen wiederholt würden. In der Sowjetunion wurde das zweimal gemacht, 1973 und 1975. Ein ähnliches Unternehmen wurde in den Vereinigten Staaten durchgeführt, und zwar im Jahr 1973. Drei Wochen lang wurde eins der größten Radioteleskope benutzt, um etwa fünfzig Sterne zu untersuchen. Soviel ich weiß, konnte man keinerlei positives Resultat verzeichnen. Es handelte sich um ein Projekt, das dem OZMA sehr ähnlich war, aber mit überlegenem technischem Rüstzeug durchgeführt wurde, also mit einer tausendmal besseren Empfangsfeinheit.

– Jean-Claude Ribes, Sie sind selbst Radioastronom und Polytechniker. Können Sie die These akzeptieren, daß die UFOs möglicherweise von einem anderen Planeten kommen?

– Das kann man sich natürlich vorstellen! Wenn es sich dabei wirklich um Objekte handelt, die vernunftgesteuert scheinen, wie es ja aus einer ganzen Reihe von Zeugenbeobachtungen hervorzugehen scheint, so glaube ich, daß die Theorie der außerirdischen Herkunft am meisten für sich hat. Natürlich wirft auch sie Probleme auf: hauptsächlich die Entfernung und die Zeit, die für eine solche Reise nötig ist. Das ist alles sehr schwer vorstellbar. Wenn die UFOs tatsächlich existieren, ist dies auf jeden Fall eine ganz vernunftgemäße Erklärung.

Das Phantombild der Humanoiden

Ein Gespräch mit Patrick Aimedieu, Wissenschaftler am Nationalen Forschungsinstitut.

– Seit fünfundzwanzig Jahren, und insbesondere während der letzten Jahre, läßt sich in allen Ländern eine Häufung der Beobachtungen von UFO-Landungen mit gleichzeitigem Auftreten von Humanoiden feststellen. Welche Haltung muß ein Wissenschaftler gegenüber derartigen Zeugnissen einnehmen?

– Zunächst eine ganz natürliche Haltung: Er darf sie nicht von vornherein ablehnen. Ansonsten würde er den Beweis dafür liefern, daß er sich von subjektiven Gesichtspunkten leiten läßt. Was nun die wissenschaftliche Betrachtung angeht, so muß sie von einer gewissen Skepsis bestimmt sein und darf ein Phänomen erst dann ernst nehmen, wenn es im Labor nachvollziehbar ist. Ein Forscher, der ein Experiment durchführt, definiert üblicherweise die Bedingungen, unter denen er es durchgeführt hat, und veröffentlicht dann einen Bericht darüber. Das erlaubt jedem anderen Forscher, selbst wenn er am andern Ende der Welt sitzt, das gleiche Experiment nachzuvollziehen und die gleichen Resultate zu beobachten, vorausgesetzt, er verfügt über die nötigen Instrumente.

Bei der Untersuchung des UFO-Phänomens befindet man sich in der gleichen Situation wie bei der Beobachtung und Analyse seltener atmosphärischer Erscheinungen. Der statistische Beweis genügt nicht, um die Existenz des Phänomens nachzuweisen (dafür müßte man es »in der Hand« haben), sie führt jedoch zu der Erkenntnis, daß das »irgend etwas ist«. Man muß also das Phänomen systematisch beobachten und analysieren. In diesem Stadium stößt man auf interessante Erkenntnisse . . .

– Aufgrund der statistischen Untersuchung der Aussagen?

– Ja. Wenn Sie zum Beispiel einen Zeugen fragen, was er gesehen habe, welche Gestalt die Person gehabt habe, so wird er eine geschätzte Größe angeben. Man erfaßt also statistisch die Angaben über die Größe. Schon beginnt sich die Gestalt genauer darzustellen. Sie hat einen Kopf, Arme und Beine. Nun fragt man weiter: nach der Form des Kopfes, nach den Augen, der Behaarung, der Hautfarbe. All diese Fragen stehen auf dem Bogen des Befragers. Der ausgefüllte Bogen wird dann dem Forscher weitergeleitet, der eine ganze Anzahl von Dingen entdeckt, die ihm zu denken geben. So zum Beispiel die Größe. Es ist oft die Rede von den »kleinen grünen Männchen«. Das ist einfach ein Witz, denn soviel ich weiß, hat keiner unserer Zeugen jemals kleine grüne Männchen erwähnt! Dagegen trifft es zu, daß die beobachteten Wesen im allgemeinen von kleiner Statur sind, etwa einen Meter zehn. Für den Forscher stellt sich nun die Frage, warum ein argentinischer Bauer, ein Franzose, ein Afrikaner, ein Sowjetrusse, ein Nordamerikaner und ein Japaner alle das gleiche sehen! Überall auf der Erde, in allen Ländern, werden diese kleinen Gestalten gesichtet. Die vielen Hunderte von Augenzeugenberichten führen den Forscher zu der Frage: Ist das wahr?

– Was ist nun mit dem Phantombild des Humanoiden?

– Das kann es nicht geben. Wenn man sich nämlich gründlich mit der Frage befaßt, stellt man fest, daß es mehrere Kategorien von Zeugenaussagen gibt, in denen verschiedene Wesen beschrieben werden.

Gewiß gibt es viele Berichte über die kleinen Männchen. Aber verschiedene Zeugen haben auch größere Gestalten gesehen. Zum Beispiel solche, die uns Menschen durchaus ähneln: gleiche Größe, gleiche Hautfarbe – und die sich noch dazu mit dem Zeugen in seiner Sprache unterhalten können! Es gibt welche, die zwei Meter groß sind. Es gibt Zyklopen und welche, die in Taucheranzüge gekleidet sind: Da können Sie sich vorstellen, wie schwierig es wäre, ein Phantombild erstellen zu wollen! Und die Schwierigkeit wird nur noch größer durch die Tatsache, daß Zeugen, die mit dem UFO-Problem nicht vertraut sind, die Erscheinung mit den Worten beschreiben, die zu ihrer Vorstellungswelt passen. Dennoch kann man einige allgemeine Züge festhalten.

– All das ist sehr verwirrend! Es ist schon schwer genug, sich damit abzufinden, daß uns kleine Männchen besuchen, die von wer weiß woher kommen, aber daß die Zeugen nun auch noch Riesen und Zyklopen in den verschiedenartigsten Maschinen gesehen haben wollen, ist noch schwerer zu glauben! Haben Sie nicht den Eindruck, daß ein Teil dieser ungewöhnlichen Zeugenaussagen in den Bereich der Fabel gehört?

– Das erscheint mir nicht so. Man muß ja davon ausgehen, daß die Befrager zunächst auch skeptisch sind. Sie nehmen den Zeugen ganz schön in die Mangel, wenn ich es einmal so ausdrücken darf. Wenn es sich dabei um einen Erwachsenen handelt, so fällt es dem geübten Befrager nicht schwer, ihn in Widersprüche zu verwickeln – wenn er tatsächlich gelogen hat. Wenn aber ein Zeuge in der Lage ist, in stundenlangen, sich über mehrere Wochen hinziehenden Befragungen zahlreiche Details zu geben und sich nicht zu widersprechen – dann ist ein Zweifel kaum statthaft. Es sei denn, man geht davon aus, daß der Zeuge eine außergewöhnliche Phantasie und ein ebenso außergewöhnliches Gedächtnis hat. Das ist natürlich nicht ausgeschlossen, aber schließlich finden sich ja über die ganze Welt verteilt Tausende von Zeugenaussagen – aus den verschiedensten sozialen Schichten –, die sich alle decken. Es wurde schon verschiedentlich die Meinung geäußert, daß all diese Zeugen eine Art innerer Phantasmagorie aussprächen, die allen Menschen eignet, und daß sich daraus die Übereinstimmung der Aussagen erkläre. Dieses Problem wurde in der Psychologie untersucht. Man hat sich gefragt, warum die Zeugen ausgerechnet Wesen mit zwei Armen und zwei Beinen erblickten. Ist das nicht die Projektion eines unbewußten Wunsches der Zeugen, daß die Wesen, die uns auf unserer Erde »besuchen«, ähnlich sein mögen wie wir?

– Dieser Deutung steht jedoch ein Argument entgegen: die von den Behörden überprüften Spuren, die im Boden zurückblieben, und die physiologischen Auswirkungen. Eine innere Phantasmagorie hinterläßt keine Spuren in den Feldern und kann auch nicht fotografiert werden!
– Genau! Und denken Sie auch an den Fall von Valensole. Warum sollte denn dieser Bauer, der ein solider, angesehener Mann ist, plötzlich anfangen, Geschichten zu erzählen, die ihm nur viele Unannehmlichkeiten einbrachten? Andererseits verhalten sich die Wesen, die von den Zeugen beschrieben werden, sehr eigenartig. Manche bewegen sich auf ihren Beinen – so etwa im Fall von Valensole. Wieder andere fliegen, wie die von Cussac.
– Wie können Sie sicher sein, daß der Bauer keine Science-fiction-Romane gelesen hat, die ihm derartige Geschichten eingegeben haben könnten?
– Die Untersuchung darüber ist ziemlich einfach. Man befragt seine Umgebung, seine Nachbarn, den Buchhändler, den Lehrer. Dadurch erhält man ein ziemlich genaues psychologisches Bild. Außerdem wird das Gesehene durch objektive Elemente untermauert. In einigen Fällen haben die Zeugen auf die kleinen Gestalten oder auf die UFOs geschossen. Wenn da ein UFO getroffen wird, ist der Aufprall zu hören. Trifft die Kugel den Humanoiden, so weicht er unter der Wucht des Schlages zurück. Wenn dies alles also Phantasmagorien sind, so gehorchen sie ballistischen und mechanischen Gesetzen! Lange bevor der Mensch sich in den Weltraum vorwagte, nämlich im Jahre 1954, gab es schon die Beschreibung von Humanoiden, die mit einer Art weichem, metallisch glänzendem Overall bekleidet waren, aus einem Material ähnlich wie Schokoladenpapier. Inzwischen wird metallisiertes Plastik auf der Erde hergestellt. 1954 war dies aber noch nicht der Fall. Der Zeuge konnte also gar nicht von irgend etwas beeinflußt sein, das er dann in seine Beobachtung projiziert hätte. Dadurch wird diese Aussage glaubhaft, und sie ist es um so mehr, als sich über die ganze Welt verstreut ähnliche Beobachtungen finden ließen.

Außergewöhnliche Wesen? Die gibt es auf der Erde auch!

Euloge Boissonade sprach mit Rémy Chauvin, Professor für Biologie an der Sorbonne.
Rémy Chauvin ist ein besonders sympathischer Mann mit regem Geist, der sich für alles interessiert, was um ihn her geschieht. Mit

dem Problem der UFOs hat er sich unter besonderer Berücksichtigung seines fachlichen Aspekts befaßt: Sind wirklich Zeugen eines andern Lebens bei uns auf der Erde gewesen? Sind Wesen, die anders sind als wir, überhaupt vorstellbar? Könnte man sich zum Beispiel vorstellen, daß in einem toxischen Milieu Leben existiert?
– Man braucht gar nicht weit zu suchen, um Lebewesen zu finden, deren biochemische Bedingungen anders sind als die unsrigen. Wir kennen zum Beispiel Insektenlarven von Fliegen, die im Wasser von Geysiren bei einer Temperatur von 65 Grad leben. Das ist schon ziemlich hoch. Dann gibt es Bakterien und niedere Lebewesen, die in ihren Stoffwechsel Schwefelsäure einbeziehen. Im Erdöl finden wir Fliegenlarven, die nicht etwa zur Not auch dort überleben, sondern die überhaupt nur dort leben können. Sie beherbergen in ihrem Innern Bakterien, die die Ölparaffine hydrolisieren und sich davon ernähren. Es taucht immer wieder die Frage auf, wie man aus Öl Proteine gewinnen könnte: Diese Fliegen tun es. Schließlich haben wir eine noch viel erstaunlichere Entdeckung gemacht: In Wales hat man in einigen Knabentoiletten Elementarorganismen gefunden. Es stellte sich heraus, daß die Kinder immer gegen dieselbe Wand uriniert hatten, an der sich ein spezieller Belag bildete. In diesem entdeckte man einen Mikroorganismus, von dem man weiß, daß es ihn bereits im fossilen Zeitalter gab. Er stammt aus dem Silur. Er konnte unter diesen ganz bestimmten Bedingungen leben, weil er eine mit Ammoniak übersättigte Atmosphäre zum Überleben braucht. Auch auf der Erde finden wir also Lebewesen mit ganz spezifischen biochemischen Bedürfnissen. Andere leben in vertrocknetem Moos auf alten Dächern. Wenn das Moos trocken ist, beginnen sie ihre Diapause und ziehen sich zu einem ganz kleinen trockenen Körnchen zusammen, das man mit Sicherheit als tot bezeichnen würde.
Mehrere Forscher haben nachgewiesen, daß man diese Körnchen lyophilisieren kann, das heißt, man trocknet sie im Kohlenstoffvakuum bei minus 60 Grad und entzieht ihnen auf diese Weise alles Wasser. Dann taucht man sie in flüssige Luft, also in eine Temperatur von minus 183 Grad. Danach legt man das Körnchen mit einem Tropfen Wasser auf ein Löschblatt. Nach kurzer Zeit dehnt es sich wieder aus und nimmt seine normalen Lebensäußerungen wieder auf, als wäre überhaupt nichts geschehen. Ein derartiges Lebewesen wäre der typische Wanderer zwischen zwei Sternen: Wenn es zum Beispiel an einem Meteoriten klebte, so könnte es unbegrenzte Zeit durch die Sternenkälte reisen. Wir finden also auch schon auf der Erde ganz ungewöhnliche Beispiele spezifischer biochemischer Bedürfnisse.

Es gibt zum Beispiel einen kleinen Käfer, der, wenn man ihn anfaßt, eine Art Explosion verursacht, bei der er ein gelbliches Gas ausstößt. Seit kurzem hat man die Erklärung für diesen Vorgang gefunden. Die Rektalblase dieses Insekts sondert konzentriertes Wasserstoffsuperoxid ab. Fühlt sich das Insekt bedroht, so läßt es in das Wasserstoffsuperoxid einen Stoff einfließen, der die Mischung explosiv macht. Die Temperatur im Innern der Rektalblase steigt dann auf 100 Grad Celsius. Wir können eine regelrechte Explosion beobachten! Auf diese Weise produziert das Tier auf seine Weise den Elementarmechanismus des Raketenantriebs. Der Zerfall von Wasserstoffsuperoxid dient in der Technik tatsächlich zum Antrieb bestimmter Raketenarten. Wir haben also auf der Erde lebende Organismen, die Vorgänge beherrschen, von denen wir lange nicht geglaubt haben, daß sie funktionieren könnten.

– Es gibt also zwei Hypothesen, Herr Professor. Wenn uns Wesen von einem anderen Stern besuchen, so können sie uns entweder ähnlich sein wie Brüder oder ganz verschieden, weil sie in einem anderen Medium leben?

– In der Tat ist beides möglich, es handelt sich jedoch um Extremfälle. Bleiben wir lieber noch eine Weile auf unserer guten alten Erde, um ihre Möglichkeiten besser kennenzulernen. Die Leute glauben im allgemeinen, daß sich die Intelligenz nur in eine Richtung entwickelt habe, nämlich in die des Menschen. Natürlich erscheint uns heute der Mensch als die oberste Stufe aller auf Erden existierenden Lebewesen. Wenn wir aber näher hinsehen, ist das gar nicht mehr so selbstverständlich. Sie wissen, daß man als Maßstab für die Messung des Gehirnentwicklungsstandes häufig das Verhältnis von Gehirngewicht zu Körpergewicht nimmt. Das ist natürlich nur ein grober Maßstab, aber er liefert doch einen Anhaltspunkt. Doch hier stoßen wir schon auf eine Ausnahme: den Delphin. Bei ihm ist das Verhältnis Gehirngewicht zu Körpergewicht vergleichbar mit dem beim Menschen. Wir wissen nicht sehr viel darüber, weil die Amerikaner die Erforschung des Delphins an sich gerissen haben und die Ergebnisse mit Rücksicht auf deren militärische Verwendbarkeit geheimhalten. Wir wissen nur, daß Delphine in der Lage sind, militärische Schwimmkörper zu entdecken und Minen an feindlichen Schiffen zu befestigen. Die Schiffe befreundeter Staaten sind durch eine spezielle Metallplatte gekennzeichnet, die die Delphine identifizieren können. Man weiß auch, daß Delphine eine äußerst komplizierte Sprache haben, die wir bis jetzt nicht verstehen gelernt haben. Es gibt noch weitere Fälle – in Entwicklungsstufen, die von der unsrigen weit entfernt sind – wie zum Beispiel bei den Mollusken. Zu ihnen gehören die Kraken. Dank einem enormen, hochentwickelten Gehirn gelingt es ihnen mit ihren vielfältigen Fangarmen, eine Krabbe aus einer Flasche herauszuholen. Ich weiß nicht, ob Sie einem solchen Kraken einmal in seine riesigen Augen geblickt haben: das ist kein gutes Gefühl! Es ist durchaus vorstellbar, daß diese Mollusken auf einem anderen Planeten die Gelegenheit zur Höherentwicklung bekommen hätten, die auf der Erde dem Menschen zugefallen ist. Ein Planet, der von Kraken regiert wird, scheint in den Bereich der Fabel zu gehören, und in der Tat haben derartige Vorstellungen etwas von Science-fiction an sich. Aber man kann es sich doch ruhig einmal ausdenken! Auf jeden Fall gibt es nichts, das absolut absurd wäre – jedenfalls vom augenblicklichen Stand unserer Wissenschaft her gesehen. Wir haben also bereits Delphine und Kraken als Kandidaten für eine mögliche Höherentwicklung genannt – und dürfen auch die Vögel nicht vergessen. Sie haben natürlich keine Hände, ihr Schnabel aber ist ein Präzisionsinstrument, mit dem sie zahlreiche Arbeiten durchführen können. Seit einiger Zeit weiß man auch, daß das Gehirn der Vögel zu Leistungen fähig ist, die denen der Schimpansen gleichkommen. Auch die Vögel hätten also ihre Chance haben können! Zusammenfassend können wir zwei Möglichkeiten festhalten: Entweder sind die angeblichen Besucher aus dem Weltraum dem Menschen ähnlich, was mir nicht ausgeschlossen scheint, oder aber es handelt sich um Stämme, die auf der Erde nicht zum Zuge gekommen sind, sich jedoch auf anderen Planeten weiterentwickeln konnten. Ich kann mich zwischen beiden Hypothesen nicht entscheiden.

Handelt es sich bei den Augenzeugen durchgehend um Geisteskranke? Wenn man den Ausführungen der UFO-Gegner folgt, könnte man es meinen. Bei einer kürzlich ausgestrahlten Fernsehdebatte, in der Pierre Guérin vier Journalisten, zu denen auch ich selbst gehörte, Rede und Antwort stand, legten einige meiner Kollegen die Ergebnisse einer psychologischen Untersuchung der Zeugen vor. Dieser Untersuchung zufolge handelt es sich bei den UFO-Zeugen im allgemeinen um Leute, die in ihrem Alltagsleben frustriert sind, sei es, daß sie eine Beschäftigung ausüben, die zu hohe Anforderungen an ihre intellektuellen Fähigkeiten stellt, sei es im Gegenteil, daß ihr Beruf ihren Fähigkeiten nicht entspricht. Kann man die ganze Aufregung um die UFOs auf einen Frustrationskomplex der zahlreichen Zeugen zurückführen? Professor Rémy Chauvin sagt uns seine Meinung zu dieser Frage:

– Diejenigen, die behaupten, daß es sich bei den Zeugen nur um Personen handelt, die geistig ein bißchen aus dem Gleichgewicht geraten sind, haben den UFO-Bericht nicht sorgfältig geprüft und reden über etwas, das sie nicht verstehen. Insbesondere wissen sie offenbar nichts von den zahlreichen Fotografien und von den Spuren, die am Erdboden gefunden wurden. In der Tat wurde in den letzten sechs Jahren eine erhöhte Zahl von UFO-Landungen gemeldet. Diese Landungen haben manchmal zu panikartigen Entwicklungen geführt – insbesondere in den Vereinigten Staaten. Natürlich haben die Zeugen so schnell wie möglich die nächste Polizeistation alarmiert. Im allgemeinen machen sie den Eindruck, daß sie unter einem beträchtlichen Schock stehen, und die Polizisten kommen eilig, um nachzusehen, was die Ursache hierfür ist. Nun gibt es tatsächlich eine große Anzahl von konkreten Spuren: Der Boden ist wie verbrannt, man entdeckt Druckstellen, die auf eine Landung hinweisen. Ich verzichte auf die Erwähnung weiterer Beispiele – es gibt unzählige, und Sie haben im Laufe Ihrer Sendung ja sehr viele genannt. Ihre Hörer wissen also durchaus Bescheid.
– Kann man aus den Spuren Folgerungen ziehen?
– Aus den Spuren kann man so gut wie nichts folgern – man kann nur feststellen, daß sie im allgemeinen einen großen Durchmesser haben, manchmal an die zwanzig oder dreißig Meter, und daß sie nicht von einer Maschine stammen können, die uns auf der Erde bekannt wäre. Das Vorhandensein von Fotografien, die nach eingehender Untersuchung (unter anderem durch den Condon-Report) für echt gehalten werden können, Spuren am Boden, die Aussagen glaubwürdiger Zeugen (darunter auch einiger Astronomen) lassen sich nicht einfach von der Hand weisen. Es wäre nicht richtig, die UFO-Erscheinungen einfach abzutun. Das wäre der Ausdruck eines unwissenschaftlichen Sektierertums.
– Es ist höchst unwahrscheinlich, daß es innerhalb unseres Sonnensystems noch Leben, oder zumindest vernunftgesteuertes Leben, gibt. Muß man daraus den Schluß ziehen, daß die UFOs von außerhalb unseres Sonnensystems kommen?
– Auch ich kann mir nicht vorstellen, wo es in unserem Sonnensystem höherentwickeltes Leben geben könnte. Auf dem Mond mit Sicherheit nicht. Der Mars ist noch nicht ausreichend erforscht; dort besteht noch eine kleine Chance. Und auch dann könnte es sich vermutlich nur um primitive Lebensstufen handeln. Was mich betrifft, so halte ich es für äußerst zweifelhaft, daß diese Maschinen aus unserem Sonnensystem kommen. Aber sind es denn wirklich Maschinen? Man hat

schon von telepathischer Projektion gesprochen. Man kann in diesem Zusammenhang alles mögliche in Betracht ziehen. Ich persönlich neige mehr der Hypothese der außerirdischen Maschinen zu. Das ist jedoch für die Wissenschaft in ihrem augenblicklichen Stand schwer akzeptabel. Man muß sich jedoch ständig eins wiederholen: *Unsere* Wissenschaft ist eine ganz junge Erfindung des menschlichen Geistes. Wo stand denn die Physik vor einhundert Jahren? Seien wir uns doch einig, daß sie noch nicht besonders hoch entwickelt war: Und was würde Galilei erst sagen, wenn man ihm einen Atomreaktor zeigte! Die Wissenschaft ist also jüngeren Datums. Niemand wird abstreiten, daß sie sich in atemberaubendem Tempo entwickelt. Die Wissenschaft des Jahres 1977 wird den Forschern des Jahres 2000 nur noch ein mitleidiges Lächeln entlocken! Darüber sind sich theoretisch alle einig, in der Praxis jedoch nicht. Man darf nicht sagen, es sei aufgrund der Einsteinschen Gleichungen ausgeschlossen, daß uns Raumschiffe von anderen Sternen besuchen. Beim augenblicklichen Stand der Dinge scheint das absolut unmöglich. Aber ich wiederhole: beim augenblicklichen Stand der Dinge! Überlassen wir also die Beantwortung dieser Frage einer Physik der nahen Zukunft.

– Sie sind Biologe, also der richtige Mann, um eine Frage zu beantworten, die man sich überall stellt: Ist es möglich, daß zwischen uns und diesen Wesen von einem anderen Stern eine Ähnlichkeit besteht?

– Die Möglichkeit, daß in der Entwicklung der Sterne weitere Planeten wie die Erde entstanden sind, ist sehr groß. Wenn man das abstreiten wollte, würde man zu einem längst überwundenen Geozentrismus zurückkehren. Dieser betrachtet die Erde als den einzigen Sitz intelligenten Lebens und den Ort, an dem die Erlösung stattgefunden hat. Deshalb wertet er sie als etwas Besonderes unter allen Planeten, das nicht noch einmal seinesgleichen haben kann. Diese Denkart ist jedoch seit geraumer Zeit passé. Nun jedoch scheint es, als ob eine Anzahl von Wissenschaftlern aus Angst vor den Konsequenzen, die sie aus dem Vorhandensein zahlloser Erden im Weltraum ziehen müßten, zum alten Geozentrismus zurückkehrten. Ich bin jedoch der Meinung, daß Raumschiffe von Erden, die der unsrigen biochemisch vergleichbar wären, mit Insassen bemannt wären, die im weitesten Sinne eine Ähnlichkeit mit dem Menschen hätten. Das scheint keineswegs unmöglich.

– Sie könnten aus der gleichen »Ursubstanz« hervorgegangen sein . . .

– In gewisser Weise ja. Sie erwähnen die »Ursubstanz«. Wissen Sie, daß wir uns hier schon seit geraumer Zeit nicht mehr im Bereich der reinen Hypothese bewegen? Wir können Experimente durchführen. Wenn ich mich recht erinnere, müssen wir da bis in die fünfziger Jahre zurückgehen. Ein junger Student namens Arthur Miller, ein Schüler von Urey (Nobelpreisträger für Chemie 1934), bat um die Erlaubnis, ein Experiment durchführen zu dürfen: »Ich höre immer von der ›Ursuppe‹ sprechen, vom Urmeer, in dem sich das Leben entwickelt haben soll. Warum sollten wir das nicht im Experiment versuchen?« – »Ein Experiment?« fragt Urey zurück, »wie wollen Sie das denn im Experiment nachvollziehen?« Miller antwortet: »Ich gieße in einen Glasbehälter alles, was in der Ursuppe vorhanden gewesen sein muß – Wasser, natürlich dann einige Gase, wie zum Beispiel Methan, Ammoniaksalze, also rein mineralische Stoffe, und nichts Organisches. Dann lasse ich ein paar Funken sprühen, denn angeblich sollen ja der Entstehung des Lebens einige Reaktionen vorausgegangen sein, die sich aus dem Einfluß der Elektrizität erklären, die durch die häufigen Gewitter über dem Urmeer entstanden war. Was halten Sie davon?« Urey sagte, er halte ihn für verrückt. »Heißt das, daß Sie mir das Experiment verbieten?« – »Wenn ich es Ihnen verbiete, werden Sie es trotzdem machen. Aber ich wette 2000 Dollar, daß nichts dabei herauskommt.« – »Abgemacht!« rief Miller. Der Rest der Geschichte ist bekannt. Miller setzte sein Experiment an und stellte nach Ablauf einer Woche fest, daß sich auf dem Grund des Glasgefäßes, wo er einige Funken hatte aufblitzen lassen, ein rötlicher Stoff entwickelte. Er untersuchte ihn und entdeckte unter anderem Peptide, also die ersten Grundelemente zum Bau von Proteinen. Und was sind Proteine anderes als das Gerüst unserer Körper! Seitdem ist dieses Experiment noch häufig durchgeführt worden. Ganze Kongresse haben sich schon mit der Biogenese befaßt, das heißt mit der Vervollkommnung des Millerschen Versuchs. Mittlerweile ist er auf ein so hohes und kompliziertes technisches Niveau gehoben worden, daß derzeit Versuche mit der Ursuppe und der biochemischen Entwicklung durchgeführt werden. Man hat die Hoffnung nicht aufgegeben, Elementarorganismen zu produzieren. Freilich ist es noch nicht gelungen. Man hat allerlei Bläschen beobachten können, die sich zusammenziehen und teilen, die aber noch lange nicht einer Zelle vergleichbar sind. Von diesem Stand der Dinge bieten sich zwei Hypothesen an: Entweder man vertritt die Überzeugung, daß der Versuch erfolglos bleibt. Das würde mich persönlich auch kaum wundern. Und daraus wird man dann die Folgerung ziehen müssen, daß sich die Zelle nur unter einmalig günstigen Gegebenheiten entwickeln konnte. Oder aber die künstliche Herstellung gelingt eines Tages wirklich. Auch das ist nicht völlig ausgeschlossen, denn gerade zur Zeit werden sehr große Fortschritte im Bereich der Biogenese erzielt. Ein derartiges Ergebnis wäre natürlich im höchsten Grade aufsehenerregend. Es würde das beweisen, was im Grunde schon Teilhard de Chardin zeigen wollte: daß die Materie nichts anderes ist als eine blinde, gefühllose Maschine, die ausschließlich dazu dient, das Leben hervorzubringen. Wenn man beweisen könnte, daß sich aus einem bestimmten Zustand der Materie notwendig Leben entwickelt, wäre das im höchsten Grade erstaunlich. Es würde die sichere Behauptung erlauben, daß dieses Leben in allen Galaxen weit verbreitet ist. Deshalb also können uns die Experimente, die augenblicklich durchgeführt werden, zeigen, wie groß oder wie klein die Wahrscheinlichkeit ist, daß sich außerhalb der Erde noch Leben entwickelt hat.

Roboter oder Lebewesen?

Weiß man denn, ob es sich bei den Humanoiden, die von zahlreichen Zeugen gesichtet worden sind, um Wesen aus Fleisch und Blut handelt, wie wir es sind? Anders gesagt, kann es sich möglicherweise auch um hochperfektionierte Roboter handeln? Diese Hypothese läßt sich nicht von vornherein ausschließen. Die UFOs sind ein Feld voller Überraschungen . . .

Patrick Aimedieu, Wissenschaftler am Nationalen Forschungsinstitut, ist noch einmal unser Gast am Mikrofon, um diese Hypothesen zu untersuchen.

– Dank der vielen tausend Zeugenaussagen aus aller Welt sind uns die Humanoiden irgendwie vertraut. Aber wir haben nur eine ungefähre Vorstellung von ihrem Äußeren. Kann man eine Aussage darüber wagen, ob es sich um lebende oder mechanische Wesen handelt?

– Darauf kann man keine Antwort geben. Aber wir können ja unsere Phantasie etwas arbeiten lassen. Roboter? Denken wir mal an einen konkreten Fall. Ein Zeuge sieht eines Tages über einem Sumpf eine fliegende Untertasse. Dann erscheinen kleine Gestalten. Sie gehen mit abgehackten Schritten im Kreis um die Untertasse herum. Daraus können wir aber noch nicht den Schluß ziehen, daß es sich um Roboter handelt. Wir können nur unser technologisches und kulturelles Wissen in unsere Vorstellung einbringen. Einige Spezialisten haben erwogen, daß es sich vielleicht um verwandelte menschliche Gestalten handelt, denen gewisse Spezialorgane eingepflanzt wurden. Damit geraten wir aber bereits in den Bereich der Science-fiction, die mit einer wissenschaftlichen Haltung nicht vereinbar ist. Es ist ganz natürlich und manchmal auch nötig, daß man seine Phantasie arbeiten läßt, aber Schlußfolgerungen sollte man vorsichtigerweise immer nur aus dem ziehen, was man mit Sicherheit sagen kann. Nun gibt es aber im Bereich der UFOs keine sicheren Erkenntnisse. Den Leuten wäre es recht, wenn die Humanoiden wirklich Besucher aus anderen Welten wären oder Besucher aus der Zukunft, die mit ihrer Maschine durch die Zeit zurückgehen können. Das ist mit der Technik des Jahres 1977 unmöglich. Es wäre jedoch anmaßend zu behaupten, daß es dem Menschen nie gelingen wird, sich in der Zeit zu bewegen.

– Welche anderen Hypothesen gibt es, um diese UFOs zu erklären?

– Man kann sich vorstellen, daß es sich um Wesen aus einer anderen Galaxis handelt, die mehrere hundert Jahre gebraucht haben, um zu uns zu kommen. Möglicherweise haben sie eine Zivilisation errichtet, die sich im ganzen Universum erstreckt, also an keinen bestimmten Planeten gebunden ist, sondern frei im Raum existiert ...

– Wie kann man denn Kontakt mit ihnen aufnehmen?

– Da muß man erst einmal die Frage entscheiden, ob wir in Kontakt mit ihnen treten sollen oder sie mit uns.

– Zunächst hat man nicht den Eindruck, als liege ihnen viel an einem Kontakt mit uns, denn wann immer sie von einem Zeugen entdeckt wurden, sind sie augenblicklich geflohen.

– Nicht unbedingt! In einzelnen Fällen sind die Humanoiden tatsächlich geflohen. In anderen ist es jedoch auch zu Kontaktaufnahmen gekommen. Zeugen haben ausgesagt, daß sie in einer unverständlichen Sprache angesprochen worden seien. Wir wissen allerdings nicht, ob die Worte von einem Stimmorgan ausgingen und in der Luft fortgepflanzt wurden oder ob die Humanoiden einen Gedanken in das Gehirn des Zeugen projiziert haben.

– Denken Sie an Telepathie?

– Ja, einige UFO-Spezialisten haben telepathische Phänomene in ihre Überlegungen mit einbezogen. Hier befinden wir uns in einem Bereich, wo wir unsere Phantasie arbeiten lassen müssen. Aber ich wiederhole noch einmal, daß wir damit das Gebiet der Wissenschaft schon verlassen haben ...

– Ist es denn überhaupt möglich, daß völlig verschiedene psychische Strukturen in Kontakt miteinander treten?

– Das veranschaulichen wir am besten mit Hilfe eines Beispiels. Es ist klar, daß zwischen der psychischen Struktur eines Kindes und der eines Erwachsenen ein großer Graben liegt. Es gibt zahlreiche Probleme, die ein Kind nicht verstehen kann. Dennoch benutzen der Erwachsene und das Kind die gleiche Sprache. In unserem Falle befinden wir uns vielleicht in einer vergleichbaren Situation, mit dem Unterschied allerdings, daß der Graben noch größer ist und daß wir nicht einmal die gleiche Sprache sprechen! Da muß man wohl eher an den Graben denken, der die Ameise vom Menschen trennt!

– Hat man diese Beziehung schon untersucht?

– Ja, es gibt Forscher, die die Psychophysiologie und die Soziologie der Tiere untersucht haben. Es ist offensichtlich möglich, daß sich der Mensch an ein Lebewesen mit geringer entwickelter Psyche wendet. Er kann mit seiner Katze und mit seinem Hund sprechen und sich ihnen verständlich machen. Ebenso kann der Mensch seinen Hund verstehen, wenn er sich auf eine niedrigere psychische Ebene begibt. Aber kann man in diese Überlegungen auch Wesen von einem anderen Stern einbeziehen? Insbesondere, wenn ihre Natur und Struktur offensichtlich von der unseren sehr verschieden ist?

– Wir haben das Problem anderer »Menschenwesen« im Kosmos bereits angeschnitten. Was halten Sie davon, Patrick Aimedieu?

– Man ist geneigt zu sagen, daß das Leben überall in etwa die gleichen Regeln befolgt. Wir finden im ganzen Weltraum die gleichen chemischen Elemente. Darüber haben wir absolute Sicherheit aufgrund der Gesetze der Atomphysik. Aber wie kann aus diesen chemischen Elementen das Leben entstehen? Die Antwort scheint einfach: Kohlenstoff, Aminosäuren und so weiter – bis zu lebenden Organismen. Aber das ist natürlich nur eine Hypothese! Kann sich unter den besonderen Bedingungen auf einem anderen Planeten die Intelligenz der Lebewesen, die dort entstehen, in gleicher Weise entwickeln wie die unsrige? Vielleicht – vielleicht auch nicht.

– Ist unsere Mathematik das Ergebnis einer hochentwickelten Gesellschaft?

– Da kann man sich zunächst fragen, ob eine hochentwickelte Gesellschaft Mathematik überhaupt braucht oder nicht. Werden »sie« auch ein Dezimalsystem haben? Werden sie sich mit euklidischer oder nichteuklidischer Geometrie befassen? Wird im Bereich der Mathematik ihre Intelligenz den gleichen Weg gegangen sein wie die unsere? Werden sie die gleiche Weltsicht haben wie wir?

– Und wie steht es mit der Physik?

– In Anbetracht unserer astronomischen Beobachtungen erscheint es absolut unzweifelhaft, daß die Gesetze der Physik überall ihre Gültigkeit haben. Andernfalls müßten wir unsere gesamten Vorstellungen vom Universum über den Haufen werfen. Bei gleichen Druck- und Temperaturbedingungen wie auf der Erde kann man auch am anderen Ende des Weltalls bei 100 Grad Celsius Wasser zum Kochen bringen. Das gleiche Licht, das Wasserstoffatome auf der Erde aussendet, strahlt sie genauso auch am anderen Ende der Milchstraße aus. Die Gesetze sind also die gleichen. Wenn sich nun ein Psychismus die Frage nach dem Verständnis des Universums stellt, das ihn umgibt, so muß die Lösung die gleiche sein wie für uns. Natürlich nur, wenn das betreffende Wesen über die gleichen Wahrnehmungsorgane verfügt . . .

– Das bringt mich zu der Frage, ob ein höherentwickeltes Wesen, das auf einem anderen Planeten als dem unsrigen lebt, notwendigerweise die gleichen Wahrnehmungsorgane besitzen wird?

– Wenn man den Menschen untersucht, erkennt man, daß er in einem von Gasen gebildeten lichtdurchlässigen Medium lebt. Er besitzt Ohren, das heißt Organe, die Luftschwingungen verzeichnen, Augen, die auf gewisse Lichtwellen ansprechen, eine Haut, die Erschütterungen und Wärme registriert, sowie eine Zunge und eine Nase, die geschmacks- und geruchsempfindlich sind. Mit anderen Worten: Er verfügt über Organe, die es ihm erlauben, in diesem spezifischen Medium zu überleben, indem sie ihm das Maximum von Informationen über die Beschaffenheit seiner Umwelt vermitteln und es ihm auch erlauben, seine Stellung im Universum zu erkennen, wenn er einmal auf einer entsprechend hochentwickelten Stufe angelangt ist. Man kann sich also vorstellen, daß es im ganzen Universum ähnlich ist und daß die dort lebenden Wesen immer mit Wahrnehmungsorganen ausgerüstet sind, die ihnen das Überleben und die Fortbewegung in ihrem Medium ermöglichen. Vielleicht haben sie sogar empfindlichere Organe als die unsrigen, wenn der Bereich, den sie erfahren müssen, weiter ausgedehnt ist. Vielleicht verfügen sie über Ultraviolett- oder Infrarotstrahlen. Auf jeden Fall wird ihre Information über den Weltraum von vornherein eine andere sein als die unsrige. Vielleicht sind sie auch schon viel höher entwickelt? Aber das ist nicht sicher. Kann sich ein andersartiger Psychismus in gleicher Weise entwickelt haben wie der unsrige? Diese Frage muß gestellt werden, bleibt aber unbeantwortet.

– Wenn sich diese Wesen mit Hilfe einer Maschine fortbewegten, wäre man wohl eher geneigt, sie zu bejahen?

– Natürlich, aber bisher kann man nicht mehr tun, als sich die Frage stellen. Sehen Sie sich doch unsere kleine Menschheit an. Wir haben es bereits bis zum Mond und zum Mars geschafft. Bald werden wir die Venus erreicht haben, und in zweihundert Jahren, wenn die Welt bis dahin nicht untergegangen ist, haben wir es noch viel weiter gebracht. Vielleicht werden wir es dann sein, die fremde Psychismen entdecken? Und da stellt sich dann die Frage, was wir ihnen denn sagen sollen. Immer unter der Voraussetzung, daß ein Gespräch mit ihnen überhaupt möglich ist. Warum sollten wir nicht anfangen, uns darauf einzustellen, daß es Gesichter gibt, die den unsrigen nicht ähneln? In den Vereinigten Staaten gibt es die Frankenstein-Masken. Manche Leute behaupten, daß dies ein unbewußter Versuch der Menschheit sei, sich auf die Gegenüberstellung mit unsympathischen Gesichtern gefaßt zu machen. Auf außerirdische Wesen, die vielleicht wirklich sehr eigenartig aussehen könnten . . .

Liegt die Bestimmung des Weltalls in der Erzeugung von Leben?

Interview mit dem Paläontologen Jean-Michel Dutuit, Wissenschaftler am Nationalen Forschungsinstitut.

Natürlich kann man die Hypothese außerirdischer Besucher nicht von der Hand weisen. Sie würde bedeuten, daß es innerhalb unserer Milchstraße oder in anderen Milchstraßensystemen Lebensformen gibt, die die Stufe der Vernunft erreicht haben. Und hier stehen wir vor der großen Frage: Ist das Leben der letzte Zweck der Materie? Mit anderen Worten: Bildet das Leben einen Teil des normalen Entwicklungsprozesses des Universums?
Jean-Michel Dutuit antwortet auf unsere Fragen:
– Können Sie als Paläontologe konkrete Aussagen machen, die uns auf der Suche nach der Wahrheit der UFOs weiterhelfen?
– Nein, das glaube ich nicht. Ich bin vielmehr der Meinung, daß beim gegenwärtigen Stand der Dinge kein Wissenschaftler einen direkten Zusammenhang zwischen seiner Arbeit und dem Phänomen UFO herstellen kann. Hingegen kann jeder Wissenschaftler, aus welcher Fachrichtung er auch kommen mag, eine Arbeitsmethode bieten, um das Problem, das sich hier stellt, besser einzugrenzen. Ein Astronaut oder ein Astrophysiker hat das Rüstzeug, um die Frage zu beantworten, ob es sich vielleicht um einen Meteoriten handeln könnte. Ein Meteorologe kann nähere Erläuterungen über linsenförmige Wolken geben, die die Gestalt fliegender Untertassen haben. – Das Phänomen erscheint in so vielfacher Form und man muß eine derartige Vielfalt

materieller Erscheinungen in Betracht ziehen, daß sich ein einzelner Mensch unmöglich in diesem Komplex noch zurechtfinden kann.

– Wir wollen trotzdem versuchen, Ihre wissenschaftliche Kompetenz zu nutzen, Jean-Michel Dutuit. Internationale Wissenschaftler beginnen zum Teil die Meinung zu vertreten, daß das Leben der eigentliche Zweck der Materie sei. Können Sie sich dieser These anschließen?

– Ich glaube nicht, daß sich die Wissenschaftler über diesen Punkt einig sind. Es handelt sich zunächst nur um eine Tendenz. Noch vor zwanzig Jahren wußte man nicht einmal, wie man von der toten Materie zur lebenden gelangen konnte. Gewiß hatte es Laborversuche gegeben. Sie bewiesen, daß man bis zur »Konstruktion« gewisser organischer Elementarkörper gelangen konnte. Was jedoch die weitere Entwicklung betrifft, so glaubte man, daß eine ungeheure Vielzahl von Zufällen daran beteiligt gewesen sei. Noch heute sind viele Wissenschaftler, wenn auch vielleicht nicht mehr die Mehrzahl, davon überzeugt, daß es sich beim Leben um ein ganz ungewöhnliches Phänomen handelt, das nur auf der Erde entstanden ist.

– Wie sieht es denn damit genauer aus?

– Seit zwanzig Jahren herrscht die Tendenz vor, diesen Anteil des Zufalls in der Biogenese herabzumindern. Insbesondere seit der Anwendung der Frequenzenspektrometrie ist es gelungen, zahlreiche organische Moleküle im Universum zu entdecken. Dabei handelt es sich um eine Art Elementarbausteine, die als Ansatz von Leben gewertet werden können. Man ist sich inzwischen ziemlich einig darüber, daß die erste Elementarbakterie auf der Erde vor etwa vier Milliarden Jahren aufgetaucht ist. Die Erde selbst entstand vor fünf Milliarden Jahren. Man ersieht daraus also, daß das Leben schon relativ rasch entstanden ist – jedenfalls in geologischen Maßstäben gesprochen. Doch danach geht alles viel schneller. Vor achthundert Millionen Jahren gab es schon die verschiedensten Arten von Mehrzellern, die im Meer, in den Küstengewässern oder auch auf dem Land lebten. Vor sechshundert Millionen Jahren, also zu Beginn des Cambriums, läßt sich bereits eine ungewöhnlich vielfältige Fauna und Flora feststellen.

– Und der Mensch?

– Die neuesten wissenschaftlichen Theorien lassen darauf schließen, daß der Mensch vielleicht zu den Primaten von vor zehn oder zwanzig Millionen Jahren zu zählen ist. Der Mensch brauchte also vier Milliarden Jahre zu seiner Entstehung, genauer gesagt sogar viereinhalb Milliarden.

– Könnte man sich vorstellen, daß auf einem Planeten, der dem unsrigen ähnlich ist, eine derartige Entwicklung zur Schaffung eines höheren Lebewesens noch einmal durchlaufen wird?
– Darauf läßt sich nur sehr schwer antworten, denn Sie sehen ja wohl selbst, daß es sich um eine sehr komplizierte Frage handelt, die eine Unzahl von Unbekannten einschließt. Aber man kann zumindest Tendenzen andeuten – mit aller Vorsicht natürlich. So kann man sagen, daß seit etwa zehn Jahren in unserer biologischen Wissenschaft, die noch in den Kinderschuhen steckt, die Tendenz vorherrscht, das Leben nicht für ein Zufallsprodukt zu halten. Es ist sehr wahrscheinlich, daß Leben entsteht, sobald auf einem Planeten die hierfür erforderlichen Bedingungen vorhanden sind. Ob dieses Leben sich jedoch bis zur Stufe des Menschen entwickelt, ist eine ganz andere Frage ...
– Haben Sie Grund zu der Vermutung, daß auch das Leben auf anderen Planeten symmetrische Formen annehmen wird? Zwei Augen, zwei Arme, zwei Beine und so weiter?
– Dafür haben wir in der Tat Anhaltspunkte, und zwar insofern, als die Natur immer die einfachste Lösung wählt. Das zeigt sich an der Entwicklungsgeschichte der Gliedmaßen: Sie haben sich entwickelt aus der Umfaltung einer Flosse, die sich der Länge nach unter dem Körper eines fischähnlichen Wesens erstreckte. Diese Falte prägte sich dann wiederum in zwei Flossen aus, von denen sich auf jeder Seite eine vorn und eine hinten ausbildete. Im Laufe vieler Millionen Jahre entstanden daraus die Gliedmaßen, die es einem Lebewesen erlauben, sich auf der Erde fortzubewegen.
– Und wie steht es mit dem Menschen?
– Nicht nur beim Menschen, sondern bei allen Säugetieren und Insekten ist die Sache kompliziert. Denn zugleich ging die Konzentration eines Nervensystems im Schädel vor sich. Die Wissenschaftler nennen das die Kephalisation. Man kann also annehmen, daß etwas Derartiges auch auf anderen Planeten vor sich geht, denn auf der Erde hat die Natur sich für die einfachsten Lösungen entschieden. Voraussetzung ist natürlich, daß auf diesem hypothetischen anderen Planeten die gleichen Bedingungen herrschen und daß die Entwicklungsprozesse von den gleichen Elementen ihren Ausgang genommen haben. Wenn ähnliche Bedingungen eingehalten werden, ist dies durchaus möglich.

Das Treffen amerikanischer Wissenschaftler im März 1974

Da wir leider nicht sämtliche Gespräche senden konnten, die Michel Anfrol während seiner Reise durch die Vereinigten Staaten aufgenommen hat, veröffentlichen wir hier die restlichen. Claude Poher, der Chef der Abteilung Raketen und Sonden am Nationalen Forschungsinstitut, konnte glücklicherweise eine Reise in die Vereinigten Staaten unternehmen, um dort alle amerikanischen Wissenschaftler zu sprechen, die sich für das Problem interessieren.
Im März 1974 fand in den USA ein Treffen auf höchster wissenschaftlicher Ebene statt, das einem Erfahrungsaustausch aller Forscher diente, die sich mit dem UFO-Problem befassen.
Hier das Interview mit Claude Poher:
– Wen haben Sie in den USA getroffen?
– Ich sprach mit etwa dreißig Wissenschaftlern. Die bekanntesten darunter sind Dr. Hynek, Jacques Vallée, Doktor Saunders usw. Alle arbeiten in mehr oder weniger klassischen Bereichen und beschäftigen sich in ihrer Freizeit mit dem Phänomen UFO. Ich habe auch mit Vertretern der *American Institution for Aeronautics and Astronautics* gesprochen. Diese Institution hat ein Unterkomitee für UFOs gegründet, das Artikel der *AIAA*-Zeitschrift veröffentlicht. All diese Personen arbeiten nicht mit persönlichen Zielsetzungen an der Frage. Es handelt sich um ganz besonders unparteiische, übervorsichtige Richter. Dennoch haben sie einige hochinteressante Fälle publiziert und beabsichtigen, dies auch weiterhin zu tun.
– Trifft das UFO-Problem in den USA auf weniger Widerstände als bei uns?
– Nein, im Gegenteil. Das hängt auch mit dem Report der Condon-Kommission zusammen, der sehr negative Auswirkungen hatte und immer noch hat. In Frankreich haben sich derartig negative Auswirkungen nicht bemerkbar gemacht, weil die meisten Wissenschaftler den Condon-Report gar nicht kennen.
– Der Condon-Report ist aber für den, der die Energie aufbringt, ihn bis zu Ende zu lesen (er umfaßt tausend Seiten) gar nicht negativ. Er umfaßt Beobachtungsberichte und sogar Fotos von UFOs, die von der Kommission für authentisch erklärt wurden, obwohl diese den UFOs keineswegs unvoreingenommen gegenüberstand – schließlich bestand ihre Aufgabe ja darin, das ganze Phänomen als eine Reihe von Fehlinterpretationen bekannter Erscheinungen abzutun . . .
– Ja, das ist das wenigste, was man dazu sagen kann. Ich habe mit Doktor Saunders gesprochen, der der Condon-Kommission angehört und

seine Mitarbeit aufgekündigt hatte. Er ist nach wie vor der Mann, der den größten Informationskatalog der ganzen Welt über UFO-Beobachtungen hat. Gemäß jüngsten Informationen soll er 85 000 Fälle in seinem Computer haben.

– Können Sie uns noch einmal in Erinnerung rufen, warum Doktor Saunders seine Mitarbeit in der Condon-Kommission aufgekündigt hat?

– Ganz einfach, weil er mit den Arbeitsmethoden und den Schlußfolgerungen dieser Kommission nicht einverstanden war.

– Sie sprechen von 85 000 Fällen. Handelt es sich dabei um Fälle von Landungen?

– Um alle Arten von Beobachtungen. Zehn Prozent der Fälle betreffen Landungen. In den USA gibt es unter den Wissenschaftlern, die sich mit UFOs befassen, eine Art Spezialisierung. Doktor Saunders sammelt alle Informationen und erstellt Statistiken auf Anforderung anderer Wissenschaftler. Er war so liebenswürdig, auch einige Arbeiten für mich durchzuführen.

– Welche Art von Arbeiten?

– Man kann beispielsweise leicht einen Überblick über alle Fälle erhalten, die sich in Frankreich abgespielt haben. Ausländische Zeugen haben UFOs in Frankreich gesichtet. Sie haben von diesen Beobachtungen jedoch erst nach der Rückkehr in ihr Heimatland erzählt. Diese Art von Beobachtungen ist besonders interessant: Man kann sie mit den Aussagen französischer Zeugen vergleichen. Diese Vergleiche erbringen eine Bestätigung dafür, daß unabhängig von der Nationalität des Zeugen die gleiche Erscheinung beschrieben wurde.

– Und die Landungen?

– Derzeit gibt es 546 Fälle von Landungen mit nachträglich festgestellten Spuren, die von amerikanischen Forschern eingehend untersucht wurden. Wenn man die Spuren dieser Landungen vergleicht mit denen, dic in Frankreich geprüft wurden, stellt man genau die gleichen Merkmale fest.

– Welche sind das?

– Beispielsweise folgt die zeitliche Verteilung der Landungen in den USA genau den gleichen Gesetzen wie in Frankreich; das gibt uns zu denken. Wenn es sich hier nämlich um ein soziologisches oder psychologisches Moment handeln würde, dann wäre es unerklärlich, daß Franzosen und Amerikaner in allen Punkten übereinstimmende Berichte liefern, da doch ihre Lebensweise so grundverschieden ist.

– Während dieser ganzen Sendereihe habe ich mit vielen Wissenschaftlern gesprochen. Die einen waren »pro«, die anderen »contra«. Ich gebrauche absichtlich eine derartig vereinfachende Charakterisierung – sie erlaubt es, die beiden Lager klar zu trennen. Ich habe jedoch niemals einen Wissenschaftler getroffen, der zu der »contra«-Gruppe zählte, wenn er sich tatsächlich ernsthaft mit dem UFO-Problem befaßt und insbesondere auch Bodenuntersuchungen durchgeführt hat. Wie steht es damit in den USA?

– Dort wurde eine bedeutende Untersuchung zu dieser Frage durchgeführt. Die Ergebnisse sind erst jüngst veröffentlicht worden. Von 195 Wissenschaftlern, die sich mehr oder weniger häufig mit dem UFO-Problem befaßten, waren am Beginn der Arbeit 40 Prozent »pro« und 60 Prozent »contra«. Nach gründlichem Studium der Unterlagen (die wenige Tage oder auch mehrere Jahre in Anspruch nehmen konnte) waren 95 Prozent der Wissenschaftler »pro«! Bei den restlichen 5 Prozent handelt es sich eher um Unentschlossene als um Gegner. Sie sind übrigens diejenigen, die dem ganzen Problem am wenigsten Zeit gewidmet haben: nur wenige Wochen oder gar nur Tage. Dies geht aus einer Untersuchung hervor, die sich über fünfzehn Jahre erstreckte. Diese Statistik ist also interessant. Die Wissenschaftler selbst haben sie in einem Fragebogen beantwortet, der ihnen zugeschickt worden war. Folglich kann man sie durchaus als ihre Stellungnahme ansehen.

– Claude Poher, wir sind jetzt so weit, daß wir Bilanz ziehen können. Wir schlagen die letzten Seiten unseres UFO-Reports auf. Können Sie uns sagen, mit welchen Hypothesen die amerikanischen Wissenschaftler derzeit das Phänomen UFO zu erklären versuchen?

– Es sind etwa dieselben, die auch in Ihrer Sendung bereits zur Sprache kamen. Die außerirdische Hypothese ist ja bei weitem nicht die einzige, die zur Erklärung dieses Phänomens dienen könnte. Es gibt noch andere, die schwer nachprüfbar sind. Hypothesen, die sich mit der Manipulation von Raum und Zeit befassen. Im Augenblick ist man noch dabei, die Merkmale des Phänomens besser zu studieren und zu messen – mit allen Ungenauigkeiten, die aus der menschlichen Wahrnehmung resultiert. Sowohl in den Vereinigten Staaten als auch in Europa geht man die verschiedensten Wege, um der Lösung des Rätsels näherzukommen. Wir versuchen, unsere Kenntnis zu verbessern, indem wir noch genauer, noch verantwortungsbewußter nachforschen, indem wir bessere Fachleute beauftragen, insbesondere bei der Zeugenbefragung. Die Untersuchungen über UFO-Landungen werden besser ausgewertet. Man geht auch mit statistischen Methoden an das Phänomen heran. In der Tat hat man festgestellt, daß sich aus

Tausenden von Zeugenaussagen doch gewisse Merkmale herauskristallisieren lassen. Wenn wir eine Vielzahl von fundierten Untersuchungen zur Verfügung haben werden, so können wir allein durch die statistische Auswertung zu einer viel genaueren Kenntnis des Phänomens UFO gelangen.
– Sehen Sie einen bestimmten Weg, den die UFO-Forschung in Zukunft gehen muß?
– Es gibt nicht nur die eine Möglichkeit. Man kann auch hoffen, daß man in nicht allzu ferner Zukunft automatische Meßstationen in Betrieb nehmen kann, die in der Lage sind, objektive Angaben über das Phänomen zu machen. Im Augenblick weiß man nicht, ob die Lichtausstrahlung, die alle Zeugen gesehen haben, auf den rein visuellen Bereich beschränkt ist. Es ist sehr wohl vorstellbar, daß sie bis in den Bereich der Infrarot- oder Ultraviolettstrahlung reicht.
– Man kann nicht von derartigen Stationen sprechen, ohne an die Frage ihrer Finanzierung zu denken!
– Darin liegt der Kern des Problems! Dabei würden sich die benötigten Summen durchaus im Rahmen halten. Aber das sind »Zukunftsträume«.

Pierre Guérins UFO-Philosophie

Obwohl gerade mit Arbeiten am Observatorium des Pic du Midi beschäftigt, war Pierre Guérin so freundlich, sich Zeit für meine Fragen zu nehmen. Die erste lautete:
– Welche Folgerung können wir aus diesem UFO-Report ziehen?
– Nun, ich glaube tatsächlich, daß wir am Ende dieser langen Sendereihe über die UFOs zu einigen Schlußfolgerungen kommen müssen. Denn Ihre Zuhörer werden sich sicherlich viele Fragen stellen. Zunächst einmal haben zahlreiche Probleme, die im Verlauf der Sendereihe aufgetaucht sind, keine Antwort gefunden. Am wichtigsten ist vielleicht die Feststellung, daß Personen übereinstimmend der Meinung waren, daß wir nicht wissen, was UFOs eigentlich sind, daß wir ihren Ursprung nicht kennen und daß die Hypothese außerirdischer Raumschiffe nicht die einzig mögliche ist. Andererseits waren alle diese Personen übereinstimmend der Meinung, daß sich die UFOs anscheinend wie vernunftgesteuerte Maschinen verhalten, bei denen es sich jedoch nicht um menschliche Konstruktionen handeln kann, weil ihre Leistungen alles übertreffen, was wir konstruieren können. Ich stelle mir vor, daß sich viele Zuhörer den Kopf über diesen schein-

baren Widerspruch zerbrechen, der zwischen dem nichtmenschlichen Ursprung der UFOs und dem Zweifel an ihrer außerirdischen Herkunft besteht. Daran kann man ja wirklich stutzig werden. Doch es gibt noch eine Reihe anderer offener Fragen. Zunächst die nach den Beweisen für die tatsächliche Existenz der UFOs. Haben wir Beweise dafür, daß es sich wirklich um physische Objekte oder Phänomene handelt und nicht um psychologische Phantasmen? Und falls dies zutrifft: Warum ist die Existenz der UFOs nicht offiziell anerkannt? Wie kommt es denn, daß die Ufologie dennoch von einer großen Zahl von Wissenschaftlern lächerlich gemacht wird? Wie kommt es, daß in Meldungen der großen Pariser Tageszeitungen so gut wie nie die Rede von UFOs ist – als gäbe es das Problem überhaupt nicht –, wo doch zu gleicher Zeit in den Blättern der Provinzpresse immer wieder Landungen oder Tiefflüge gemeldet werden, die von Zivilisten und manchmal auch von rasch herbeigerufenen Polizisten beobachtet werden? Wie kommt es schließlich, daß schon allein aufgrund der Ankündigung einer möglichen offiziellen Anerkennung der UFO-Forschung durch ein großes französisches Forschungslaboratorium Druck von seiten der Universitäten ausgeübt wird, damit dieses Vorhaben nicht zur Durchführung kommt? Warum dieser Religionskrieg zwischen Verfechtern und Gegnern der UFOs? Ich will versuchen, auf diese verschiedenen Fragen eine Antwort zu geben.
Ich beginne mit der Frage nach den Beweisen: Was diesen Punkt betrifft, so wissen Sie so gut wie ich, daß die Unbelehrbaren immer sagen: »Sie haben nur Zeugenaussagen und keine wissenschaftlichen Beweise.«
Ist dieses Argument sinnvoll? Meiner Meinung nach nicht. Stellen wir uns doch einmal vor, wir würden wissenschaftliche Beweise erlangen: Man beweist doch die *Existenz* eines Objektes oder eines Phänomens nicht durch wissenschaftliche Beweise!
Unter »wissenschaftlichen Beweisen« verstehen die meisten Leute ganz zu Unrecht Tonbandaufzeichnungen, Maße, objektive Angaben. Nehmen wir einmal an, daß es uns gelänge, derartige Werte zu erhalten. Sie könnten doch nur bekannt werden durch die Aussage derer, die sie erfaßt haben und sie zur Veröffentlichung bringen würden. Und dann käme natürlich wieder das Argument: »Diesen Leuten kann man nicht trauen, man weiß ja nicht, ob die Beweise echt sind.« Und so dreht sich die Argumentation im Kreise. Wenn man die Realität einer Sache nicht anerkennen will, dann wird man auch durch nichts zu überzeugen sein: Jedesmal, wenn Sie mit einem Beweis ankommen, wird man zehn neue von Ihnen verlangen. Wir jedenfalls, die

wir die UFOs schon seit zwanzig Jahren studieren, sehen folgende Punkte als beweiskräftig an:
Zuallererst eine Reihe von ganz besonders präzisen, detaillierten Zeugenaussagen, von Personen, die geistig normal und von hohem moralischem und intellektuellem Niveau sind. Sie sprechen ganz eindeutig von Dingen, die äußerlich an Maschinen erinnern, jedoch Leistungen vollbringen, die uns unbegreiflich sind und sich außerdem verwandeln und intelligentes Verhalten zeigen können. Andererseits weist die statistische Auswertung der riesigen Zahl von Zeugenaussagen verschiedenster Qualität darauf hin, daß einzelne Details in allen Fällen zu finden sind und durch eine Einzeluntersuchung nicht erkannt werden könnten. Mit anderen Worten: Die Bedeutung der persönlichen Zeugenaussage tritt zurück hinter einer gemeinsamen »Invariablen«, dem UFO selbst. Und dieses UFO verhält sich nicht wie eine Halluzination. Zum Beispiel: das Gesetz der Häufigkeit seines Auftretens in bezug auf die Ortszeit ist in Spanien, in Frankreich und in den Vereinigten Staaten das gleiche, ebenso wie in anderen Breitengraden. Anderes Beispiel: die verschiedenen UFO-Formen, von denen berichtet wird, treten mit gleicher Häufigkeit auch in anderen Ländern auf. Und noch ein Beispiel: Beschreibungen von entfernten UFOs treten niemals bei schlechten Sichtverhältnissen auf, sondern immer bei klarem Himmel. All dieses und noch einiges mehr – ich will hier die nachgewiesenen Radarechos und die wenigen echten Fotoaufnahmen gar nicht erwähnen (sie sind sogar in dem berühmten Condon-Report genannt) – zeigt sehr wohl, daß UFOs eine physikalische Gegebenheit sind und nicht nur in der Phantasie der Zeugen existieren.
– Wenn die Beweise so überzeugend sind – und ich teile in diesem Punkt ganz und gar Ihre Ansicht –, woher kommt dann die Verachtung, ja die Bosheit einer ganzen Intelligenzklasse gegenüber der Realität der UFOs?
– Ich glaube, dies ist darauf zurückzuführen, daß das Phänomen sich nie unter spektakulären Bedingungen zeigt, selbst in Zeiten, wo es relativ häufig auftritt, wie 1974 zum Beispiel. Dadurch erklärt sich alles. Lassen Sie mich noch einmal auf den anscheinenden Widerspruch zwischen der nichtmenschlichen Herkunft der UFOs und dem Zweifel hinsichtlich ihres Charakters als außerirdisches Raumschiff zu sprechen kommen.
Unsere Physik ist nicht »fertig«. Moderne Physiker gelangen immer mehr zu der Überzeugung, daß unsere Vorstellungen von Raum, Zeit und Energie ungenügend sind. Wir sind uns eines dreidimensionalen

Raumes bewußt – Breite, Länge, Höhe –, in dem wir uns bewegen, und einer einheitlichen Zeit, die sich nur in einer Richtung bewegt, nämlich von der Vergangenheit in die Zukunft. Im gänzlich intuitiven Rahmen dieses Schemas, der durchweg unserer Anschauung und unseren Empfindungen entspricht, ist die gesamte klassische Physik aufgebaut. Sie beschreibt auf durchaus plausible Weise unser astronomisches Weltall, innerhalb dessen unsere Vorstellungen von Zeit, Energie usw. gelten und in dem die Lichtgeschwindigkeit von nichts erreicht, geschweige denn übertroffen würde. Nun gibt es jedoch immer häufiger Anlaß zu der Frage, ob dieses astronomische Universum, in dem wir leben, nicht nur der Einzelaspekt einer Ganzheit ist, die weit vielfältiger und mit unseren Sinnen nicht faßbar ist, eine Art Superuniversum, wenn ich so sagen kann, das nicht unbedingt größer sein muß, in dem aber andere Raum- und Zeitmaßstäbe gelten, die zwar unsere physikalischen Gesetze nicht über den Haufen werfen, da diese ja für den dreidimensionalen Raum durchaus ihre Gültigkeit haben, die aber weit über sie hinausgehen. In diesem Rahmen treffen wir auf Erscheinungen, die für uns schwer zu akzeptieren sind – wie etwa die UFOs, und von denen ich heute nur sagen will, daß man sie zu Unrecht als übernatürlich bezeichnet. Schon das Wort allein ist unsinnig. Alles, was in der Natur existiert, ist schließlich natürlich. Die Phänomene, um die es hier geht und deren Existenz bestritten wird, weil sie anscheinend die Gesetze der Natur in Frage stellen, stehen nur dann im Widerspruch zur Natur, wenn man annimmt, daß sich die gesamte Natur auf das dreidimensionale Universum und eine Sternenwelt, die unseren Sinnen zugänglich ist, beschränkt. In dem Augenblick, in dem wir das Vorhandensein eines komplexeren Weltbildes akzeptieren, in dem unser dreidimensionales Universum nur einen besonderen Teilaspekt darstellen würde, könnte man die Existenz zahlreicher Erscheinungen akzeptieren, die die Gesetze unserer Physik überschreiten. Sie sehen, was ich damit sagen will. Wenn es sich bei den UFOs um außerirdische Raumschiffe handelt, so zeigt das, was wir von ihnen wissen, daß sie die uns bekannten Naturgesetze überschreiten – insbesondere das Gesetz der Trägheit – und also Fähigkeiten aufweisen, die außerhalb unserer Kenntnis von physikalischen Erscheinungen liegen – aufgrund der Tatsache, daß sie über einen erweiterten Raum- und Zeitbegriff verfügen. Dann kann man sich allerdings auch vorstellen, daß UFOs etwas anderes sind als Raumschiffe, die auf eine uns unerklärliche Weise von anderen Sternen zu uns gekommen sind. Wir wissen nichts über dieses erweiterte Universum, von dem ich gerade gesprochen habe, und wir wissen

auch nicht, ob es unter anderem die Möglichkeit umfaßt, UFOs in unsere Welt zu entsenden. In beiden Fällen würden wir jedoch zu dem Schluß kommen, daß die UFOs unserer Physik widersprechen, und es fehlt uns jedes Kriterium, um zwischen diesen beiden möglichen Hypothesen eine Entscheidung zu fällen. Natürlich gehört all dies noch nicht in den Bereich der Wissenschaft, aber wenn wir die UFOs als Realität anerkennen, müssen wir logischerweise auch zu der Erkenntnis kommen, daß unsere augenblickliche Physik in unvorstellbarem Maße beschränkt ist.
Und damit komme ich zu der eingangs gestellten Frage zurück. Worauf läßt sich diese Verachtung der UFOs, diese Gegnerschaft zu ihrer Existenz erklären? Wenn es sich um eine landläufige Erscheinung handelte, wenn wir ständig damit konfrontiert würden, wenn jeder von uns daran gewöhnt wäre, mehrmals im Laufe seines Lebens damit in Berührung zu kommen, dann würden wir doch sicherlich seine Existenz nicht mehr in Frage stellen. Dies ist jedoch nicht der Fall, und dadurch erklären sich alle Schwierigkeiten. Die Entwicklung der Wissenschaft hat zu Unrecht als übernatürlich bezeichnete Erscheinungen wegen ihrer Seltenheit immer beiseite gelassen. Auf diese Weise hat sie ein einigermaßen zusammenhängendes Weltbild geschaffen, das jedoch nur die Eigenschaften unseres dreidimensionalen Universums spiegelt. Das geht so weit, daß Erscheinungen, die durch ihre Seltenheit dieses Schema durchbrechen, einfach weggeleugnet werden. Zugleich ist der Mensch, mangels eines häufigen Kontakts mit UFOs oder ähnlichen Phänomenen, zu dem Schluß gekommen, daß er das einzige Lebewesen des Universums sei und den Gipfel der Schöpfung darstelle. Ich ziehe daraus den Schluß, daß die leidenschaftliche Ablehnung der UFOs unter diesen Bedingungen keineswegs erstaunlich ist – und dieser Standpunkt wird noch lange nicht überwunden sein. Glauben Sie mir, Jean-Claude Bourret – bis auf wenige Ausnahmen wird es noch sehr lange dauern, bis sie zum Gegenstand offiziell anerkannter Forschungsarbeit werden können.

Die große Nacht der UFOs

Am Freitag, dem 22. März 1974, sind wir bei der letzten Sendung angelangt, die den UFOs auf *France-Inter* gewidmet ist. Claude Villiers, der jeden Abend mit mir am Mikrofon saß, will mit mir eine Bilanz aus diesen zwei Monaten ziehen – eine Bilanz, die insgesamt doch sehr positiv ausfällt.

Was mich vor allem immer wieder überrascht hat, war die Menge und die Qualität der Zuschriften, die wir erhalten haben. Universitätsprofessoren, Gymnasiallehrer, Rechtsanwälte, Bürgermeister, Forscher, Studenten und Gymnasiasten haben mir geschrieben. Ich kann ja ruhig eingestehen, daß ich zu Beginn unserer Sendereihe über die UFOs eher einen Schwall von Zuschriften erwartet hatte, deren Verfasser irgendwo nicht ganz normal seien. Unter den Tausenden von Briefen waren jedoch nur zwei oder drei, deren Inhalt leise Zweifel über den Geisteszustand ihrer Verfasser aufkommen ließen.
– Claude Villiers, wir können auch von den negativen Reaktionen sprechen. Wir sind zur Zielscheibe einiger Kritiker geworden. Wir wurden beispielsweise von gewissen Wissenschaftlern kritisiert, die die Existenz von Dingen, die nicht an der Hochschule gelehrt werden, nicht wahrhaben wollen.
– Ja. Wir sind auch gefragt worden, warum in unserer Sendereihe kein Vertreter der Wissenschaftler gesprochen hat, die die Existenz der UFOs abstreiten. Das hat einen ganz einfachen Grund: Man findet zwar viele Wissenschaftler, die die Existenz der UFOs abstreiten, aber von denen, die sich mit der UFO-Frage intensiv befaßt haben, ist keiner »contra«. Die anderen geben also lediglich ihre persönliche Meinung zum besten – und nicht etwa das Ergebnis einer ernsthaften wissenschaftlichen Forschungsarbeit.
– Diese Sendung hat auf jeden Fall in der öffentlichen Meinung ihre Wirkung getan. Wie steht es um die Resonanz in der Wissenschaft?
– Wir können sagen, daß die Sendung Bewegung in eine Situation gebracht hat, die seit zwanzig Jahren festgefahren war. Vergessen wir nicht, daß wir die erste offizielle Stellungnahme eines französischen Verteidigungsministers zum UFO-Problem senden konnten. Sie hat ganz sicher einen starken Widerhall gehabt. Sie hat nicht nur in zahlreichen französischen Zeitungen, sondern auch im Ausland Schlagzeilen gemacht. Viele Wissenschaftler, die sich ursprünglich nicht zu der Frage äußern wollten (obwohl sie sich insgeheim mit dem Problem befassen), haben daraufhin ihr Schweigen gebrochen.
– Aber welches ist Ihre persönliche Meinung zum UFO-Problem, Jean-Claude Bourret – oder halten Sie es etwa gar nicht für ein Problem?
– Was mir ganz besonders bewußt wurde, als ich diese Sendereihe begonnen habe und Gelegenheit hatte, bedeutende Wissenschaftler zu sprechen wie Claude Poher, Jacques Vallée, Pierre Guérin oder Aimé Michel, das war meine privilegierte Stellung als Journalist. Ich war der Meinung gewesen, daß mir diese Männer innerhalb von zwei

Minuten das eindeutige Resultat einer zwanzigjährigen Forschungstätigkeit darlegen würden. Dem war natürlich nicht so. Man weiß einfach nicht, was UFOs sind! Je länger man sich mit dem Phänomen befaßt, desto komplizierter wird es, desto weniger Klarheit gewinnt man. Man weiß nicht, ob es sich um eine Lebensäußerung außerirdischer Wesen handelt. Man weiß nicht, ob sich eine Manipulation von Raum und Zeit dahinter verbirgt. Man weiß nicht, ob es sich um eine vernunftgesteuerte Erscheinung handelt, die für unseren Geist derartig unfaßbar ist, daß sie immer ein Geheimnis bleiben wird. Mit Sicherheit kann man lediglich sagen, daß es Maschinen aus Materie sind, denn sie hinterlassen Spuren im Boden und sind vermutlich mit Humanoiden bemannt. Doch wo kommen sie her? Wer sind sie? Auf diese Frage können wir keine Antwort finden. Sicher ist nur, daß es wirklich Erscheinungen gibt und daß es an der Zeit wäre, daß die wissenschaftliche Intelligenz sich ein bißchen mit dem Problem befaßt. Mir persönlich scheint es eines der größten wissenschaftlichen Probleme aller Zeiten zu sein. Um zur Erforschung der UFOs beizutragen, haben wir auch Herrn Monnerie zu uns gebeten. Er ist Vertreter des Vereins »Lichter in der Nacht«.

– Herr Monnerie, Sie haben am 23. März 1974 eine »nationale Nachtwache« organisiert. Können Sie erklären, was Sie damit bezwecken?

– Wir organisierten einen Abend der Himmelsüberwachung. Alle, die sich an unserem Versuch beteiligt haben, sollten den gesamten Himmel Frankreichs überwachen, abends zwischen 21 und 24 Uhr. Nach Möglichkeit sollte jeder einen Fotoapparat zur Hand haben, in den ein Film mit einer Lichtempfindlichkeit zwischen 22 und 27 DIN eingelegt ist. Schwarzweiß ist besser als Farbe. Am besten ist es, mit Stativ zu arbeiten und mit einem Teleobjektiv. Die Beobachter sollten, wenn sich ein UFO zeigt, eine möglichst große Anzahl Aufnahmen mit verschiedenen Belichtungszeiten machen.

Dieser Abend nationaler Wachsamkeit war durch die Sendung von *France-Inter* und durch die Werbeaktion von »Lichter in der Nacht« breiten Kreisen der Öffentlichkeit bekannt. Mehrere Tage lang haben wir in unseren Sendungen darüber gesprochen, und auch die Zeitungskollegen haben ihre Leser davon informiert. Es war also kaum möglich, daß es jemand gab, der nicht auf dem laufenden war. Millionen von Franzosen wußten Bescheid, und Zehntausende von ihnen sind mit ihrem Fotoapparat in der Hand losgezogen. Und was war das Ergebnis? Null. Wir haben von dieser Nacht kein einziges Foto erhalten und keine einzige brauchbare Zeugenaussage. Dieses Ergebnis scheint uns bezeichnend. Eines ist doch wohl klar: Die Sensibilisierung der öffentlichen Meinung durch die audiovisuellen Medien hat keine Mehrung der Zeugenaussagen zur Folge. Mit anderen Worten: Diejenigen, die von »Untertassenhysterie« oder »Untertassentamtam« reden, zeigen nur, daß sie sich in keiner Weise mit dem Problem befaßt haben. Wir haben damit die Konsequenzen einer psychologischen Vorbereitung der öffentlichen Meinung prüfen können.

Exklusivinterview: Die Kirche spricht

Pater Russo gehört dem Jesuitenorden an, zugleich ist er Wissenschaftler: Polytechniker, Historiker, Wissenschaftsphilosoph und Berater des katholischen UNESCO-Komitees.

– Sie haben sich mit dem UFO-Problem befaßt. Sind Sie dabei zu einer eigenen Meinung gekommen?

– Ich habe mich ausgiebig mit diesem Problem befaßt, aber ich muß bekennen, daß meine Einstellung lange Zeit recht widerstrebend war. Ich hielt das Ganze nicht für seriös. Nun häufen sich seit einigen Jahren, insbesondere in den letzten Monaten, die Zeugenaussagen über die UFOs, und verantwortungsbewußte Astronomen beschäftigen sich damit. Deshalb, meine ich, verdient das Phänomen Aufmerksamkeit. Ich glaube, man kann sie nicht einfach als Einbildung abtun. Man muß offenen Geistes sein und die Bereitschaft haben, die Existenz von Objekten zu akzeptieren, die wir bis jetzt weder erkennen noch identifizieren konnten. Aber trotzdem ist mir noch etwas unbehaglich zumute, und zwar insofern, als die ganze Sache in der Öffentlichkeit eine ziemlich ungesunde Neugier wachhält. Die Wissenschaftler sollten an dieser Frage ganz ohne Leidenschaft arbeiten können. Ich lehne aber, wie gesagt, das Problem als solches nicht ab: Ich bin der Meinung, daß es einer ernsthaften Betrachtung unterzogen werden muß.

– Was mir an Ihrer Haltung interessant scheint, Pater, ist die Tatsache, daß Sie zu Anfang der Meinung waren, daß es sich um Phantasterei handelte, eine Meinung, die auch von der Mehrzahl der Wissenschaftler vertreten wird, die sich mit dem Problem nicht eingehend befaßt haben. Dann haben Sie das Problem eingehender studiert und sind nun bei der gegenteiligen Überzeugung angelangt . . .

– Ich glaube nicht, daß man in der Zukunft den Beweis dafür erbringen wird, daß es sich bei dieser Angelegenheit um reine Illusion handelt. Aber es ist ja auch ein Unterschied, ob man sagt: Man muß das

Problem näher untersuchen, oder ob man gleich Hypothesen bezüglich der Beschaffenheit dieser Objekte aufstellt. Über diesen präzisen Punkt gibt es sehr verschiedene Ansichten.

– Viele unserer Zuhörer wagen in ihren Zuschriften die Frage, ob Gott vielleicht diesen außerirdischen Wesen zuzuordnen sei?

– Nun, das muß ich leider völlig verneinen. Gewiß finden sich im Alten Testament Anspielungen auf Geschehnisse außerirdischer Natur, aber die Fortschritte der Bibelexegese führen uns zu der Ansicht, daß es sich dabei um Phantasiegebilde handelt, die keinerlei Bezug zur Wirklichkeit haben. Das möchte ich ganz ohne Zweifel klargestellt wissen.

– Die Wissenschaftler wenden sich mehr und mehr der Möglichkeit zu, daß es im Weltall Tausende von Welten gibt, die von Wesen bewohnt sind, deren Intelligenz die unsrige übersteigt. Stellt das für die katholische Kirche ein Problem dar?

– Ich glaube nicht, daß dies ein echtes Problem für die Theologie sein dürfte. Die Offenbarung, die wir durch die Sendung Jesu Christi zu Beginn des christlichen Zeitalters erhalten haben, schloß die mögliche Existenz anderer Lebewesen außerhalb der Erde, die damals als der Mittelpunkt der Welt betrachtet wurde, nicht mit ein. Aber die Offenbarung eröffnet uns auch eine Perspektive, die jenseits der konkreten Bedingungen liegt, unter denen sie uns mitgeteilt wurde. Die christliche Offenbarung schließt die Formen anderen Lebens außerhalb der Erde keineswegs aus, auch nicht die Existenz intelligenten Lebens. Ich persönlich neige eher zu der Ansicht, daß im ganzen Weltall allein die Erde denkende Wesen beherbergt. Aber das ist eine ganz persönliche Meinung, die ich niemand aufzudrängen gedenke. Ich bleibe gegenüber der Hypothese der Existenz intelligenter Lebewesen auf anderen Planeten durchaus offen. Aber sosehr ich auch bereit bin, die Existenz unbekannter Flugobjekte anzuerkennen, so lehne ich andererseits die sogenannten Vorhersagen der Astrologie ab. Während die ganze UFO-Angelegenheit eindeutig nachweisbare Elemente umfaßt, gründet sich die Astrologie ausschließlich auf unzusammenhängende und nicht annehmbare Gegebenheiten, also schlicht gesagt, auf nichts.

– Es gibt Leute, die uns vorwerfen, wir hätten die ganze Angelegenheit künstlich aufgebauscht, um von Dingen abzulenken, die sie als die eigentlichen Probleme der Menschheit betrachtet: Preiserhöhung und Inflation.

– Ich verfolge wie all Ihre Hörer die Preiserhöhungen sehr genau, ebenso wie alle anderen Probleme, die sich in meiner nächsten Umgebung entwickeln. Das heißt, daß ich mich für allerhand praktische Angelegenheiten interessiere. Aber es überrascht mich doch, in welch hohem Maße gerade viele junge Leute ausschließlich von den nächstliegenden Problemen beherrscht werden. Jedes spekulative Problem scheint ihnen ohne Bedeutung. Ich bin der Ansicht, daß es sich hier um eine äußerst bedauernswerte intellektuelle Regression handelt ...

– Kommen wir noch einmal auf die UFOs zu sprechen, Pater. Sind Sie der Meinung, daß die außerirdische Hypothese am ehesten dieses Phänomen erklären könnte?

– Solange es sich um eine Hypothese handelt, sehe ich keinen Grund, mich ihr von vornherein zu widersetzen. Aber sofort stellt sich ein Problem, das zugleich theologischer und wissenschaftlicher Natur ist: nämlich das der Kommunikation unter den Lebewesen. Wir können die außerirdischen Wesen nur dann als Möglichkeit in Betracht ziehen, wenn wir uns mit ihnen verständigen können. Hier aber gibt es zahlreiche Unbekannte, insbesondere die des zeitlichen Gleichlaufs der Zivilisationen, immer vorausgesetzt, daß es tatsächlich andere Zivilisationen gibt.

– Wenn es diese Zivilisationen gibt, glauben Sie, daß Jesus Christus auch diese außerirdischen Zivilisationen erlöst hat?

– Das könnte man sich durchaus vorstellen. Man kann sich auch vorstellen, daß Gott noch andere Boten ausgesandt hat – wenngleich dieser Gedanke beträchtliche Komplikationen hervorruft.

Vierter Teil:

Wissenschaftliche Stellungnahmen, die nicht auf *France-Inter* gesendet wurden

Die physischen Erscheinungsformen der UFOs: Der Versuch einer Erklärung

Jean Goupil ist ein sympathischer, intelligenter, kontaktfreudiger Mann, Jahrgang 1933. 1955 machte er sein Diplom als Ingenieur am Nationalen Institut für angewandte Radioelektrizität. Er ist Major der Armee. Er trat als Ingenieur in das Atomforschungszentrum Saclay ein, wo er bis zum Jahre 1963 Forschungen über Überwachungssysteme in Reaktoren betrieb und sich anschließend mit Raumexperimenten der Gammaastronomie befaßte. 1963 wurde er zum technischen Leiter einer Gesellschaft ernannt, die elektronische Systeme für die Informatik ausarbeitet und fertigt. Seit 1962 ist Claude Goupil Mitglied der Studiengruppe für Lufterscheinungen.
Ich hatte bereits ein Interview mit Jean Goupil aufgenommen, das ausgestrahlt werden sollte. Aber etwas Unglaubliches ist geschehen. Man hat die Aufzeichnungen gestohlen! Die Tonbänder waren in einem Metallschrank in der Redaktion von *France-Inter* aufbewahrt. Alle Bänder, bis auf diejenigen, die schon gesendet waren, sind verschwunden! Wer konnte ein Interesse daran haben, diese Aufzeichnungen verschwinden zu lassen? Ich kann hierfür keine Antwort finden, aber der Vorgang ist das schönste Kompliment für unsere Sendereihe. Wenn man zu Gangstermethoden greifen muß, um die Ausstrahlung der Wahrheit über die UFOs zu verhindern, kann es nur ein Zeichen für die Qualität unserer Sendungen sein. Denn es beweist, daß kein einziges stichhaltiges Argument gegen die UFOs existiert.
Jean Goupil war nicht das einzige Opfer des Raubes, den ich seinerzeit schweigend überging. Der Astronom Pierre Kohler, Kardinal Daniélou, Doktor Hynek und Doktor Saunders konnten nicht in unserer Sendereihe zu Wort kommen, weil auch ihre Interviews gestohlen worden waren! Unglücklicherweise habe ich nicht in allen Fällen Gelegenheit gehabt, neue Aufnahmen zu machen. Jean Goupil war trotz seiner zahlreichen Verpflichtungen bereit, mir das,

was er im Interview gesagt hatte, noch einmal schriftlich zu geben. In den Vereinigten Staaten konnte Michel Anfrol, der die Originalbänder noch behalten hatte, den Schaden wiedergutmachen. Unglücklicherweise war es uns nicht möglich, zu Pierre Kohler, Kardinal Daniélou, zu mehreren schweizerischen und belgischen Augenzeugen und Wissenschaftlern rechtzeitig noch einmal Kontakt aufzunehmen.
Hier also die Gedanken, die Jean Goupil zum UFO-Problem niedergeschrieben hat:

Das Unglaubliche und das Unmögliche

Durch die UFOs findet sich unsere Wissenschaft zum erstenmal in der Geschichte der Menschheit den Zeugnissen einer Zivilisation gegenübergestellt, die im technologischen Bereich viel weiter fortgeschritten ist als wir. Darauf war sie nicht vorbereitet und verfügt über keine brauchbare Methodologie. Die Wissenschaftler, die sich mit dem Problem beschäftigen, sind im allgemeinen verwirrt oder wagen sich überhaupt nicht an die Frage heran, weil ihnen die Tatsachen, die sie aus den Zeugenaussagen kennen, gar zu unwahrscheinlich vorkommen. In der Tat sind die physikalischen Äußerungen dieser eigenartigen Objekte ganz besonders unglaubhaft: Sie fliegen selbst bei Überschallgeschwindigkeit völlig lautlos, haben eine atemberaubende Beschleunigungsfähigkeit, können im rechten Winkel abbiegen, sind manchmal unsichtbar und senden Lichtstrahlen aus, die Menschen und Gebäude durchdringen. Was die Passagiere betrifft, die so häufig beschrieben werden, so können sie fliegen, sind unempfindlich gegen Geschosse, lähmen die Augenzeugen und sind manchmal selbst leuchtend oder lichtdurchlässig.
Daß unsere augenblicklichen Kenntnisse nicht ausreichen, diese Phänomene zu erklären, ist ganz offensichtlich. Daraus ergibt sich von selbst, daß wir uns der Sache gar nicht unter konventionellen wissenschaftlichen Aspekten nähern können. Sollen wir denn Jahrhunderte warten, bis unsere eigene Wissenschaft ein vergleichbar hohes Niveau erreicht hat, um den Mechanismus dieser scheinbaren Phantasmagorie zu analysieren? Es ist gut möglich, daß unser Intellekt für immer unfähig bleibt, die Funktionsweise dieser Maschinen (falls man sie als solche bezeichnen kann) zu begreifen und die Absichten ihrer Erbauer zu durchschauen. Wir haben aber nicht das Recht zu solchem Pessimismus, solange wir überhaupt nicht versucht haben, die Grenzen

unserer Verständnisfähigkeit zu erkennen – falls es diese Grenzen gibt.

Techniker der Zukunft

Um in der UFO-Forschung weiterzukommen, schlagen wir folgendes Vorgehen vor:
1. Man geht davon aus, daß sich eine neue Eigenschaft der Materie gezeigt hat (zum Beispiel ein neuartiges Kräftefeld, Teilchen etc.). Dann definiert man die Grenzen dieser Arbeitshypothese und vermeidet dabei so weit wie möglich, sich in Widerspruch zu grundlegenden Prinzipien zu stellen, wie zum Beispiel Erhaltung der Energie, Gleichheit von Aktion und Reaktion und so weiter.
2. Man versetzt sich dann in die Situation eines »Technikers der Zukunft« und versucht, die Liste praktischer Anwendungsmöglichkeiten dieser Hypothesen aufzustellen.
3. Man vergleicht die möglichen Konsequenzen mit den Phänomenen, die in den Zeugenaussagen erwähnt werden. Dabei muß man besonders auf sekundäre Effekte achten, die wichtige Indizien für eine Bestätigung oder Widerlegung der Arbeitshypothese darstellen können.
4. Für den Versuch, verschiedene mögliche und notwendige Hypothesen säuberlich voneinander zu unterscheiden, stellt man eine Vergleichsliste auf, die nach den folgenden Kriterien die wahrscheinlichste bestimmt:
– Einfachheit der Hypothese
– geringster Widerspruch mit den beobachteten Phänomenen
– technologische Wahrscheinlichkeit
– Reichweite der Erklärungen, das heißt Anzahl und Bedeutung der normalerweise unerklärbaren Fakten, die im Rahmen dieser Hypothese eine Erklärung finden.

In den UFOs stehen uns Phänomene gegenüber, die im Labor nicht nachvollziehbar sind, über die wir also eine absolute Gewißheit nicht erreichen können. Wir sind hier auf Spekulationen angewiesen. Zunächst dienen sie dazu, die UFOs besser kennenzulernen (denn schließlich haben wir bisher keinen berechtigten Grund zu der Annahme, daß sie völlig ungefährlich seien), und zum zweiten zeigen sie den Physikern Wege auf, auf denen sie weiterforschen können.
Eine derartige Unternehmung kann nicht das Werk eines einzelnen Forschers sein, sondern nur von einer Gruppe von Spezialisten erar-

beitet werden, die entschlossen sind, das Spiel mit aller nötigen geistigen Offenheit zu spielen.
Wir sollten hier jedoch einem Vorläufer Anerkennung zollen, nämlich dem Hauptmann Planier, der als erster mit seiner These von der Antigravitation eine Erklärung für die Fortbewegungsform der UFOs zu geben versucht hat.

Das abstoßende Kräftefeld

Wir wollen dies mit einem Beispiel veranschaulichen: mit der Hypothese des »abstoßenden Kräftefeldes«.
Nehmen wir an, es sei möglich, mit Hilfe eines hypothetischen Generators ein abstoßendes Kräftefeld zu erzeugen. Dieses in seiner Reichweite begrenzte Feld muß man sich so vorstellen, daß jede Masse *M* in Richtung vom Generator weg abgestoßen wird. Nehmen wir weiter an, daß die Energie, die möglicherweise an die abgestoßenen Massen abgegeben wird, dem Feldgenerator seinerseits geliefert werden muß und daß er nach dem Gesetz »aktiv gleich reaktiv« einer Kraft unterliegt, die der Resultanten der auf das umgebende Medium ausgeübten Kräfte gleich und entgegengesetzt ist (Vektordiagramm der Kräfte).
Welche praktischen Anwendungsmöglichkeiten bietet dieser Generator? In erster Linie die Beschleunigung. In der Umgebung schwerer Massen erzeugt bereits ein sehr schwaches Feld beträchtliche Kräfte. So würde zum Beispiel in einem Erdkubus von 10 Metern Kantenlänge die Schaffung eines Feldes, das einem Hundertstel der Erdschwerkraft entspräche, eine Abstoßungskraft von 20 Tonnen erzeugen. Dann wären die UFOs in der Lage, beim Aufsteigen stärker zu beschleunigen (abstoßende Kraft der Erde) als beim Landen (abstoßende Kraft der Atmosphäre). Hier hätten wir eine mögliche Erklärung für die atemberaubenden senkrechten Starts und die immer wieder beobachteten schwebenden Landungen.
Die zweite Anwendungsmöglichkeit bezieht sich auf die Aerodynamik. Man könnte unseren hypothetischen Abstoßapparat verwenden, um Luftmoleküle aus der Flugbahn der UFOs zu schleudern. Dies würde bedeuten, daß sich die Maschine in einer Blase partiellen Vakuums fortbewegt. Dies hat zwei wesentliche Konsequenzen. Zunächst erklärt sich dadurch, daß weder Lärm noch Druckwellen entstehen, denn die aufeinanderfolgenden Luftschichten gehen kontinuierlich ineinander über, es gibt keine Reibung zwischen Maschine

und der umgebenden Luft, was wiederum zur Folge hat, daß keine Wärme entsteht und daher Geschwindigkeiten erreicht werden können, die oberhalb der technologischen Grenze liegen, die uns als »thermische Mauer« bekannt ist.
Wir können allerdings diese Untersuchung noch weiter treiben. Man kann rechnerisch nachweisen, daß die rationellste Form einer Maschine, die mit einem Atmosphärenabstoßapparat ausgerüstet ist, genau derjenigen entspricht, die am häufigsten beschrieben wird (ein Kegelstumpf, der einer umgestülpten Untertasse ähnelt, auf der eine Kuppel oder ein Mast aufgesetzt ist). Vom Standpunkt der klassischen Aerodynamik gesehen, bietet diese Form keinerlei Vorteil. Eine weitere, sehr bemerkenswerte Folgerung: Man kann beweisen, daß die jeweilige Grenzgeschwindigkeit, die ein bestimmtes abstoßendes Feld erlaubt, und die Größe des partiellen Vakuums in einem bestimmten Verhältnis zueinander stehen, wenn man annimmt, daß das gleiche Feld auch wirksam ist, wenn sich die Maschine nicht bewegt. Dieses Verhältnis ist völlig unabhängig von dem Gesetz der Abnahme des Feldes mit der Entfernung. Die Berechnung ergibt folgende Werte: Für eine Grenzgeschwindigkeit von zum Beispiel 3600 Stundenkilometern (1 km/s) beträgt das Vakuum 1,9 Torr, für 4200 Stundenkilometer fällt es auf etwa 0,2 Torr . . . Im übrigen hat man beobachtet, daß die UFOs ziemlich intensive elektromagnetische Strahlungen aussenden. Nun ist aber bekannt, daß derartige Strahlungen in einem Vakuum von etwa 2 Torr ein rotes Leuchten hervorrufen können und in einem Vakuum von 0,2 Torr ein blaues Leuchten. Das stimmt genau überein mit einer großen Anzahl von Aussagen, die darauf hinweisen, daß die UFOs von einem roten Licht umgeben sind, das sich in Blau verändert, sobald sich die Geschwindigkeit steigert.

Die Unsichtbarkeit der UFOs

Nennen wir zuletzt noch eine letzte Konsequenz aus der Anwendung des Atmosphärenabstoßapparats, die uns noch zu denken gibt. Wir haben gesehen, daß ein derartiger Apparat die Bildung einer Vakumblase in der Umgebung der Maschine zur Folge hat. Es besteht also ein unterschiedlicher Brechungsindex zwischen der Atmosphäre und dem Teilvakuum, das in der Umgebung der Maschine vorhanden ist. Diese Bedingung ist hinreichend für das Auftreten der Spiegelungen, die schon jeder im Sommer auf sonnenüberhitzten Straßen feststellen konnte: Die Wasserflächen, die man in der Entfernung zu

sehen meint, sind in Wirklichkeit ein Stück Himmel, dessen Strahlen durch den Unterschied der Brechungsindizes zwischen überhitzter Luft auf der Straßenfläche und der dichteren Luft darüber gebrochen wurden.
In der Umgebung der UFOs ist die Differenz der Brechungsindizes viel stärker, und dadurch verstärkt sich dieser Effekt. Man kann sagen, daß es je nach der Form der Vakuumblase und nach dem Standort des Beobachters durchaus möglich ist, daß die Maschine in dem Augenblick, in dem ihre atmosphärischen Abstoßkräfte in Aktion treten, unsichtbar wird.
Umgekehrt kann es auch sein, daß beim Versuch, ein UFO anzuleuchten (beispielsweise mit einem Autoscheinwerfer), solange sein Abstoßapparat in Aktion ist, das Lichtbündel abgelenkt wird und auf diese Weise nicht in der Lage ist, das Objekt zu beleuchten.
Genau dies wird in einer ganzen Anzahl von Zeugenaussagen geschildert.

Atemberaubende Beschleunigung

Wir haben also eine Maschine vor uns, die erstaunliche Leistungen zu vollbringen vermag, diese aber nur dann voll ausnutzen kann, wenn seine Insassen die starke Beschleunigung auch ertragen. Die Beschleunigung wird in g gemessen ($g = 9{,}81\ m/s^2$). Ein trainierter menschlicher Organismus erträgt höchstens 10 g, und auch das nur für eine kurze Zeitdauer. Wodurch ist die Grenze gesetzt? Ganz einfach dadurch, daß man von der Zeit der Ochsenkarren bis ins Zeitalter der Apollokabine keinen Fortschritt in der Art der Beschleunigung erzielt hat. Noch immer teilt sich die Beschleunigung dem Körper durch den Sitz mit, was zunächst schmerzhaft, bei einer Steigerung aber auch gefährlich wird. Es sieht ganz anders aus, wenn wir auch hier das abstoßende Kräftefeld einsetzen: Nehmen wir an, daß man im Rücken des Passagiers ein Mosaik von kleinen Generatoren einbaut, die in dem Raum, den die Gestalt einnimmt, ein Feld schaffen, das in Stärke und Ausrichtung homogen ist, und daß diese Stärke je nach Bedarf zu regeln ist. Solange die Geschwindigkeit der Maschine gleichbleibt, muß das Feld gleich null sein, insbesondere beim Stillstand. Erst in der Phase der Beschleunigung tritt es in Aktion. Dabei muß man dann die Stärke so regeln, daß der Passagier in gleichbleibendem Abstand von der Fläche des Mosaiks gehalten wird. Was wird sich nun unter diesen Bedingungen abspie-

len? Bei jeder Beschleunigung wird der Passagier buchstäblich in ein gleichbleibendes Feld »fallen«, das auf jeden Punkt seines Körpers gleichmäßig einwirkt, ohne den geringsten Schmerz hervorzurufen. Die einzige Grenze, die der Maximalstärke des Feldes gesetzt ist, ist technologischer Art. Damit sind Beschleunigungen bis zu 1000 *g* vorstellbar.
Eine einfache Rechnung zeigt, daß sich ein unbewegliches UFO, das dieser Beschleunigung unterworfen wird, nach einer Sekunde um 5 Kilometer fortbewegt hat. In einer halben Sekunde, der Dauer eines Augenzwinkerns, erreicht die durchmessene Entfernung bereits 1250 Meter, so daß die visuelle Wirkung tatsächlich einem plötzlichen »Verschwinden« der Maschine gleichkommen muß. Nimmt man nun an, daß die eingebauten Abstoßmechanismen eingesetzt werden, um Zentrifugalkräfte zu kompensieren (wobei das Mosaik vorher auf das Zentrum der zu beschreibenden Kurve gerichtet werden muß), so kann man auch die Zeit berechnen, die benötigt wird, um »im rechten Winkel« abzubiegen. Bei einer Geschwindigkeit von einem Kilometer pro Sekunde (3600 km/h) tritt eine Zentrifugalbeschleunigung von 1000 g bei einem Kurvenradius von nur 100 Metern auf. Dabei benötigt das UFO nur 0,16 Sekunden, um einen Viertelkreis zu durchfliegen, also »im rechten Winkel« abzubiegen.

Wie man ein UFO baut

Der Aufbau eines UFOs mit abstoßenden Feldern müßte also folgendermaßen aussehen:
Auf der Kuppel befindet sich der Atmosphärenabstoßapparat. Bei großer Geschwindigkeit neigt sich das UFO bekanntlicherweise, so daß die Kuppel in die Richtung der Vorwärtsbewegung zeigt (das wird häufig von Zeugen berichtet).
Am unteren Teil, also unter der Scheibe, befinden sich mindestens drei Abstoßorgane, die im gleichbleibenden Flug die Kräfte ausgleichen, die durch den Abstoßapparat an der Spitze erzeugt werden. Es genügt, das Feld dieser drei Apparate zu verstärken, um eine Beschleunigung der Maschine zu erreichen. Alle genannten Abstoßapparate müssen nach außen gerichtet sein, so daß sie auf keinen Fall ein Feld im Innern der Maschine selbst erzeugen. Schließlich befindet sich in der Kabine das Mosaik, das ein gleichbleibendes Feld erzeugt. Dieses tritt erst in Kraft, wenn die Geschwindigkeit verändert wird. Gebremst wird durch eine Umkehrung des UFOs oder, noch besser,

mit Hilfe eines zweiten Mosaiks, das dem ersten entgegengesetzt wird.

Das wichtigste ist die Unverwundbarkeit

Stellen wir uns die unbewegliche Maschine mit den Abstoßapparaten in Aktion vor. Das erzeugte Feld ermöglicht eine gewisse begrenzte Geschwindigkeit *v* (z.B. 1 km/s). Das bedeutet, daß jedes Geschoß, das mit einer Geschwindigkeit, die gleich oder geringer als *v* ist, abgestoßen wird und sein Ziel nicht erreichen kann.
Wenn Sie sich also entschließen, mit einem Gewehr auf ein UFO zu schießen, müssen Sie sich im klaren sein, daß dies aller Wahrscheinlichkeit nach ein sinnloses Unterfangen ist ... Vorsicht vor Querschlägern!
Falls es tragbare Abstoßapparate gibt, so spricht alles dafür, daß die Passagiere mit derartigen Apparaten ausgerüstet sind, woraus sich auch insbesondere die äußerst merkwürdige Landung in Kelly (Kentucky, USA) am 21. August 1955 erklären ließe. Damals schienen kleine Humanoide in der Luft zu schweben, und die Schüsse, die von Augenzeugen auf sie abgegeben wurden, hatten keine andere Wirkung, als daß sich die Männchen um ihre eigene Achse drehten.

Lichtphänomene

Wenn unsere erste Hypothese zutrifft, so erklärt sie auch die Veränderungen der UFOs, die so unverständlich erscheinen, daß manche darin den Beweis für die Nichtexistenz oder die nichtmaterielle Beschaffenheit der UFOs sehen wollen, während andere daraus auf die Möglichkeit von Reisen in den Hyperraum oder in der Zeit schließen ...
Die Lichtphänomene sind besonders verwirrend für uns. So hat man häufig beobachtet, daß UFOs, die nicht in Bewegung waren, eines oder mehrere Lichtbündel aussandten, die irgendwo im Raum plötzlich aufhörten. Diese Licht»röhren« haben einen Durchmesser zwischen einigen Zentimetern und mehreren Metern und eine veränderliche Länge, die zwischen einigen Metern und mehreren Kilometern variiert. Es sieht so aus, als ob sie aufmerksam die Umgebung absuchten und dabei allmählich ihre Länge veränderten. Ihre Leuchtkraft bleibt unverändert, ähnlich wie die einer Leuchtröhre. Aber eigenar-

tigerweise können sie Hindernisse durchdringen (Wände, Mauern, Augenzeugen), so daß sie niemals einen Schatten werfen.
Ein Mensch, der von einem derartigen Lichtbündel erfaßt wird, empfindet im allgemeinen eine große Hitze. Manchmal verläuft das Bündel auch in einer Krümmung.
Hier noch ein ganz besonderer Fall: Ein Wagen, den ein von einem UFO ausgehendes Lichtbündel erfaßt hatte, wurde durchsichtig. Der Zeuge konnte durch das Armaturenbrett seinen Motor sehen und erkannte, nachdem er geflohen war, angeblich jede Einzelheit des Fahrzeuges durch die Karosserie hindurch. Nachdem das Licht erloschen war, wurde alles wieder normal.
Vielleicht können wir in die gleiche Kategorie die »Geisterjäger« einordnen, eine Art ganz offensichtlich ferngesteuerter glänzender Kugeln, die während des letzten Krieges Flugzeuge begleiteten (wobei es sich nicht um Kugelblitze handelte).

Teilchen von modulierbarer Interaktion

Mit diesen Überlegungen sind wir zu einer neuen Hypothese gelangt, und zwar der von der modulierbaren Wechselwirkung.
Wir wissen, daß die moderne Physik etwa zweihundert Elementarteilchen entdeckt hat.
Im allgemeinen treten diese Teilchen in Wechselwirkung mit der Materie, wobei die Wahrscheinlichkeit dieser Wechselwirkung abhängt von der Art des Teilchens, seiner Energie, der Beschaffenheit des Targets und seiner spezifischen Masse. Ein Teilchen, das Neutrino, nimmt durch die geringe Wahrscheinlichkeit einer Wechselwirkung eine besondere Stellung ein. Für Neutrinos sind Sterne und Planeten durchsichtiger als eine Glasscheibe für einen Lichtstrahl. Es ist also nicht zu weit hergeholt, wenn man sich vorstellt, daß ein uns noch unbekanntes Teilchen (oder eine Gruppe von Teilchen) in der Lage ist, im Wasser oder in einem Stoff ähnlicher Dichte einige Meter zurückzulegen.
Und hier unsere Hypothese: Unter der Einwirkung einer bestimmten Kraft kann die Wechselwirkungswahrscheinlichkeit dieses Teilchens in einer bestimmten Materie stark zunehmen.
Worum könnte es sich bei dieser geheimnisvollen Kraft handeln? Es ist noch zu früh, um Aussagen darüber zu machen, aber aufgrund der Darstellung nehmen wir einmal an, es handle sich um eine Welle – eventuell um eine elektromagnetische Welle. In diesem Fall gibt es

dann ohne Zweifel einen Mindestwert für die ausgestrahlte Intensität, die die vermutete Wechselwirkungsmodulation zustande bringen könnte.
Betrachten wir nun die praktischen Auswirkungen.
Was geschieht, wenn wir kleine Mengen dieser Teilchen ausstoßen, die zuvor alle auf die gleiche Geschwindigkeit beschleunigt wurden (monoenergetische Teilchen)?
Jede dieser Mengen von geringer Reichweite (weniger als 30 Zentimeter für eine Laufzeit von einer Nanosekunde) wird sich mit einer Geschwindigkeit fortbewegen, die zwangsläufig geringer ist als die Lichtgeschwindigkeit. Nehmen wir zum Beispiel einen Wert von 150000 km/s. Eine Mikrosekunde nach der Aussendung der Menge findet sich diese also 150 Meter von ihrer Quelle entfernt. Genau in diesem Augenblick wird die Modulationswelle ausgesendet. Eine Mikrosekunde später hat diese Welle, die sich mit 300000 km/s fortbewegt, die Teilchen eingeholt, und zwar 300 Meter von deren Quelle entfernt. Nun treten die Teilchen in Wechselwirkung mit der Materie, die sie gerade durchqueren. Diese Wechselwirkung äußert sich in einer Energieumwandlung, die Hitze, Strahlung und Sekundärteilchen erzeugt.
Wenn die Teilchenmengen in einem genügend raschen Rhythmus folgen, wird man diese Erscheinung als eine gleichbleibende Leuchtkugel wahrnehmen.
Jede Veränderung der Phase zwischen der Aussendung der Teilchen und der Welle wird augenblicklich eine Längenveränderung bewirken. Die Folgerung aus unserer Hypothese ist also, daß diese Leuchterscheinung auch durch eine Wand hindurch erzeugt werden kann, sofern die Modulationswelle von dieser nicht vollständig absorbiert wurde. Was spricht für eine solche Annahme?
Sie erlaubt es, jedes Objekt gründlich zu erforschen, denn die Analyse der Strahlen und Teilchen, die am Ort der Wechselwirkung ausgesendet werden, erlaubt es, die innere Struktur dieses Objekts zu erkennen. Darüber hinaus steht nichts im Wege, das gleiche Vorgehen auch an lebenden Wesen anzuwenden, da die beteiligten Strahlungsmengen sehr genau lokalisiert und darum gering gehalten werden können.
Dieser Mechanismus kann also zwei Resultate bringen: zunächst die genaue Lokalisierung des Standorts eines Zeugen, dann die mögliche Lähmung durch selektive Einwirkung auf gewisse motorische Zentren. Auch der Gedanke an therapeutische Anwendungen ist nicht von der Hand zu weisen, denn in der Tat finden sich unter den Zeu-

genaussagen auch zwei, die im Zusammenhang mit den UFOs von Heilungen sprechen.
Können wir auf gleiche Weise auch gewisse »Zaubergeschichten« aufklären, in denen heftige Verbrennungen bei Menschen geschildert werden, die sich ganz allein in einem Raum aufgehalten haben?
Um die am Ort der Wechselwirkung ausgesandten Strahlen analysieren zu können, muß man über eine genaue Kenntnis der Materien verfügen, die sich zwischen dem analysierten Punkt und der Strahlungsquelle befinden, denn sie beeinflussen die Absorption der zu analysierenden Strahlungen. Man muß also ständig den ganzen Raum erforschen, der zwischen dem Prüfenden und dem Prüfobjekt liegt. Dies gelingt durch die wiederholte Veränderung der Phase zwischen den ausgesandten Teilchenmengen und den Modulationswellen bei gleicher Geschwindigkeit.
Die äußere Erscheinung ist dann nicht mehr die einer Leuchtkugel, sondern eines diffusen Lichts, das Mauern durchdringt, keinen Schatten wirft und im durchquerten Medium eine gewisse Energie freisetzt.
Das Vorgehen bei der Untersuchung des umgebenden Raumes, der eine unterbrochene oder gebogene Lichtröhre hervorruft, läßt sich durch Kombination von Phasenveränderungen zwischen horizontalen und vertikalen Reflexionen der Teilchenaussendung vorstellen. Es bleibt noch das Problem der Durchsichtigkeit der bestrahlten Objekte zu klären.
Möglicherweise wird im Augenblick der Wechselwirkung eine gewisse Menge der Teilchen reflektiert, das heißt zurückgeschickt, nachdem sie einen Teil ihrer Energie verloren hat. Wenn die Modulationswelle nur von kurzer Dauer ist, können diese zurückgestrahlten Teilchen aus dem Medium, auf das sie eingewirkt haben, wieder austreten, ohne eine erneute Wechselwirkung auszuüben. Die nächste Modulationswelle wird sie dann treffen, wenn sie sich außerhalb des Untersuchungsobjekts befinden. Das ausgesandte Licht wird also vom Zeugen wahrgenommen, wie wenn es direkt vom Punkt der ersten Wechselwirkung ausginge, das heißt, wie wenn das untersuchte Objekt durchsichtig oder zumindest leicht durchlässig wäre.

Außerirdische Phantome

Aber sprechen wir nun von einer zweiten praktischen Anwendungsmöglichkeit unserer hypothetischen Teilchen, die dazu angetan ist,

eine ganze Reihe Fragen aufzuwerfen. Wenn unser Teilchenaussender in der Lage ist, sogar durch Mauern hindurch in der Entfernung Lichtpunkte zu erzeugen, so dürfte ja auch keinerlei Schwierigkeit darin bestehen, diese Punkte so zusammenzustellen, daß sie ein bestimmtes Bild ergeben, ähnlich dem Vorgang beim Fernsehen. Was wird der Zeuge sehen? Ein körperloses »Lichtwesen«, das über dem Boden zu schweben scheint und von einem Augenblick zum andern verschwinden kann, das sich im allgemeinen in der Dunkelheit zeigt und die Fähigkeit besitzt, durch Wände zu gehen . . . Wir haben nicht die Absicht, alle paranormalen Fälle um jeden Preis auf eine Hypothese zurückzuführen, die dazu dienen soll, die UFOs zu erklären, aber man kann doch die relative Häufigkeit dieser Art von Beobachtungen nicht übersehen.
In dem Buch von Jacques Vallée *Chronique des apparitions extra-terrestres (Chronik der außerirdischen Erscheinungen)* sind 923 Fälle von Landungen, die im Verlauf eines Jahrhunderts (1868–1968) stattgefunden haben, gesammelt.
Diesem Buch haben wir die folgenden Beispiele entnommen:
Nr. 44 – »ein leuchtendes durchsichtiges Objekt in Gestalt einer Pyramide . . .«
Nr. 486 – »das Objekt schien aus Glas und leuchtete«.
Nr. 716 – »eine dritte Gestalt stand in ihrer Nähe, die sie für eine optische Täuschung hielten. Alle Maschinen und Lebewesen waren hochglänzend.«
Nr. 719 – »ein leuchtender Mann«.
Nr. 767 – »sie waren zwei Meter groß, hatten riesige Köpfe und erschienen glänzend und durchsichtig . . . wie von Licht getragen, kehrten sie an Bord ihrer Maschine zurück.«
Nr. 848 – »ein glänzendes, durchsichtiges Objekt, in Gestalt eines Pilzes« . . .
Nr. 857 – »eine Silhouette in einem leuchtenden Anzug, die sich in ein gestaltloses Leuchten verwandelte und verschwand« . . .
Nr. 862 – »ein kleiner Mann in leuchtendsilbriger Kleidung, dessen Kopf von Dämpfen eingehüllt war«.
Nr. 870 – »er vollführte abgehackte Bewegungen und hob mit den Armen eine Röhre empor. Die ganze Erscheinung schien zu flimmern.«
Nr. 915 – »ein bizarres Wesen von 2,10 Meter Größe schwebte in der Luft. Ein eigenartiges Leuchten ging von seinem Körper aus, und in der Nähe befand sich ein unbekanntes, stark leuchtendes Objekt.«
Und schließlich noch eine Aussage, die besonders gut zu unserer letz-

ten Hypothese paßt. Die Geschichte spielte sich in Verona am 26. Juni 1962 ab:
Nr. 537 – »Am Fenster hob sich deutlich eine menschliche Gestalt mit einem halb durchsichtigen Körper ab. Der Schädel war halb kahl. Der Zeuge schrie vor Angst, weckte die beiden andern, und alle drei sahen, wie die Erscheinung zusammenschrumpfte und verschwand, wie ein Fernsehbild beim Ausschalten des Apparates.«
Im gleichen Werk findet sich auch der bemerkenswerte Bericht über eine Erscheinung vom 21. August 1879 in Knock, im Westen Irlands, die mehrere Stunden andauerte. Drei leuchtende, unbewegliche Gestalten konnten von zahlreichen Zeugen ganz aus der Nähe gesehen werden. Einer von ihnen versuchte, eine der Gestalten zu berühren, »aber er griff nur ins Leere«.

Das Ereignis in Fatima

An diesem Tage entfaltete ein UFO, das sich in 10000 Kilometern Entfernung von der Erdoberfläche befand, einen blauen Schirm von 1000 Metern Durchmesser und näherte sich dann langsam dem Erdboden, so daß sich der Schirm immer genau zwischen der Sonne und einem bestimmten Punkt der Erdoberfläche befand. Dies war ein kleines Tal, wo 50000 Menschen, eng aneinandergedrängt, ein ungewöhnliches Ereignis erwarteten. Zur gleichen Zeit bewegte sich ein zweites UFO von 50 Metern Durchmesser auf einer Flugbahn, die der des ersten parallel war. Es glänzte so stark wie die Sonne und wurde daher von der Menge, deren Aufmerksamkeit ganz auf einen Baum in dem Tal gerichtet war, überhaupt nicht entdeckt. In diesem Baum hatten sich während der vergangenen Monate schon die eigenartigsten Dinge abgespielt: Ein leuchtendes Wesen war erschienen, das Druckwellen, Lichtkugeln, Blitze, Wolken, Gesumm, Flocken und so weiter ausgesandt hatte.
Auf diese Weise verhüllten sie für eine Fläche von 20 Hektar, also mehr als die Ausdehnung des Tales, vollständig die Sonne. Plötzlich begann das erwartete Wunder: Das am nächsten herankommende UFO, das alle Zeugen für die Sonne hielten, veränderte Leuchtkraft und Farbe und näherte sich dem Boden. Die Menge geriet in Entsetzen. Dann begann das Objekt zu taumeln und sank zum Horizont hinab, während die wirkliche Sonne immer noch von dem ersten UFO und seinem blauen Schirm verhüllt wurde, der vor dem Blau des Himmels nicht zu erkennen war.

Schließlich kehrte das kleinere UFO wieder zu seiner Ausgangsposition zurück, und alle beide begaben sich auf gleichem Weg auf die Rückreise. Die Sonne schien wieder und blendete die erstaunte Menschenmenge. All dies ereignete sich am 13. Oktober 1917 in einem kleinen portugiesischen Dorf mit dem Namen Fatima.

Was sollen wir glauben?

Das ist die große Frage, denn wenn die Hypothesen, die wir aufgestellt haben, in ihren groben Zügen exakt sind, so stehen wir einer Zivilisation gegenüber, die über alle Mittel verfügt, um unsere Sinne und unser Verständnis zu täuschen. Handelt es sich wirklich um eine außerirdische Zivilisation? Auf diese Frage können wir nicht mit wissenschaftlicher Überzeugung antworten, wir wollen Ihnen aber einige Überlegungen anbieten, so zweifelhaft diese im einzelnen auch scheinen mögen. Können wir uns überhaupt vorstellen, wozu eine sehr weit fortgeschrittene Zivilisation fähig sein könnte? Wie können Menschen, die einem Alterungsprozeß unterliegen und ein zeitlich befristetes Leben haben, andere Welten erforschen? Indem sie intelligente Sonden entsenden, die in der Lage sind, eine reiche Menge an Informationen zu sammeln und sie bei ihrer Rückkehr in sinngemäßem Zusammenhang darzubieten. Müssen deshalb die Roboter, die diesem Zweck dienen, humanoid sein?
Das versteht sich nicht von selbst. Wenn wir eines Tages in der Lage sind, eine Informationseinheit in einem großen organischen Molekül zu speichern, werden alle im Laufe unseres Lebens wahrgenommenen Bilder nicht mehr als den Raum einer Erbse einnehmen.
Es ist also sehr wohl möglich, daß diese Sonden, wenn es sie wirklich gibt, völlig unbemerkt bleiben, was bei den UFOs nicht der Fall ist. Das würde also bedeuten, daß die Augenfälligkeit der UFOs beabsichtigt wäre – und wir einer großangelegten psychologischen Aktion gegenüberstünden. Andererseits besteht die Möglichkeit, daß der technologische Fortschritt der UFO-Hersteller nicht so groß ist, wie wir annehmen. In diesem Fall ist auch nicht sicher, ob wir es mit außerirdischen Wesen zu tun haben oder nicht vielmehr mit »überirdischen«, also Menschenwesen, die auf anderen, uns nicht vertrauten Wegen ein höheres Wissensniveau erreicht haben. Wenn das der Fall ist, was will man uns dann mit Hilfe dieser phantastischen »Maskerade« zeigen oder suggerieren?

Professor Allen Hynek leitete die Abteilung für Astronomie und Astrophysik an der North Western University in Chicago, die als eine der angesehensten Universitäten der Vereinigten Staaten auf dem Gebiet der Naturwissenschaften gilt. Mehrere Jahre lang war Professor Hynek technischer Berater in der amerikanischen Flugzeugindustrie, und zwar während der Zeit, in der diese den Bereich unbekannter Flugobjekte zu erforschen suchte. Dabei handelte es sich um das berühmte »Blue Book«-Projekt, das inzwischen aufgegeben wurde. Allen Hynek hatte zehn Jahre lang Zugang zu allen offiziellen amerikanischen Dokumenten und war mit allen geheimgehaltenen Fakten vertraut, von denen niemand sonst eine Ahnung hatte. Die Gedanken, die er heute äußert, sind das Ergebnis fünfzehnjähriger Forschungsarbeit. Michel Anfrol hat ihn darüber befragt.

– Wie kommt es, daß das »Blue Book«-Projekt abgebrochen wurde, obwohl der Forscher Nummer eins, der spezielle Berater der amerikanischen Luftwaffe, durch seine Forschungsarbeit zu positiven Schlußfolgerungen gekommen ist?

– Der Luftfahrtminister hat das Projekt, insbesondere auf Anraten der Condon-Kommission, abgebrochen. Das war bekanntlich eine von der militärischen Luftfahrt eingesetzte Kommission, die den Auftrag hatte, eine unabhängige Untersuchung über die UFOs durchzuführen.

Sie haben bereits die Forschungen erwähnt, die die militärische Luftfahrt unternehmen sollte. Es fällt mir schwer, hier von Forschung zu sprechen, denn es wurde beispielsweise kein einziger Versuch unternommen, die Fakten einem Computer einzugeben, ebensowenig wie man Überprüfungen durchführte oder Berichte ihrer Bedeutung nach einzustufen versuchte. Das Material wurde lediglich chronologisch geordnet. Mit anderen Worten: Es wurde nicht der geringste Versuch gemacht, wirklich wissenschaftlich vorzugehen.

Nun könnten Sie natürlich einwenden, daß ich selbst als der wissenschaftliche Berater ja doch in der Lage gewesen wäre, etwas zu unternehmen. Ich war tatsächlich der Berater, aber sehr häufig wurden meine Ratschläge nicht einmal ernsthaft in Betracht gezogen. Ich habe mehrmals angeregt, die erhaltenen Informationen auf Tonband aufzunehmen oder in Computern zu speichern, und ich habe auch die Erstellung von Statistiken empfohlen.

Das sogenannte »Blue Book«-Projekt wurde Ende 1969 zu den Akten gelegt, und nach der Veröffentlichung des Condon-Reports Anfang

1970 waren sich Zeitungen, Radio und Fernsehen darin einig, daß nach Abschluß der Forschungen von seiten der Militärluftfahrt und nach Erstellung des Condon-Reports die ganze Angelegenheit abgeschlossen sein müsse. Das Thema sollte nicht mehr zur Sprache kommen. Aber natürlich ließ sich das nicht so einfach anordnen, und in der Tat hört man weiterhin viel darüber; im Jahre 1971 zunächst recht wenig, dann 1972 schon mehr, und 1973, insbesondere gegen Jahresende, kam eine Welle von Berichten aller Arten auf uns zu, insbesondere Beobachtungen aus der Nähe, bei denen es sich nicht um eine ferne Lichterscheinung handelt, sondern um wirklich ganz naheliegende Dinge. Auf diese Weise haben wir also im Jahre 1973 mehr Berichte erhalten als irgendwann zuvor, was natürlich in völligem Widerspruch zu den Voraussagen der meisten Leute stand.
Aus diesem Grunde habe ich mich an hervorragende Persönlichkeiten der Wissenschaft aus den verschiedensten Teilen des Landes gewandt. Vertreten sind die Universität von Kalifornien in Los Angeles, Stanford, Chicago etc.
Wir haben ein Institut zur Erforschung der UFOs ins Leben gerufen. Drei Gründe waren es, die uns dazu bewegt haben. Erstens, daß es keinen Ort gibt, wo man irgend etwas über die UFOs in Erfahrung bringen kann, keine Zeitungen oder Zeitschriften und am allerwenigsten ernst zu nehmende wissenschaftliche Zeitschriften – sie weigern sich einfach, sich mit dem Problem zu befassen. Aus diesem Grunde dachten wir, daß man etwas unternehmen müsse. Darüber hinaus gibt es auch keine wissenschaftliche Einrichtung, der die Zeugen ihre Beobachtungen und Berichte mitteilen können, ohne befürchten zu müssen, daß sie sich der Lächerlichkeit preisgeben, und schließlich, was am allerwichtigsten ist, gibt es keinen Ort, wo die ganze Sache auf wissenschaftliche Weise untersucht wird.
Wir haben also unser Institut zur Erforschung unbekannter Flugobjekte als Unternehmen ohne kommerzielle Zielsetzung gegründet, was uns natürlich erlaubt, Spenden in Empfang zu nehmen, die voll von der Steuer absetzbar sind. In der Tat habe ich vor nicht allzu langer Zeit einen Scheck über einhundert Dollar von einer Dame in Paris erhalten, die von unserem Institut gehört hatte und es finanziell unterstützen wollte. Angesichts der Tatsache, daß wir keinen festen Standort haben, sondern auf mehrere Universitäten verteilt sind, besteht unser Institut in erster Linie aus Menschen und Ideen. Ich glaube, daß dies für Ihre Hörer von großem Interesse ist – oder ich hoffe es zumindest. Das Zentrum hat sich vier Hauptziele gesteckt: Das erste besteht darin, Einzelinformationen zu sammeln. Wir verfü-

gen glücklicherweise über eine telefonische Sonderleitung, die es jedermann erlaubt, uns von jedem beliebigen Ort aus zu erreichen. Wir haben unsere Nummer Tausenden von Polizisten, Sheriffs, Zivilschutzorganisationen und der Luftfahrtverwaltung mitgeteilt. Wenn also jemand glaubt, er habe ein UFO entdeckt, braucht er es nur einem Polizisten, einem Sheriff oder einem Luftfahrtbeamten zu sagen, der seine Aussage zu Protokoll nimmt.
Auf diese Weise habe ich heute abend, gerade bevor Sie kamen, einen Anruf von einem Luftstützpunkt in Florida erhalten. Dort wurde eine Beobachtung gemacht, von der ich jedoch glaube, daß sie sich auf ganz natürliche Weise erklären läßt: Es muß sich in diesem Fall um einen ganz besonders leuchtenden Meteor gehandelt haben. Aber Sie sehen: Die Tatsachen sprechen für sich, man hat uns angerufen, und ich kann sogar sagen, daß kaum eine Nacht vergeht, ohne daß wir Berichte aus den verschiedensten Gegenden unseres Landes erhalten.
Was also tun wir in diesen Fällen? Nehmen wir an, es ereignet sich etwas in Kansas, und wir haben einen unserer Leute dort in der Nähe. Dann rufen wir ihn an und bitten ihn, sich die Sache einmal näher anzusehen. Wir verfügen über eine Art Netz, an dem mehrere Organisationen beteiligt sind, die sich für die Erforschung der UFOs einsetzen. Durch ihre Zusammenarbeit ist sichergestellt, daß diese Informationen zu unserem Institut gelangen.
Eine weitere Tätigkeit des Instituts besteht selbstverständlich in der Aneinanderreihung und Analyse der Einzelinformationen. Hierfür stehen uns Computer zur Verfügung. Auf diese Weise hat beispielsweise Doktor Saunders, der unserem Institut angehört, mehr als 50000 Fälle in seinem Computer gesammelt. Außerdem gibt es das Untersuchungslabor, und auch da dürfen wir bedeutende nationale Forschungsanlagen benutzen. So konnten wir beispielsweise eine chemische Untersuchung durchführen, als man uns die Landung eines UFOs in Kansas meldete, das einen leuchtenden Ring aus einem unbekannten Stoff hinterlassen hatte; wir stellten bei dieser Gelegenheit sehr bezeichnende Veränderungen am Boden fest.
Natürlich nutzen diese Dinge nichts, wenn unser Forschungsgegenstand und die Ergebnisse unserer Arbeiten nicht veröffentlicht werden. Aus diesem Grund beziehen wir auch die Fortbildung in unser Programm mit ein. Wir hoffen, daß wir bald in der Lage sein werden, eine vierteljährlich erscheinende Zeitschrift herauszugeben, die nicht nur unsere Arbeit bekannt machen, sondern auch über mögliche Gefahren und Auswirkungen aufklären soll. Wir haben die Absicht, ernst zu nehmende wissenschaftliche, authentische Untersuchungen

zu veröffentlichen, und zwar nicht wegen ihres Sensationseffekts oder um der Unterhaltung willen, sondern wegen ihres wissenschaftlichen Wertes.

Wenn alles so läuft, wie wir uns das vorstellen (und ich habe den Eindruck, daß wir auf dem besten Wege sind), werden wir mit unseren Informationen immer mehr Leute erreichen. Ich hoffe beispielsweise, daß wir von einigen Stiftungen Forschungsstipendien erhalten werden, die wir dringend benötigen, um unsere Arbeit fachgerecht fortzuführen.

– Es gab einmal eine Zeit, in der 99,9 Prozent aller Astronomen jeden Gedanken an UFOs total ablehnten. Sie betrachteten die Berichte als wilde Fabeln, denen sie um nichts auf der Welt Glauben geschenkt hätten.

– Ganz genau. Sie haben über all das nur gelacht. Heute sind das die Leute, die in aller Ernsthaftigkeit auf mich zukommen, um darüber zu reden. Auch in der großen Öffentlichkeit vollzieht sich ein sehr interessanter Wandel. Eine Umfrage aus jüngster Zeit ergab, daß 15 Millionen Amerikaner bereits ein UFO gesehen hatten, daß 51 Prozent an ihre tatsächliche Existenz glauben. Bei den Personen, die uns ihre Beobachtungen mitteilen, handelt es sich im allgemeinen um glaubwürdige Leute, deren Aussagen zweifellos unter beliebigen anderen Umständen auch von jedem Gericht voll anerkannt würden. Es sind Linienpiloten, Fluglotsen, Radaringenieure, Polizisten, Lehrer. Es wird also immer schwieriger, all diese Leute einfach als Lügner oder Phantasten abzutun. Das bedeutet, daß das Interesse der Öffentlichkeit an diesen Phänomenen steigt.

– Um noch einmal auf die interessantesten Zeugenaussagen zu sprechen zu kommen: Welche davon erschienen Ihnen am beunruhigendsten?

– Da fallen mir auf Anhieb zwei ein. Beide sind unglaubliche Geschichten, die von anscheinend glaubwürdigen Personen erzählt werden. Aimé Michel hat das UFO-Phänomen als »Spielweise des Absurden« bezeichnet, und ich halte diese Definition für so gut, daß ich mich ihr anschließen will. Die Beobachtungen sind unglaubhaft, wenn man sie mit den Normen unseres Alltagslebens mißt. Sie sind ebenso unglaubhaft, wie es das Fernsehen noch vor einigen Jahrhunderten war. Einer der Fälle, an die ich gerade denke, mit dem ich mich persönlich an Ort und Stelle beschäftigt habe, ereignete sich in Missouri. Beteiligt war ein Mann, der als Tierpfleger am biologischen Institut der dortigen Universität arbeitete. Er bewohnte außerhalb der Stadt einen Wohnwagen mit seiner Frau, seiner sechzehnjährigen

Tochter und einem dreijährigen Sohn. Die Frau ist Krankenschwester und hat häufig Nachtdienst. Wenn sie nicht da ist, holt die Tochter oft Milch aus dem Kühlschrank, um ihrem kleinen Bruder für ein Uhr eine Flasche zurechtzumachen. An diesem Abend war sie also, wie auch sonst häufig, am Kühlschrank und warf dabei einen Blick durch das Fenster. Sie sah ein Licht näher kommen. Ich habe selbst an der Stelle gestanden und mich genau umgesehen: einige Bäume, Felder, hohes Gras, keine Straße – nichts, was sich auf normalem Wege aus dieser Richtung nähern könnte. Das Leuchten war sehr stark und beschrieb einen großen Winkel. Das Mädchen bekam Angst und weckte ihren Vater. Er stand auf, sah kurz zum Fenster hinaus, verriegelte die Tür und lud zwei Gewehre. Seine zwei sehr scharfen Jagdhunde lagen unter dem Wohnwagen und kamen nicht hervor. Als sich das Licht näherte, funktionierte auch das Telefon nicht mehr, und zwar genau in dem Moment, in dem der Vater die Polizei anrief. Danach ereigneten sich ganz seltsame Dinge. Das Licht wurde so stark, daß er völlig geblendet war. Die Bäume, die dem Objekt am nächsten waren, begannen heftig zu schwanken, als stünden sie im Zentrum eines Hurrikans. Die andern Bäume standen jedoch völlig unbeweglich, da die Windstärke an diesem Abend nicht mehr als 5 Meilen pro Stunde betrug. Die Nacht war hell, und während sich die Bäume heftig krümmten, war ein lautes Krachen zu hören, ähnlich einem Donnerschlag. Als die Polizei einige Zeit später eintraf, um die Umgebung zu inspizieren, fand sie abgebrochene Äste von etwa sieben Zentimetern Durchmesser. Ich erreichte den Ort einige Tage später und kann bestätigen, daß die Bruchstellen noch frisch waren. Besonders erwähnenswert erscheint mir die Tatsache, daß die Blätter dieser und der benachbarten Äste auf eine eigenartige Weise zusammengefegt waren, für die ich keine Erklärung sehe.

Dieser Mann hatte nicht den geringsten Grund, eine derartige Geschichte zu erfinden. Er genießt großes Ansehen, hat eine gute Stelle bei der Universität und hatte durch diese ganze Geschichte nichts zu gewinnen.

Ich möchte noch einen anderen Fall erwähnen, mit dem ich mich kürzlich zu befassen hatte: mit der Hubschraubermannschaft für Armee-Rettungsdienste des Hauptmanns Cohen. Die Mannschaft kehrte von Columbus, Ohio, zurück, wo sie eben den alljährlichen Test ihrer körperlichen Leistungsfähigkeit hinter sich gebracht hatte. Alle waren also in bester Verfassung. Auf halbem Wege zwischen Columbus und Cleveland, in der Nähe einer kleinen Stadt namens Mansfield, entdeckte ein Mann der Besatzung ein rotes, sehr stark glänzendes Licht, das sich rasch näherte. Ich bin selbst nach Cleveland gefahren, habe die Mannschaft interviewt und mich dann auf die verschiedenen Plätze des Hubschraubers gesetzt. Der Kapitän wiederholte für mich alle Manöver, die er an diesem Tage durchgeführt hatte. Es ist eine gänzlich unglaubliche Geschichte. Dieses intensive Rotlicht war so stark wie der Landungsscheinwerfer einer *Boeing 727*, aber nicht weiß, sondern rot; es ging von einem zylindrisch geformten Objekt aus, das seine Geschwindigkeit verlangsamte, als es sich direkt über ihnen befand, um sie der ihrigen anzupassen, die bei etwa 160 Stundenkilometern lag. In diesem Augenblick erhellte ein intensiver grüner Lichtstrahl das Innere der Kabine. Der Kapitän versuchte, Funkkontakt mit Mansfield aufzunehmen. Es gelang ihm für kurze Zeit, doch dann setzten plötzlich alle Funkgeräte aus. Er versuchte mehrmals, wieder einen Kontakt herzustellen, aber da ereignete sich das Eigenartigste dieser ganzen Geschichte. Er zeigte mir, wie er versucht hatte, den Hubschrauber rasch auf eine niedrigere Flughöhe hinabzudrücken. Anstatt jedoch an Höhe zu verlieren, begann der Hubschrauber zu steigen, und er konnte an seinem Höhenmesser ablesen, daß er von 700 auf 3800 Fuß gestiegen war. Alle Versuche, an Höhe zu verlieren, waren erfolglos, bis das UFO sich plötzlich entfernte und nach Westen verschwand. Es hatte ein weißes Rücklicht und beschrieb einen Winkel von 45 Grad.

Wir haben also vier Männer mit großer Flugerfahrung, die uns eine vollkommen unglaubliche Geschichte erzählen. Niemand kann erklären, wie es möglich ist, daß ein Hubschrauber, den man auf eine niedrige Höhe bringen will, statt dessen steigt.

Ich vermute, daß Sie von dem Fall der zwei Fischer aus Mississippi gehört haben. Sie ist beschrieben in dem Buch *Beyond Earth* von Ralph Brown.

Ich bin in Begleitung von Doktor Harper von der Universität von Kalifornien dorthin gefahren. Die beiden Männer, von denen einer fünfundvierzig, der andere etwa neunzehn Jahre alt ist, arbeiteten beide in einer Schiffswerft. Sie sind begeisterte Fischer und waren am Ende der Mole beim Fischen, als sie ein leuchtend blaues Licht auftauchen sahen, das sich ihnen näherte und das sie alsbald für ein UFO hielten. Dieses UFO landete nicht. Zwei groteske Gestalten traten heraus, die wie Roboter wirkten. Beine und Arme wie Zangen und Hände wie künstliche Greifwerkzeuge. Sie entstiegen also der Maschine und nahmen die beiden Männer am Arm. Einer sagte, daß sie nicht emporgehoben worden seien, sondern auf geheimnisvolle Weise an Bord schwebten. An der Seitenwand des Raumes schwebten sie, ohne die geringste Stütze ausgestreckt. Sie befanden sich im Zustand absoluter Schwerelosigkeit, genau wie die Astronauten. Dann glitt ein großes, eigenartiges Instrument, das sie nicht besser beschreiben können als durch den Vergleich mit einem Riesenauge, mehrmals über ihren Körpern hin und her. Danach waren sie wieder frei. Der junge Mann war derartig von Entsetzen überwältigt, daß er ohnmächtig wurde und geraume Zeit ohne Bewußtsein blieb.

Zusammen mit Doktor Harper, der ein sehr guter Hypnotiseur ist, habe ich lange an dem Fall gearbeitet. Wir dachten, daß das Bewußtsein blockiert und daher nicht in der Lage sei, sich an Einzelheiten zu erinnern. Doktor Harper versuchte in der Hypnose, das Unbewußte zu zwingen, das zu entdecken, was es wußte, aber es gelang ihm nicht. Während er Charlie und den andern Mann hypnotisiert hatte, ging alles gut, solange er nur versuchte, über wirkliche Erinnerungen aus ihrem Leben mit ihnen zu sprechen. Sobald er aber versuchte, sie auf ihre jüngste Erfahrung hinzulenken, zeigten sich Schweißtropfen auf Charlies Stirn, und er verkrampfte sich augenblicklich total. Doktor Harper beendete die Hypnose, weil er die schwersten Folgen befürchten mußte. Der Sheriff inszenierte übrigens bei dieser Gelegenheit sein privates Watergate: Während die beiden Männer sich selbst überlassen blieben, ließ er ein verborgenes Tonband laufen. Ich habe es abgehört, und es erbringt auch nicht den geringsten Hinweis darauf, daß die beiden eine abgekartete Geschichte aufgetischt hätten. Sie befanden sich vielmehr in einem echten Schockzustand.

Ich gelangte achtundvierzig Stunden nach dem Ereignis an Ort und Stelle. Man bat mich, zusammen mit Charlie in der Dick-Cavett-Show mitzuwirken. Ich bestand darauf, daß man ihn an den Lügendetektor anschloß. Der andere Mann war nicht dabei, weil er unter einer schweren Depression stand. Charlie bestand den Lügendetektortest ohne jede Schwierigkeit. Ich hatte in meiner Pressekonferenz gesagt, daß diese Männer ein wirklich angsterregendes Erlebnis gehabt hatten. Beide waren normalerweise typische Südstaatler, ruhig, ausgeglichen, etwas langsam, mit einer großen Begeisterung für die Fischerei – einfache, ehrliche, intelligente Menschen, ohne allzu viel Bildung. Und dann passiert so etwas. Was soll man da machen?

Dies also waren einige der ungewöhnlichen Fälle. Ich möchte auch noch darauf hinweisen, daß ich einer Jury angehöre. Sie besteht aus fünf Professoren aus verschiedenen Teilen des Landes. Ich nehme an, Sie kennen die Zeitschrift *National Enquirer*. Sie führt auf unserem Gebiet so etwas wie eine Reportage durch und hat eine Belohnung von 50 000 Dollar ausgesetzt für den Beweis, daß die UFOs aus dem fernen

Raum kommen. Aber dieser Beweis ist natürlich sehr schwer zu führen, und überdies bleibt dann noch die Schwierigkeit, fünf Professoren über einen Punkt zu einer einheitlichen Meinung zu bringen! Da können Sie sich vorstellen, wie es um die Chancen des UFO-Beweises steht!
Bis dieser Beweis einmal erbracht sein wird, haben wir einen Preis von jährlich 5000 Dollar ausgesetzt für die beste Zeugenaussage von wissenschaftlichem Wert und für den interessantesten Fall. Übrigens steht der diesjährige Preis gerade in diesen Tagen zur Entscheidung an, und es wird uns nicht leichtgemacht, denn es war ein sehr ergiebiges Jahr.
Die Leute wundern sich übrigens immer, wenn man ihnen sagt, daß sich UFOs auch in Frankreich, Spanien und Lateinamerika zeigen. Sie glauben, daß sich derartige Dinge nur hier in den USA ereignen, und entdecken nun, daß dem nicht so ist. Es scheint, daß sich die interessantesten Fälle in sehr abgelegenen Gegenden ereignen, was auch genau den Feststellungen entspricht, die Claude Poher in Frankreich machen konnte. Für Landungen und Begegnungen scheinen mit Vorliebe einsame Gegenden, keine städtischen Regionen gewählt zu werden. Ein Fall ereignete sich in einer ländlichen Kleinstadt mitten im Staate Kansas, wo sich nie etwas ereignet. Ein achtzehnjähriger Junge war dabei, seine Schafe zu hüten, als er plötzlich eine glänzende, leuchtende Maschine vom Himmel herabschweben sah. Sie landete nicht, sondern blieb schwebend etwa einen halben Meter über dem Boden. Nach einigen Minuten verschwand sie wieder. Der total verängstigte Junge rief seine Eltern, die gerade noch rechtzeitig kamen, um die Maschine in der Ferne verschwinden zu sehen. Die Mutter ist Krankenschwester. Das UFO hatte beim Wegfliegen einen glänzenden, etwa drei Meter breiten Ring hinterlassen. Der Sheriff erzählte uns, daß auch die Rinde am Fuß der Bäume glänzte, und er zeigte sogar eine Fotografie, die dies verdeutlichte. Die Mutter besitzt eine Polaroidkamera, und obwohl ein Farbfilm für Tagesaufnahmen eingelegt war, war das Leuchten so stark, daß es den Film belichtete. Es ist eine der interessantesten Aufnahmen, die wir besitzen. Wir haben Rindenstücke von den Bäumen zur Untersuchung abgeschält. Der Boden, auf dem dieser glänzende Ring lag, ist bis auf den heutigen Tag absolut wasserundurchlässig. Man kann Wasser daraufgießen, soviel man will, es bleibt stehen und dringt nicht in den Boden ein, wohingegen es wenige Zentimeter weiter, neben dem Ring, von der Erde aufgesogen wird wie von einem Schwamm. Dann haben wir versucht, Pflanzen auf diesen Ring zu setzen, ohne jedoch ein positives Ergebnis zu

erzielen. Dieser Fall ist wirklich sehr interessant. Er hat den Preis in Höhe von 5000 Dollar erhalten. Ich wiederhole aber noch einmal, daß es sich um einfache Bauern handelte, von denen ich nicht glaube, daß sie ein derartiges Täuschungsmanöver aufziehen würden. Dieser Fall bietet ein gutes Beispiel für die physikalischen Spuren, und diese Art von Beobachtungen interessiert uns in unserem UFO-Institut ganz besonders. Wir versuchen, uns auf die Fälle zu konzentrieren, an denen etwas Konkretes zu untersuchen ist: Fotografien, beschädigte Autos oder sonst irgend etwas, was in einem Labor untersucht werden kann.

– Herr Dr. Hynek, welche Erklärungen können Sie als Wissenschaftler anbieten, und welche Schlußfolgerungen ziehen Sie aus diesen Aussagen?

– Die wahrscheinlichste Erklärung ist die, daß wir Besuch von außerirdischen Intelligenzen erhalten, und es besteht nicht der geringste Zweifel, daß die Zeichen, die uns gegeben werden, intelligenzgesteuert sind.

Es ist für mich als Astronom sehr schwierig, daraus den Beweis abzuleiten, daß wir von *außerirdischen* Wesen besucht werden. Wenn man sich vor Augen führt, daß der Stern, der uns außer der Sonne am nächsten ist, hundert Millionen Male weiter entfernt ist als der Mond, dann erkennt man, daß es ein ungeheures Unternehmen darstellt, dorthin zu gelangen. Das schaffen wir mit unserer Technologie nicht. Man kann aber andererseits sagen, daß wir immerhin schon in weniger als siebzig Jahren vom Flugzeug der Gebrüder Wright bis zum Mond gekommen sind und daß wir kaum mehr als hundert Jahre für die Entwicklung vom Wagen zur *Boeing 747* gebraucht haben. Es gibt Sterne, die Millionen Jahre älter sind als die Sonne. Sehr viel spricht dafür, daß es auch Zivilisationen gibt, die älter sind, und zwar nicht nur hundert, sondern Millionen Jahre, und sie müssen gewiß über Kenntnisse verfügen, die wir nicht haben. Ich lehne den Gedanken des Besuchers aus dem Weltall nicht ab, aber ich glaube, daß wir auch in anderen Richtungen nach einer Erklärung suchen sollten. Aber in welcher Richtung? Wir wissen nicht, was wir zuerst erforschen sollen. Ein Beispiel soll dies klarmachen: Jeder weiß, wer Benjamin Franklin war. Nehmen Sie einmal an, jemand würde Benjamin Franklin, der in seinem Fach ein sehr guter Wissenschaftler war, die Frage stellen: »Ben, wie kommt es denn, daß die Sonne leuchtet?« Bei all seinen physikalischen und wissenschaftlichen Kenntnissen hätte er nicht vermutet, daß es sich bei der Sonne um eine Art Atomreaktor handelt. Wie hätte er wissen können, was die Sonne zum Leuchten bringt? Vielleicht befinden wir uns hinsichtlich der UFOs in einer vergleichbaren Lage. Wenn es keine außerirdischen Wesen gibt – was dann? Wir sind in einem Bereich angelangt, der uns ebenso fremd und unerklärlich ist, wie es die Atomenergie für Benjamin Franklin war. Nun ist allerdings ein interessantes Paradoxon festzustellen. Manchmal stelle ich mir vor, daß ich eines Tages kein Wissenschaftler mehr wäre, sondern Science-fiction-Romane schreiben würde. Nehmen Sie an, wir würden eines Tages entdecken, daß es etwas gibt wie den Geist, der die Materie beherrscht, wie es ja parapsychologische Forschungen heute anzudeuten scheinen. Nehmen Sie an, daß wir in einer Million Jahren lernen würden (was eine irgendwo im Weltraum angesiedelte Zivilisation vielleicht schon gelernt hat), wie man von hier zum Mars einen Gedanken anstatt einer physikalischen Maschine aussenden kann. Stellen Sie sich vor, wir würden einen Gedanken aussenden, der dort in die Wirklichkeit umgesetzt werden könnte. Ich kann mir überhaupt nicht vorstellen, was dann alles geschehen würde. So wie ich nicht die geringste Vorstellung darüber habe, wie die Wissenschaft in einer Million Jahren aussehen wird. Ganz gewiß wäre ein Mensch unserer Tage, der plötzlich Millionen Jahre weiterversetzt würde, völlig perplex und könnte überhaupt nichts verstehen – genau wie ein Pygmäe aus Afrika, der unvermittelt hierher versetzt würde, Augen und Ohren beim Anblick eines Fernsehapparates aufreißen würde. Wie wollen Sie zum Beispiel jemandem erklären, daß gerade in dem Augenblick, in dem wir miteinander sprechen, ganze Fernsehbilder den Raum durchqueren? Wenn Sie versuchen, das einem Eingeborenen zu erklären, wird er schlicht erklären, Sie seien verrückt und redeten Unsinn. Es ist aber kein Unsinn! Und bei den UFOs verhält es sich ähnlich. Manchmal denke ich, daß die Wirklichkeit nichts anderes als eine vieldimensionale Kontinuität ist und die physikalische Welt, die uns umgibt, nur eine Augenblicksaufnahme dieser viel umfassenderen Wirklichkeit, von der sich eine andere Facette zum gleichen Augenblick in einer anderen Welt zeigt. Vielleicht gibt es mehrere Universen, die in enger Verbindung miteinander stehen. Vielleicht handelt es sich bei den UFOs um Äußerungen einer anderen Welt. Es war schon häufig die Rede vom Zeittransfer. Das heißt: Wir befinden uns gerade in der Gegenwart, aber man kann sich vorstellen, daß eine andere Welt zehn Minuten später oder eine Million Jahre früher dran ist als wir. Wir sind nicht in der Lage, diese Unterschiede zu überbrücken, ebensowenig, wie wir uns in einem Augenblick von diesem Zimmer in ein ähnliches in San Francisco versetzen könnten, selbst wenn wir wüßten, daß es existiert. Aber stellen Sie sich zwei

Punkte am selben Ort vor, die nicht mehr durch den Raum, sondern durch die Zeit getrennt sind, wie ein Zug, der zehn Minuten später abfährt als ein anderer und die gleichen Ortschaften durchquert ... Vielleicht wird es uns einmal möglich sein, diesen Abstand zu überbrücken und einen Blick in jene andere Welt zu tun ... Machen Sie sich bitte bewußt, daß ich in diesem Augenblick nicht als Astronom oder Mann der Wissenschaft spreche, sondern als einfacher Mensch, der seine Phantasie wandern läßt.

– Alle Zeugen erwähnen Phänomene, die sich entweder direkt am Boden oder in sehr geringer Höhe abspielten. Aber haben jemals Astronomen erklärt, daß sie während ihrer Himmelsbeobachtungen fliegende Objekte entdeckt hätten?

– Die Antwort ist eindeutig positiv, aber keiner von ihnen war bereit, seinen Namen in Zusammenhang mit einer solchen Beobachtung nennen zu lassen. Ich habe ausgezeichnete Berichte erhalten, aber alle unter dem Siegel absoluter Verschwiegenheit und Anonymität. Dieses in seiner Unerklärlichkeit geradezu unheimliche Problem zwingt uns, unsere Betrachtungsweise gewisser Dinge zu revidieren. Als die klassischen Regeln der Physik nicht ausreichten, die atomaren Spektren zu erklären, mußten wir uns der Quantenmechanik zuwenden, und als die herkömmlichen Gesetze der Physik nicht in der Lage waren, gewisse andere Dinge zu erklären, mußten wir einen großen Sprung machen und landeten bei der Relativitätstheorie. George Bernard Shaw sagte: »Jede große Idee erscheint zuerst als Ketzerei.« Wir versuchen immer noch, zunächst eine natürliche Erklärung für alle Dinge zu finden. Eines der bekanntesten Beispiele hierfür bietet die französische Akademie der Wissenschaften, die versuchte, das Vorhandensein der Meteoriten zu bestreiten und darin nur Steine zu sehen, die vom Blitz getroffen waren – ganz einfach, weil es ihr mit der Vernunft nicht vereinbar schien, daß Steine vom Himmel fallen. Und dennoch ist es so. Wenn Sie als Arzt vor zwanzig Jahren von Akupunktur gesprochen hätten, wären Sie eine Zielscheibe des Spotts für die Ärztevereinigungen der ganzen westlichen Welt geworden. Heute beginnt man diese Wissenschaft ernst zu nehmen. Niemand weiß ganz genau über die Wirkungsweise Bescheid, aber dennoch ist sie anerkannt. Das gleiche gilt für die Hypnose, die als eine Art Hokuspokus von jedem ernsthaften Wissenschaftler abgetan wurde. Dennoch findet die Hypnose heute ihre Anwendung und ist als eine medizinisch-therapeutische Technik anerkannt. Wenn wir an alte Zivilisationen denken, wie zum Beispiel die ägyptische oder babylonische, so stellen wir uns die Menschen ziemlich beschränkt vor und fühlen uns aufgrund unseres Wissens, unserer Technik und des heutigen Fortschritts über sie erhaben. Was wir dabei leicht vergessen, ist die Tatsache, daß die Wissenschaft sich in fünftausend Jahren sehr viel weiter entwickelt haben wird und daß die Menschen dieser Zeit von uns mit der gleichen Herablassung sprechen werden wie wir jetzt über die Ägypter. Vielleicht werden sie sagen: »Das waren ja ganz ordentliche Leute, aber besonders schlau waren sie nicht, die wußten ja noch nicht einmal, was ein UFO ist!«

– Die Astronauten der NASA haben bei ihren ersten Raumflügen mit Mercury- oder Geminikapseln erstaunliche Beobachtungen gemacht. Seit mehreren Jahren scheint es jedoch, daß ihnen die NASA nicht mehr erlaubt, von allen ihren Eindrücken uneingeschränkt zu berichten. Haben Sie von den Astronauten irgendwelche Informationen erhalten?

– Ich könnte sogar beweisen, daß man ihnen verboten hat zu sprechen. Ich habe mich mit einigen Astronauten unterhalten, zum Beispiel mit McDivitt, und es steht inzwischen mit Sicherheit fest, daß Collins und Aldrin (Apollo XI) auf ihrer Reise zum Mond ein eigenartiges Objekt gesichtet haben, das ihnen in der Nähe des Mondes vorausflog. Die ganze UFO-Diskussion ist aber so kontrovers, ein so »heißes Eisen«, daß man eigentlich gut verstehen kann, daß die NASA nicht mit hineingezogen werden will. Die NASA ist bezüglich ihres Budgets vom Kongreß abhängig, und wenn erst einmal das Gerücht auftauchen würde, daß sie sich nicht um ihre eigenen Angelegenheiten kümmert, sondern sich für fliegende Untertassen interessiert, könnte ihre Finanzierung in Frage gestellt werden. Wenn ich Direktor der NASA wäre, würde ich mich genauso verhalten.

– Herr Dr. Hynek, Sie haben letztes Jahr eine Weltreise gemacht, auf der Sie Informationen und Zeugenberichte gesammelt haben. Bestehen Unterschiede zwischen dem, was Sie in den Vereinigten Staaten erfahren, und dem, was in besonders entlegenen Teilen der Erde an Beobachtungen berichtet wird – sagen wir beispielsweise auf den Inseln des Pazifischen Ozeans?

– Ich wollte mir auf dieser Reise darüber klarwerden, ob die Erscheinungen, die sich in Australien ereignet hatten, anders waren als die, von denen mir hier berichtet wurde. Und ich habe festgestellt, daß keinerlei Unterschied besteht. Hier wie dort werden dieselben Merkmale erwähnt, und ein Hauptgrund für meine Reise war, die alte anglikanische Mission von Bonai in Neuguinea zu besuchen. Dort hat im Jahre 1959 Pater Guil zusammen mit dreißig anderen Zeugen die bedeutendste Beobachtung gemacht, wie sich eine Maschine der Erde

näherte, auf der Gestalten erkennbar waren wie auf der Kommandobrücke eines Schiffes. Der Priester machte ihnen Zeichen, und sie gestikulierten zurück. Das gleiche wiederholte sich noch einmal. Sie landeten jedoch nicht, sondern gewannen wieder an Höhe und verschwanden in den Wolken. Ich bin nach Bonai gereist, um selbst den Ort zu sehen, an dem sich dieses Ereignis abgespielt hat. Ich habe Fotos gemacht, Karten gezeichnet und sechs der Zeugen ausfindig gemacht, Eingeborene, die sich noch heute an dieses Ereignis erinnern. Der Priester selbst ist nicht mehr dort, aber da ich erfuhr, daß er inzwischen in Melbourne wohnt, bin ich auch dorthin geflogen und habe ein sehr langes Gespräch mit ihm geführt. Er ist ein äußerst gebildeter Mann und ganz gewiß jemand, der sich nicht dazu herablassen würde, eine Lügengeschichte zu konstruieren, und so bleibt auch dieser Fall, ebenso wie der von Socorro in Neumexiko und der von Valensole, von einem Geheimnis umgeben.
– Herr Dr. Hynek, ich möchte Ihnen zum Abschluß eine Frage stellen, von der ich glaube, daß sie alle, die Ihnen zugehört haben, brennend interessiert: Wie kann man sich an Sie wenden, wenn man eine Auskunft möchte und vor allem, wenn jemand Informationen an Sie weiterleiten und mit Ihrem Institut zur Erforschung unbekannter Flugobjekte zusammenarbeiten will?
– Sie können mich direkt erreichen über die North Western University, Astronomisches Institut, Evanston, Illinois, oder aber unter der Adresse des Instituts für UFO-Studien, P.O. Box 11, Northfield, Illinois 60093.

Ein parallel existierendes Universum?

David Saunders ist Professor für Psychologie an der Universität Colorado in Boulder, in der Nähe von Denver. Diese Universität hatte von der amerikanischen Regierung einen Auftrag zur Erforschung der UFOs und zur Erstellung eines detaillierten Berichts erhalten. Der mit der Schlußredaktion betraute Professor Condon war zu dem Ergebnis gekommen, daß es keine UFOs gebe. David Saunders hatte jedoch heftig Einspruch erhoben. Sein Protest hatte mindestens ebenso starke Reaktionen in der Öffentlichkeit ausgelöst wie die Ergebnisse des Forschungskomitees selbst. Aus diesem Grunde hat Michel Anfrol ein Gespräch mit ihm geführt.
– Herr Professor Saunders, was hat Sie veranlaßt, sich den Thesen Ihres Kollegen Condon entgegenzustellen?

– Ich glaube, dafür gibt es viele Gründe. Nach einer gewissen Zeit erschien es mir offensichtlich, daß das »Condon-Projekt« nicht den gesammelten Dokumenten und den Beweisen, die sich anhäuften, gerecht wurde. Ich war nicht der einzige, der erkannte, daß es gar nicht um das Ergebnis unserer Forschungsarbeit ging, sondern daß von vornherein feststand, in welchem Sinne das Untersuchungsergebnis veröffentlicht werden sollte.
– Wie erklären Sie sich die Ergebnisse, zu denen Professor Condon in Abweichung von den Schlüssen der meisten Wissenschaftler und Forschungsmitarbeiter gelangte?
– Professor Condon hatte in erster Linie einen politischen Auftrag. Er war Wissenschaftspolitiker, wenn man so sagen kann, denn er hatte ja ganz unzweifelhafte wissenschaftliche Erfolge zu verbuchen. Aber seine Rolle in diesem Forschungsauftrag war meiner Meinung nach die eines Mannes, der ein politisches Ziel verfolgte, und das Verhalten, das er im Verlauf unserer Arbeit an den Tag gelegt hat, ist unter diesem Aspekt leicht verständlich.
– Wie haben Sie sich seitdem verhalten?
– Ich habe zunächst im Rahmen dieses Forschungsauftrages begonnen, alle statistischen Angaben zu sammeln, und zwar in der Absicht, eine Computeranalyse zu erstellen. Ich habe diese Informationen weiter gespeichert, so daß ich mittlerweile über 60000 UFO-Berichte verschiedenster Art verfüge. In letzter Zeit schließlich habe ich angefangen, aus diesen Grundgegebenheiten einige allgemeine Schlüsse zu ziehen.
– Ordnen Sie all das in verschiedene Kategorien von Beobachtungen und Zeugenaussagen ein?
– Ja, die besondere Systematisierung, die ich gebrauche, umfaßt neun Kategorien. Sie beginnen beim Typ 1, das heißt bei der Anzeige, daß etwas gesehen wurde, was sich nicht bewegte, bis zum Typ 9, zu dem die Berichte gehören, wo der Zeuge einen Vorgang beschreibt, der greifbare Spuren hinterlassen hat – eine körperliche Verletzung oder sonst irgend etwas, das nicht zugleich mit dem UFO wieder verschwindet. Etwa 80 oder 90 Prozent aller Fälle sind schon so etwas wie Routineangelegenheiten, wenn man im Zusammenhang mit UFOs überhaupt von Routine reden kann. Die interessanten Fälle machen etwa 10 Prozent aus. Aber das sind doch mehrere tausend Fälle. So ist zum Beispiel sicher jeder Fall, der im »Blue Book«-Projekt als unerklärbar bezeichnet wurde, ein guter Fall, für den ganz offensichtlich lächerliche Erklärungen abgegeben wurden, die einzig und allein dazu dienten, die allgemeine Unsicherheit zu verstärken. Ein Fall, der von

ernst zu nehmenden, qualifizierten und glaubwürdigen Zeugen klar dargestellt wird und schwer erklärbare Elemente enthält, ist mit Gewißheit sehr interessant. Und das gilt besonders für die Fälle, in denen ein Zeuge erklärt, daß sich ihm ein UFO bis auf kurze Entfernung genähert habe und er das Gefühl hatte, daß irgendeine Art von Verständigung oder Austausch zwischen ihm und dem UFO stattgefunden habe.

– Was haben denn die anderen Mitglieder des Condon-Komitees getan? Haben sie sich neutral verhalten oder Stellung für Condon oder für Sie bezogen?

– Dieses Condon-Komitee bestand aus einer Gruppe von Individualisten; es fanden sich nie zwei Leute, die zu allen Fragen den gleichen Standpunkt hatten. Ich persönlich glaube, wenn am Ende des Condon-Projekts eine Abstimmung stattgefunden hätte, wäre die Mehrheit der Meinung gewesen, daß es mit dem Problem tatsächlich etwas auf sich habe und daß dieses Gebiet durchaus eine genauere Untersuchung verdiene. Ich hätte es gern gesehen, wenn zumindest eine entsprechende Stellungnahme veröffentlicht worden wäre.

– Ihr Fachbereich hier an der Universität Colorado ist die Psychologie. Wie können Sie denn Ihre psychologischen Kenntnisse in einer Untersuchung über nichtidentifizierte Flugobjekte einbringen?

– Nun, die Psychologie kann mehrere Aufgaben erfüllen. Sie kann sich zum Beispiel mit der Wahrnehmungspsychologie befassen, von der häufig die Rede ist. Auch die Hypnose bietet einige psychologische Aspekte, die zu sehr ergiebigen Untersuchungstechniken führen können. Die Psychologie bietet auch die Möglichkeit, die Personen, die durch ihre UFO-Berichte nur Aufmerksamkeit auf sich lenken wollten, von solchen zu unterscheiden, die tatsächlich die Wahrheit sagen. Ganz gewiß gibt es unter denen, die in den Bereich meiner Forschungen gehören, auch Geistesgestörte, aber ich glaube, daß ich dank meiner psychologischen Kenntnisse und Erfahrung sehr wohl in der Lage bin, eine Unterscheidung zu machen.

– Sind Sie durch Ihre Forschungen zu gewissen Schlüssen bezüglich der Herkunft der UFOs gekommen?

– Von »Schlüssen« kann man nicht sprechen. Es scheint, daß es mehrere Möglichkeiten gibt. Am verbreitetsten ist die sogenannte außerirdische Hypothese, die besagt, daß es fremden Wesen gelungen ist, von einem anderen Planeten zu uns zu gelangen, indem sie die uns bekannten physikalischen Gesetze weiterentwickelt haben. Diese Hypothese kann man meiner Meinung nach nicht ausschließen. Eine andere Theorie, die viel für sich hat, spricht von Leuten, die zu uns gekommen sind, indem sie eine sehr kurze Entfernung durchmessen haben und sich in einer Dimension bewegten, die wir nicht kennen. Ich weiß nicht, wie ich sie benennen sollte, denn wir wissen nicht, was sich dahinter verbirgt, aber sagen wir einmal, daß es sich um ein parallel existierendes Universum oder um eine Art psychischer Dimension handeln könnte.

– Diese Idee scheint immer mehr Anhänger zu finden.

– Man widmet ihr relativ große Aufmerksamkeit in den Veröffentlichungen der verschiedenen UFO-Studiengruppen. Mit Sicherheit wird sie gefördert von der Zeitschrift *Flying Saucer*, die ich für die beste auf ihrem Gebiet halte. Es gibt gewiß Forscher, die bei der Beschäftigung mit der Frage in erster Linie diese Hypothese vor Augen haben, und auch ich möchte sie nicht von der Hand weisen.

– Haben Sie mit vielen Leuten gesprochen, die eine UFO-Erscheinung gesehen haben?

– Ich habe nicht viele persönlich sprechen können. Es erscheint mir auch für meine Arbeit besser, eine gewisse Distanz zu den Zeugen zu wahren. Ich glaube, daß ich damit einen besseren Gesamtüberblick behalte. Ich bin mehrmals eingeladen worden, mich an Nachforschungen zu beteiligen, und habe eigentlich immer dazu geneigt, abzulehnen. Gewiß – wenn ich eines Tages selbst einem UFO gegenüberstehen würde, so würde es bestimmt einen anderen Menschen aus mir machen.

– Die große Mehrzahl der Wissenschaftler, die sich mit dem UFO-Problem beschäftigen, haben selbst noch nie ein fliegendes Objekt am Himmel gesehen. Aber kann man bei den Leuten, die eine fliegende Untertasse gesehen haben, tatsächlich eine Verhaltensveränderung feststellen?

– Wir haben in der Tat zahlreiche Berichte, aus denen hervorgeht, daß sich die Verhaltensweise, die Ansichten, die Lebensauffassung und sogar die Fähigkeit, ganz alltäglichen Geschäften nachzugehen, in gewisser Weise verändern. Von solchen Berichten gibt es Dutzende. Ich halte mich lieber etwas in der Entfernung, um einen größeren Überblick zu haben, und lasse mich nicht in eine Lage bringen, die mich zwingt, einen bestimmten Fall zu beurteilen.

– Wie viele Zeugenaussagen haben Sie in Ihrem Computer?

– Ich verfüge über 60000 Zeugenaussagen in meinen Unterlagen, von denen sich 40000 auf verschiedenartige Ereignisse beziehen, und 4000 äußerst interessante Fälle darstellen, die sich auf dem Erdboden selbst oder in nur sehr geringer Höhe abgespielt haben. 4000 ist eine gute Zahl für eine Statistik, aber wenn man anfängt, in die Einzelheiten zu gehen und diese 4000 Berichte einzuordnen, je nachdem, ob elektromagnetische oder physiologische Wirkungen festgestellt wurden, ob Erinnerungsverlust des Zeugen auftrat und so weiter, so stellt man schließlich fest, daß man doch nur sehr wenige Fälle hat, die in jede Kategorie passen, und das bringt die Statistiker in eine schwierige Lage, weil sie schließlich mit einer ganz geringen Materialmenge auskommen müssen. Ich habe die Zeugenaussagen nach den Wochentagen geordnet, an denen die Beobachtung gemacht wurde. Ich tat das eigentlich nur zum Spaß und erwartete nicht, auf irgendeine Erkenntnis zu stoßen. Ich war also eher überrascht, als ich entdeckte, daß nicht jeder Wochentag die gleiche Menge von Beobachtungen erbrachte und daß nicht die Wochenenden die meisten Berichte einbrachten, sondern die Werktage. Mit andern Worten: Es ließ sich damit die Vorstellung widerlegen, daß es sich bei den Zeugen eben doch häufig um Leute handelte, die trinken oder aus einer Laune heraus sich einen Witz erlauben.

Ich habe die Berichte auch nach Distrikten eingeordnet, um zu sehen, in welchen Regionen sich die größte Anzahl von Berichten nachweisen ließ. Natürlich spielt in diesem Bereich die Bevölkerungsstruktur auch eine Rolle. Und da stellte sich erstaunlicherweise heraus, daß es in jeder Gegend eigentlich die Leute mit der breitesten Schulbildung sind, von denen die meisten Berichte kommen. Das ist eigentlich leicht zu verstehen, wenn man sich vor Augen führt, daß man ja doch über gewisse Kenntnisse verfügen muß, um zu erkennen, daß es sich bei dem Ding, das sich da am Himmel bewegt, nicht etwa um ein Flugzeug oder einen Hubschrauber handelt. Es ist ja auch wichtig, unter welchen Bedingungen eine Beobachtung gemacht wird, und vor allem, daß es einen Ort gibt, wo man eine Aussage machen kann.

– Erhalten Sie auch direkte Berichte, die noch nicht in Zeitungen veröffentlicht worden sind?

– Das ist äußerst selten. Ich bin auch nicht so an die Öffentlichkeit getreten, daß ich die Leute dazu ermuntert hätte. Und außerdem leistet ja Doktor Hynek mit seinem Institut eine so außerordentlich gute Öffentlichkeitsarbeit.

– Können Sie aus der großen Anzahl der Ihnen vorliegenden Fälle Orientierungslinien ableiten, die es Ihnen erlauben, die Genauigkeit und den Wahrheitsgehalt einer neu eingehenden Information zu überprüfen?

– Den Wahrheitsgehalt kann ich nicht überprüfen. Ich kann aber einen Vergleich mit den Aussagen anstellen, die ich schon kenne, beispielsweise mit dem, was sich im gleichen Zeitabschnitt oder in der gleichen Gegend abspielte, oder kann überprüfen, ob von dem gleichen Zeugen bereits andere Berichte vorliegen und wenn ja, ob der Inhalt des neuen Berichts Ähnlichkeiten mit dem des früheren aufweist. Aber ich glaube nicht, daß wir heute schon weit genug sind, um zu beurteilen, ob ein Bericht der Wahrheit entspricht.

– Gibt es Gegenden, aus denen schon mehrfach interessante Beobachtungen gemeldet wurden, oder zeigt sich die Erscheinung jedesmal an einem anderen Ort?

– Ich glaube, es gibt einige Orte, oder sagen wir besser, einige Gegenden, die sich geographisch eingrenzen lassen. In der Tat gibt es Gegenden, aus denen in bestimmten Zeiten interessante Dinge gemeldet werden. Ich versuche zu erforschen, bei welchen Orten dies der Fall ist und warum. Es wird dann interessant, Folgerungen aus den Ausgangshypothesen zu ziehen. So wäre beispielsweise die These, daß sich in der näheren Umgebung von Atomkraftwerken eine höhere Anzahl von Berichten ergaben, eine interessante Hypothese. Aber es gibt keine genügende Anzahl derartiger Orte, um die Forschungen, die ich betreibe, ausreichend abzusichern. Ich wünschte, ich könnte sagen, welches die interessantesten oder die unerwartetsten oder die außergewöhnlichsten Orte sind, und dies begründen.

– Herr Professor Saunders, welche Vorstellungen haben Sie von dem Weg, den Sie einschlagen müssen, um die Ihnen noch fehlenden Informationen zu erlangen?

– Was für meine Arbeit am wichtigsten wäre, ist die Schaffung einer neuen Informationsquelle. Vielleicht werden Herr Doktor Hynek und das Institut für UFO-Studien uns etwas Derartiges bieten können. Ich wünsche mir eine Möglichkeit, mehr über diese Ereignisse zu hören und zu erforschen, und zwar insbesondere über die, die nicht in den Zeitungen erwähnt werden. Ich möchte hierfür einen Weg finden, indem ich die öffentliche Meinung erforsche, ähnlich wie es bei Meinungsumfragen geschieht, und dabei Zeugen ausfindig mache, die noch niemals von ihren UFO-Erlebnissen berichtet haben. Ich weiß nicht, ob uns dies neue Erkenntnisse bringen würde, aber es wäre trotzdem sehr wichtig, einen entsprechenden Versuch zu machen.

SOBEPS und die UFOs

SOBEPS ist die belgische Gesellschaft zur Erforschung von Raumerscheinungen (Société Belge d'Etudes des Phénomènes Spatiaux).

SOBEPS untersucht wissenschaftlich das Phänomen der UFOs und veröffentlicht Informationen in *Inforespace*.
Euloge Boissonnade ist nach Brüssel gefahren, um die Wissenschaftler der SOBEPS zu interviewen. Aber wie Sie bereits wissen, sind die entsprechenden Tonbänder entwendet worden. Lucien Clerebaut, der Generalsekretär der SOBEPS, hat uns daraufhin freundlicherweise die Wiedergabe eines Artikels gestattet, der in Nr. 7 der ausgezeichneten Zeitschrift *Inforespace* erschienen ist. Dieser Artikel gibt einen Überblick über den augenblicklichen Stand der ufologischen Forschungen der SOBEPS. Er stammt von Lucien Clerebaut, Professor am Institut für Atomphysik an der Universität Lovanium in Kinshasa, und André Boudin, der ebenfalls Fachmann für Nukleargeologie ist.

I. Wir stehen vor einem Problem
Es gibt noch immer viele Leute, die noch nie etwas von »fliegenden Untertassen« gehört haben. Und diejenigen, die sich wirklich ernsthaft mit dem Problem befaßt haben, sind eine verschwindend kleine Zahl. In jeder menschlichen Gruppe kann man schematisch drei Grundhaltungen gegenüber diesem »haarigen« Thema unterscheiden:
1. Zunächst diejenigen, die die Existenz des Phänomens anerkennen. Aber auch unter ihnen müssen wieder wesentliche Unterschiede gesehen werden, denn es gibt verschiedene Weisen, diese Gegebenheit anzuerkennen:
1a. Es gibt die glaubwürdigen Zeugen und aufrichtigen Forscher, die entweder vereinzelt oder in einer Vereinigung wie der SOBEPS und zahlreichen Schwesterorganisationen im Ausland organisiert sind und nach gründlicher Untersuchung der Tatsachen die Existenz eines eigenständigen Phänomens anerkennen, das es wert ist, gründlich erforscht zu werden. Dabei ist noch nichts über seine genaue Beschaffenheit gesagt, und man ist also auch noch weit davon entfernt, etwa an »fliegende Untertassen« zu glauben. Dieser Personenkreis will nicht in steriler Opposition zur offiziellen Wissenschaft stehen, sondern diese dazu bringen, sich genauer mit dem Problem zu beschäftigen.
1b. Es gibt auch diejenigen, die mit aller Aufrichtigkeit an die fliegenden Untertassen glauben, und zwar in einem fast religiösen Sinn, und die gar nicht den wissenschaftlichen Beweis zur Untermauerung ihrer Überzeugung brauchen. Sie sind in Klubs von sehr unterschiedlichem Niveau zusammengeschlossen, die durch einen gewissen Mystizismus sowie durch eine mehr oder weniger ausgeprägte Tendenz zum

Okkultismus und zum Phantastischen gekennzeichnet sind. Ihnen liegt eher an philosophischen oder moralischen Betrachtungen als an einer wirklichen Erforschung des UFO-Phänomens. Das kann bis zum Kult der »Kosmischen Brüder« gehen, und deshalb werden einzelne dieser Gruppen auch als »Kultisten« bezeichnet.

1c. Schließlich gibt es bedauerlicherweise auch die Betrüger – sofern es sich nicht überhaupt um Geisteskranke handelt –, die der Öffentlichkeit wild zusammengelogene Geschichten weismachen wollen und die phantastische Science-fiction-Romane erzählen können, als hätten sie sie selbst erlebt. In der Literatur hätten sie damit sicher Erfolg gehabt.

Sie lassen einer Reise auf die Venus ohne Skrupel einen herzlichen Händedruck mit den Bewohnern des Jupiter folgen . . .

2. In der zweiten Gruppierung, die der eben beschriebenen ersten Kategorie grundsätzlich entgegensteht, finden sich zahlreiche Wissenschaftler, und zwar auch solche mit großem Ansehen. Sie lehnen das Problem als solches ab und halten schon allein die Beschäftigung damit für unwissenschaftlich. Dennoch muß man sagen, daß es kein Problem gibt, das in sich von vornherein unwissenschaftlich ist: Es kommt nur auf die Art an, in der es untersucht wird. Wenn man ein Problem ernsthaft angeht, so hat dies nichts Unseriöses an sich, wie es aus gegebenem Anlaß auch die Redaktion von *Sciences et Avenir* in Erinnerung gerufen hat.

3. Zwischen beiden extremen Gruppierungen befindet sich nun eine dritte. Ihr gehören viele Wissenschaftler und Forscher an, die diesem Problem kein größeres Interesse entgegenbringen als jedem beliebigen andern auch, das außerhalb ihres speziellen Arbeitsbereiches liegt. Diese Leute verlassen sich auf die öffentlichen Verlautbarungen zu dieser Frage. Nun sind diese aber unseres Wissens ausnahmslos negativ ausgefallen. Ein großer Teil der Wissenschaftler hat sich diese offizielle Einstellung zu eigen gemacht, und zwar eher als eine Reaktion auf die Übertreibungen gewisser Vertreter der Kategorien 1b und 1c, denn als Folge kritischer eigener Forschung. Das ist sehr schade, denn nur die unparteiische Untersuchung eines Problems kann es erlauben, sich ein echtes Urteil zu bilden, und nicht die psychologische Reaktion oder eine vorgefaßte Meinung.

Bis heute hat man zu sehr versucht, die Gegebenheiten im Sinne einer vorher festgelegten offiziellen Wahrheit zu interpretieren. Jetzt wäre es an der Zeit, das Verfahren umzukehren und sich darüber klarzuwerden, daß das Phänomen »fliegende Untertasse« ständig vorhanden ist, auch wenn die große Presse nur ab und zu einmal etwas darüber verlauten läßt, und daß es ohne Ausnahme in allen Teilen der Welt auftritt, auch in den sozialistischen Ländern, aus denen uns auch immer wieder Berichte erreichen.

Obwohl das Grundproblem darin besteht, zu erforschen, was die UFOs eigentlich sind, liegt augenblicklich die Hauptschwierigkeit darin, Material für eine gründliche wissenschaftliche Untersuchung zu finden. Leider mangelt es der Welt der Wissenschaft an Experimentalvoraussetzungen, weil sie das Problem nicht ernst nimmt – und sie nimmt es nicht ernst, weil ihr die Bedingungen für das Experiment fehlen, wie Doktor James McDonald sehr treffend feststellte.

Das Ergebnis dieses Teufelskreises ist, daß glaubwürdige Beobachter, die die nötigen Bedingungen liefern könnten, schweigen, weil sie fürchten, sich der Lächerlichkeit preiszugeben. Der einzige Ausweg bestünde darin, daß einige Wissenschaftler sich offen zu dem Problem bekennen würden, auch mit dem Risiko, das Mißtrauen ihrer Kollegen auf sich zu ziehen.

II. Die Tatsachen

Die Ausgangsfakten, über die wir verfügen, sind Zeugenberichte, die uns durch die Presse oder durch offizielle Quellen zugingen, sowie von Privatorganisationen durchgeführte Untersuchungsberichte.

Jeder derartige Bericht enthält drei Informationsgrößen: den Ort, die Zeit, die Beschreibung der Erscheinung.

Information 1 ist objektiv. Wir können auch untersuchen, ob die topographische Verteilung der Erscheinungen einem bestimmten Gesetz unterworfen ist und welche Methoden angewandt werden können, um sie zu überprüfen.

Der dritte Typus der Information ist äußerst komplex, denn er ist das Ergebnis einer engen Durchdringung der Physik und der Verhaltenswissenschaften. Schon diese Definition genügt, um beim reinen Wissenschaftler Mißtrauen hervorzurufen. Man kann bei diesem Typus zwei Elemente unterscheiden – das erste beschreibt die Bedingungen, unter denen eine Beobachtung durchgeführt wurde (Anzahl der Zeugen, meteorologische Bedingungen, verfügbare Apparate . . .), das zweite beschreibt die Merkmale der Beobachtung, das heißt alle physischen Merkmale, die in der Beschreibung des Zeugen enthalten sind, oder die hinterlassenen Spuren (Geschwindigkeit, Form, Farbe, Ausmaße, Spuren am Boden . . .).

Auf jeden Fall ist es höchste Zeit, ein für alle Male einige Behauptungen zu widerlegen, die ständig bezüglich der UFOs aufgestellt werden.

So heißt es beispielsweise

1. – Beobachtungen würden nur von Personen stammen, die schon von vornherein an UFOs glaubten und sich schon Kenntnisse über das Phänomen angelesen hätten: Das ist nicht wahr! In den meisten Fällen ist es vielmehr so, daß die Zeugen mit der Frage überhaupt nicht vertraut sind und keinerlei vorgefaßte Ideen haben.

2. – Die meisten Zeugenberichte stammten von Personen, deren psychisches Gleichgewicht nicht gewährleistet sei oder die gerade eine schwierige Lebensphase zu durchschreiten hätten: Auch das kommt natürlich vor, aber die überwiegende Zahl der Zeugenaussagen stammt doch von glaubwürdigen Personen in gesicherter gesellschaftlicher Stellung. Diese Beobachter sind es, deren Berichte die besten sind und die folglich den stärksten Einfluß auf die Erforschung des Phänomens haben.

3. – Die Beobachtungen wurden niemals von Wissenschaftlern gemacht. Auch das ist eindeutig falsch! Es ist vielmehr so, daß einige der präzisesten Berichte von Wissenschaftlern stammen. Man muß allerdings einräumen, daß sie im allgemeinen davor zurückschrecken, einen Bericht zu veröffentlichen, und daß sie lieber anonym bleiben. So läßt sich die Behauptung erklären, daß keiner der zahlreichen Berichte von ihnen stamme. Eine Meinungsumfrage, die in den Vereinigten Staaten unter zahlreichen Astronomen durchgeführt wurde, ergab, daß etwa 12 Prozent von ihnen mindestens einmal ein unbekanntes Flugobjekt gesehen haben. Der berühmteste dieser Astronomen ist Clyde Tombaugh, der Entdecker des Pluto. Man kann ja wohl kaum annehmen, daß all diese Leute eine Schweinsblase für eine Laterne halten würden und Ballonsonden oder Hubschrauber für UFOs.

4. – Die Berichte seien immer vage und gäben nur sehr wenige praktische und genaue Beschreibungen. Auch das ist falsch. Vielmehr gibt es mehrere tausend sehr genau beschriebene Fälle.

5. – Die amerikanische Luftwaffe verfüge über keine Beweise darüber, daß die UFOs außerirdischen Ursprungs oder das Ergebnis einer überlegenen Technik seien. Das trifft zu, aber sie verfügt auch über keine Beweise, die diese Hypothesen entkräften würden. Solange diese Flugobjekte unbekannt sind, bleibt die Frage unentschieden.

6. – Das Aufsehen, das die Sache in der Öffentlichkeit erregt, habe eine Mehrung von Berichten zur Folge. Auch das ist richtig. Die große Zahl der veröffentlichten Fälle spornt Amateurbeobachter und Betrüger an, UFOs zu sehen, wo gar keine sind. Aber glücklicherweise erhalten wir auch Berichte von ernsthaften Zeugen.

7. – Noch nie sei ein UFO von den Spezialkameras erfaßt worden, die Meteoriten und Satelliten verfolgen: Das ist vielleicht wahr, aber einerseits gab es diese Kameras in den Jahren der großen UFO-Wellen von 1947 und 1952 noch nicht, zum andern zeichnen diese Instrumente häufig Funken und unerklärliche Spuren auf. Es ist übrigens eine bekannte Tatsache, daß das Smithsonian Astrophysical Observatory im Jahre 1963 mit Hilfe von Spezialkameras Aufnahmen gemacht hat, auf denen sich Flugspuren abzeichneten, die durch die uns bekannten Satelliten nicht erklärt werden konnten.

Nach diesen Klarstellungen halten wir es für nützlich, die Beobachtungsklassifikation von Allen Hynek zu übernehmen, der achtzehn Monate lang wissenschaftlicher Berater der »Blue Book«-Kommission gewesen war und somit Zugang zu allen geheimen Unterlagen hatte. All denjenigen, die sich dafür interessieren, empfehlen wir lebhaft die Lektüre seines letzten Werkes (J. Allen Hynek, *The UFO experience,* © Henry Regnery, Chicago, 1972).
Kategorie 1: Beobachtungen aus der Entfernung
1.1 Lichter in der Nacht
1.2 am Tage sichtbare Scheiben
1.3 Radar und visuelle Wahrnehmung
Kategorie 2: Beobachtungen aus der Nähe (Entfernung geringer als 150 Meter)
2.1 ohne Kontakt mit der Umgebung (Zeugen und Natur)
2.2 mit Kontakt
2.3 mit Beschreibung der Insassen (Ufonauten)
Überdies empfiehlt Hynek, noch zwei Indizien zu beachten:
1. Das Fremdartigkeitsindiz, das einen Anhaltspunkt für die Anzahl der Informationselemente bietet, die in der Beobachtung enthalten sind (1–10).
2. Das Wahrscheinlichkeitsindiz bezieht die Glaubwürdigkeit des Beobachters mit ein und ist deshalb sehr schwer zu beurteilen. Hynek macht den Versuch, ihn näher zu bestimmen, indem er die Anzahl der Zeugen und ihren jeweiligen Ausbildungsstand in Betracht zieht.

III. Die Überprüfung der verschiedenen Kategorien
1.1 Lichter in der Nacht
Wir schließen aus dieser Kategorie alle Himmelserscheinungen aus, die ein ungeschulter Beobachter für ungewöhnlich erachten könnte, für die es aber eine in Wirklichkeit ganz einfache Erklärung gibt (damit stellen wir uns in Gegensatz zur Condon-Kommission, die von

vornherein jede Beobachtung mit einbezieht, die dem Zeugen ungewöhnlich erscheint).
Prototyp: Das typische nächtliche Leuchten von heller Färbung, üblicherweise nicht punktförmig, mit unscharfen Umrissen, veränderlicher Farbtönung, aber am häufigsten gelborange, wenngleich in den Zeugenberichten alle Farben des Spektrums genannt werden. Das Leuchten verfolgt eine andere Bahn, als es ein Ballon oder ein Flugzeug tun würde, und vermittelt häufig den Eindruck intelligenten Verhaltens. Es bietet keinerlei direkten Anhaltspunkt dafür, daß es mit einem Festkörper in Verbindung steht, was aber sehr wohl möglich erscheint.
Diese Kategorie bietet die größte Gefahr von Irrtümern und Fehlanzeigen, insbesondere von seiten unerfahrener Beobachter, und wir wollen uns also nicht länger an diesem Punkt aufhalten.

1.2 Am Tage sichtbare Scheiben
Hynek hat diese Bezeichnung gewählt, weil die überwiegende Mehrheit der am Tage beobachteten Objekte die Gestalt einer Scheibe annehmen. Von diesen Erscheinungen liegen weniger Berichte vor. Die am Tage gesichtete Scheibe scheint den Konturen der überflogenen Erdoberfläche zu folgen (wellenartige Bewegung) und bleibt häufig über größeren Wasserflächen stehen. Die Fälle dieser Kategorie, die von der »Blue Book«-Kommission untersucht wurden, sind entweder ohne Schlußbemerkung oder mit dem Vermerk »nicht identifiziert« zu den Akten gelegt worden.
Prototyp:
Das runde oder oval geformte Objekt hat ein metallisches Aussehen und scheint normalerweise zu leuchten oder zu glänzen. Es führt Bewegungen durch, die so wirken, als sei ihnen eine »Überlegung« vorausgegangen, sie können ihre Fahrt beschleunigen oder verlangsamen. In der Mehrzahl der Fälle war kein Laut zu vernehmen. Man kann über die »Blue Book«-Methoden nur staunen, denn man hat sich dort offenbar nie bemüht, aus den subjektiven Informationen der Zeugen objektive Tatsachen herauszudestillieren (zum Beispiel die Angabe »stark leuchtend« in Lumen gerechnet; »das Objekt verfolgte eine wellenförmige Bahn« in Frequenzen übertragen).

1.3 Radar und visuelle Wahrnehmung
Nach Hyneks Auffassung fangen die Radarstationen des NORAD-Netzes immer wieder unbestimmbare Echos auf. Da diese jedoch keiner der ballistischen Bahnen entsprechen, die zu überwachen sind,

werden sie nicht weiter überprüft. Dabei wäre es so einfach, die Programme der Computer, die diese Radargeräte steuern, so zu ergänzen, daß diese unbestimmten Echos ausgesondert werden. Hynek machte einen entsprechenden Vorschlag, der jedoch von »Blue Book« kategorisch zurückgewiesen wurde. Deshalb ist es derzeit unmöglich, diese Radarfrequenzen anzugeben. Es ist jedenfalls ganz offensichtlich, daß hier eine sehr kostbare Informationsquelle verschüttet wird, denn man könnte rasch und billig Angaben über Geschwindigkeit, Richtung und Wellenlänge erhalten.
Figur 1 vergleicht die Geschwindigkeit der UFOs, die auf Radarschirmen erfaßt wurden, mit der von Flugzeugen und Raketen.

2.1 Beobachtungen aus geringer Entfernung (Typ 1)
Berichte über Beobachtungen sehr stark leuchtender Lichter aus einer Entfernung von weniger als 150 Meter, ohne physische Auswirkungen.
In diesen Fällen wird die Erklärung von der »Fehldeutung« endgültig unhaltbar aufgrund der Nähe, der Folgerichtigkeit der Berichte, der Anzahl der Zeugen und ihres »Wahrscheinlichkeitsindexes«. Beruf, Ausbildungsstand und geistige Verfassung der Zeugen sind sehr un-

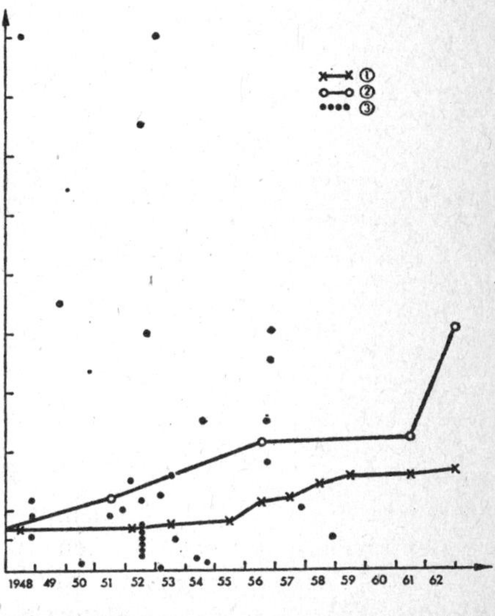

Fig. 1:
Vergleich zwischen der Geschwindigkeit der UFOs und der von Flugzeugen und Raketen, ausgedrückt in Meilen pro Stunde.
1 = Geschwindigkeitsrekord bei Flugzeugen
2 = Geschwindigkeitsrekord bei Raketen
3 = UFO-Geschwindigkeit, nach Radarmessungen
(nach NICAP, *The UFO Evidence*)

terschiedlich. Die Berichte dieser Kategorie können folgendermaßen gekennzeichnet werden: Es ist sehr schwierig, die Reaktion der Zeugen von der Beschreibung des Ereignisses zu trennen. Beides ist eng miteinander verquickt.

Prototyp: starkes Leuchten, relativ geringe Ausdehnung (eher unter hundert Metern). Form im allgemeinen oval, manchmal mit aufgesetzter Kuppel, Fehlen von konventionellen Flügeln, Rädern oder anderen hervorstehenden Instrumenten, Fähigkeit zu schweben und sehr schnell bis auf hohe Geschwindigkeit zu beschleunigen.

Wir wollen an dieser Stelle darauf hinweisen, daß die Objekte dieser Kategorie sich lautlos bewegen, was nur für 60 bis 75 Prozent aller UFOs charakteristisch ist. 10 bis 15 Prozent verursachen ein Summen, weitere 10 bis 15 Prozent pfeifen, und der Rest gibt die verschiedenartigsten Geräusche von sich (siehe *Sciences et Avenir* Nr. 307 und Figur 2).

Auch von dieser Kategorie sind Hunderte, wenn nicht Tausende von Fällen bekannt. Der Informationswert liegt im allgemeinen höher als in den Fällen der Kategorie 1 (Hynekscher Fremdartigkeitsindex), und das ist auch normal, denn die Zeugen befinden sich näher am Geschehen.

Obwohl keine sichtbaren Spuren zurückbleiben, sind doch manchmal Einwirkungen auf die Umwelt zu beobachten. Die elektrischen Störungen sind ein Beispiel hierfür. In der Tat geschieht es häufig, daß

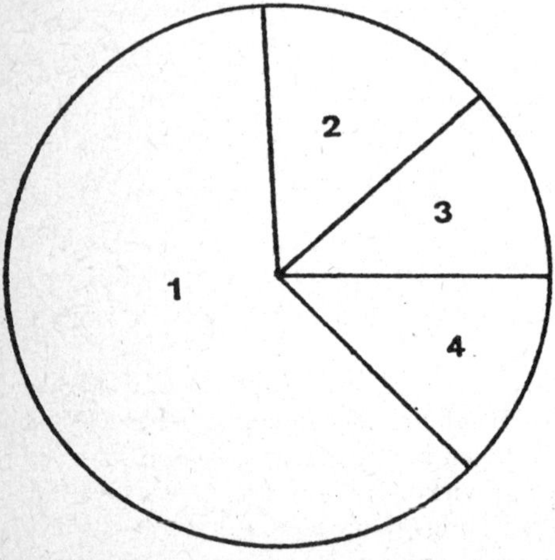

Fig. 2:
Verteilung von 273 rund um die Welt gesichteten Fällen:
1 = lautlose Objekte
2 = Verschiedene Geräusche verursachende Objekte
3 = Pfeiftöne aufweisende Objekte
4 = summende Objekte
(nach Claude Poher)

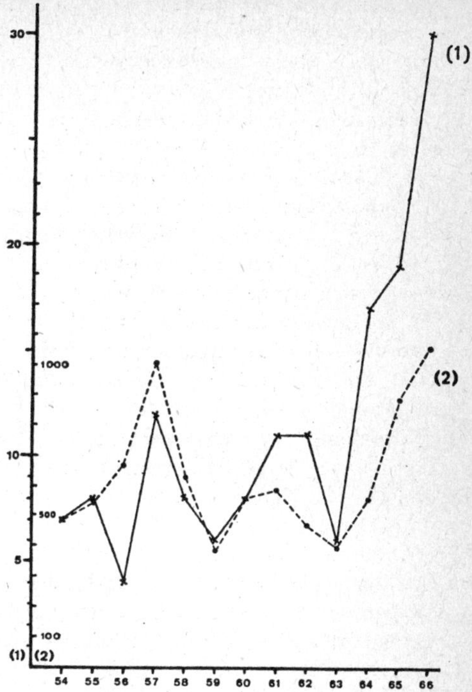

Fig. 3:
Vergleich zwischen der Anzahl von nicht identifizierten Flugobjekten, die von der US-Luftwaffe registriert wurden, und der Zahl der Stromunterbrechungen in den Jahren 1954 bis 1966, nach den Angaben der »Federal Power Commission«.
1 = Zahl der Stromunterbrechungen
2 = Anzahl der gesichteten UFOs (gemäß US Air Force).
(aus Apro-Bulletin, März-April 1970)

im Verlaufe von Beobachtungen Automotoren stehenbleiben und Lichter verlöschen. Es könnte auch sein, daß die UFOs Pannen im allgemeinen Stromversorgungsnetz hervorrufen. Figur 3 illustriert diese Vermutung.

2.2 Beobachtungen aus geringer Entfernung (Typ 2)
Diese Kategorie unterscheidet sich von der vorhergehenden nur durch die Tatsache, daß die Erscheinung hier nachprüfbare Spuren hinterläßt.
Die folgende Aufzählung der verschiedensten Spuren und Auswirkungen kann keinen Anspruch auf Vollständigkeit erheben: Druckstellen am Boden, Verbrennungen an Pflanzen, Erregungszustände bei Tieren, physiologische Auswirkungen auf den Menschen (vorübergehende Lähmung, Erstickungsgefühle, Hitzestau, Schwäche, Verbrennungen), Interferenzen mit dem örtlichen Magnetfeld

(Ablenkung von Kompaßnadeln), Unterbrechungen der elektrischen Stromversorgung. All dies ist konkreter Anlaß genug, alle wissenschaftlichen Forschungsmöglichkeiten einzusetzen.
Prototyp: In diesem Fall gibt Hynek selbst der Beschreibung des Prototyps den Vorzug vor der Definition. Er weist insbesondere eindringlich auf das Vorhandensein der runden Spuren im Boden hin (verbrannte Vegetation), die im allgemeinen Ausmaße von 10 bis 15 Metern haben.
Wir halten diese Kategorie für die bedeutendste, denn wir müssen uns hier nicht nur um die Zeugen kümmern, deren Bericht zunächst immer angezweifelt werden kann, sondern wir haben, wenn man so sagen darf, Beweise in der Hand. In der Tat erlauben die Spuren am Boden häufig eine Aussage darüber, ob sich an der betreffenden Stelle etwas Ungewöhnliches ereignet hat, wenngleich man niemals ein Element gefunden hat, anhand dessen man in der Lage gewesen wäre, die Frage endgültig zu klären.

2.3 Beobachtungen aus geringer Entfernung (Typ 3), Beobachtungen mit Insassen (Ufonauten), häufig auch sichtbare oder erkennbare Spuren.
Diese Kategorie ist am schwierigsten. Der Mensch ist nämlich psychologisch schlecht darauf vorbereitet, die Gegenwart von Ufonauten zu akzeptieren, selbst wenn man die mögliche Existenz unbekannter Maschinen einräumt. Dieses Widerstreben gegenüber der Möglichkeit, daß fremde Wesen zu uns kommen könnten, geht Hand in Hand mit dem Kampf ums Überleben, den wir nach wie vor führen und den wir zu verlieren fürchten.
In dieser Kategorie vermißt man häufig solide wissenschaftliche Grundgegebenheiten und ist gezwungen, sich ganz auf den Zeugen zu verlassen. Dadurch gelangt man in die schwierige Situation, die exakten Wissenschaften und die Verhaltenswissenschaften zu vermengen. Die Schwierigkeit wird nicht geringer, wenn man sich vor Augen führt, daß die Befrager Laien sind und nicht etwa die Ausbildung und Erfahrung eines Untersuchungsrichters haben. Manchmal werden die Untersuchungen jedoch von Leuten durchgeführt, deren Beruf es ist, verborgene Wahrheiten ans Tageslicht zu führen, wie Psychologen oder Psychiater. Ein typischer Fall für diese Kategorie ist der von Betty und Barney Hill in den Vereinigten Staaten, den wir in *Inforespace* Nr. 4, Seite 22–31, dargelegt haben.
Was ist wahr, was ist falsch? Man kann keine Schlußfolgerungen ziehen, denn man darf nicht vergessen, daß Aussagen unter Hypnose

nur subjektiv wahr sind. In manchen Fällen ist das auch die objektive Wahrheit. In der Tat erscheint es einfach, eine Geschichte zu konstruieren, die man in der Hypnose einfach wiederholt. Man braucht eine Person nur zu hypnotisieren und ihr eben diese Geschichte zu erzählen. In der Folge wird sie sie nur in Hypnose wiedererzählen.
Ganz anders kann die Argumentation natürlich aussehen, wenn man zusätzlich zum Bericht eines Zeugen, dessen Geisteszustand normal wirkt, der nie in Konflikt mit dem Gesetz kam, der ein ausgezeichnetes Ansehen genießt oder sogar unter Eid aussagt, auch noch über materielle Spuren verfügt, die die Wahrheit seiner Aussage bestätigen. Wir kennen die Fälle von Valensole, von Socorro, von Quarouble und andere – und das sind nur wenige Beispiele.
Jacques Vallée hat in seiner Zusammenstellung über eintausend Fälle von Beobachtungen aus geringer Entfernung aufgezählt, von denen 750 mit Landung und 300 mit »Ufonauten« sind.
Es ist sogar gelungen, von diesen letzteren ein Phantombild zu erstellen: Im allgemeinen sind sie klein (etwa 1 Meter), haben einen großen Kopf – oft kahl –, haben breite Schultern und unverhältnismäßig lange Arme. Die Augen sind häufig rund oder geschlitzt, die Lippen schmal, anstelle der Nase sind nur zwei Löcher zu sehen. Die Kleidung besteht häufig aus einem Overall oder einem Taucheranzug.
In den UFO-Berichten wird ein Phänomen beschrieben, das es wert ist, systematisch und gründlich untersucht zu werden. Die Anzahl der Zeugenaussagen ist so groß, und einige der Auswirkungen sind derartig unerwartet, daß es sich unmöglich um eine kollektive Lüge handeln kann. Es wäre absurd, die UFOs irgendwelchen hypothetischen Marsmenschen zuzuordnen, denn die Anhaltspunkte, über die wir verfügen, sind nach wie vor höchst ungenügend. Erst müßte man alle Informationen aus sämtlichen Ländern zusammentragen und an einer Stelle einordnen und verarbeiten. Die Ergebnisse könnten durchaus zu denken geben, denn wenn einige hundert Hindus und einige hundert Brasilianer zum Beispiel mit nur geringen Abweichungen die gleiche Erscheinung beschreiben, so kann man ja wohl kaum von Halluzinationen, von Kollektivpsychose oder Pressegerüchten sprechen.
Wir sehen, welche Art von Forschungen betrieben werden könnten und welche nötigen Vorsichtsmaßnahmen ergriffen werden müssen.

Mögliche Deutungen

Hier stoßen wir nun zum Kernpunkt unseres Gegenstandes vor. Sagen wir gleich, daß es zahlreiche mögliche Hypothesen sind, die sich in zwei große Gruppen einteilen lassen:

– Hypothesen mit realistischer Basis
– Hypothesen mit imaginärer Basis

Unter den sogenannten imaginären Hypothesen kann man zwischen denen physikalischen und denen rein geistigen Charakters unterscheiden.

Hypothese 1 umfaßt die imaginären Hypothesen physikalischen Charakters. Mit dieser anscheinend widersprüchlichen Umschreibung bezeichnen wir jene Beobachtungen, die eine physikalische Ursache haben, die der Zeuge jedoch in gutem Glauben übertrieben verändert, so daß er schließlich etwas sieht, was gar nicht existiert. Als Beispiele hierfür nennen wir Luftspiegelungen, optische Täuschungen, die durch einen pathologischen Befund am Auge hervorgerufen sind, Druck auf den Augapfel, der Lichteffekte im Auge zur Folge hat, oder die Spiegelungen von Autoscheinwerfern auf vereisten Hochspannungsleitungen, auf Wasserflächen und dergleichen mehr.

Es braucht nicht gesagt zu werden, daß diese Hypothesen in keiner Weise dazu geeignet sind, die Beobachtungen erfahrener Piloten und Astronomen oder gar irgendwelche Spuren am Boden zu erklären.

Die zweite Hypothese ist ausschließlich imaginären Charakters. Sie umfaßt die sogenannten »Kultisten«, die Heilsverkünder oder die Vertreter okkulter Wahrheiten, und die Geschichtenerzähler, die ganze Romane auf vorgeblichen Kontakten mit außerirdischen Wesen aufbauen. Dieser allzu augenfällige Personenkreis wird häufig von den Wissenschaftlern als repräsentativ für die Gesamtheit jener angesehen, die das UFO-Problem ernst nehmen. Diejenigen, die einen ernsthaften Versuch zur Erforschung der UFOs machen, kann man nicht mit dieser Art von Exzentrikern vergleichen.

In dieselbe Kategorie gehört auch das Gerücht, das man mit einem Ausdruck der Chemie als Autokatalyse oder mit einem Begriff aus der Elektronik als positive Retroaktion bezeichnen könnte. Damit soll gesagt werden, daß schon nach einmaliger Erwähnung der UFOs in der Presse am folgenden Abend einige hundert Amateurbeobachter den Himmel betrachten und weitere UFOs sehen oder zu sehen glauben. Dies wiederum hat erneute Presseartikel zur Folge und verdichtet so immer weiter das Gerücht, bis zu einem Sättigungspunkt, wo die Journalisten endlich genug davon haben, immer wieder die gleichen Aussagen und Dementis zu veröffentlichen, und die Reihe unterbrechen, weil sie journalistisch nichts mehr erbringt. Auf diese Weise findet die Angelegenheit von selbst ein Ende.

Auch die dritte Hypothese bewegt sich im rein imaginären Bereich.

Hierher gehören die individuellen oder kollektiven Halluzinationen von Menschen, die für diese Art von Störungen disponiert sind. Diese Hypothese ist sicher für die Erklärung einzelner Fälle dienlich, ist aber völlig unbrauchbar, sobald das Phänomen von Gruppen beobachtet wurde, die keinerlei Kontakt untereinander hatten, sobald Spuren am Boden gesichert wurden oder eine Radarbestätigung vorlag. Die Berufe und die psychologischen Merkmale der Zeugen sind sehr verschieden, und die Tendenz zur Mystifizierung oder zur Halluzination ist häufig an ganz bestimmte psychologische Gruppen gebunden.

Wenden wir uns nun den Hypothesen zu, bei denen wir eine reelle Grundlage zu erkennen vermeinen.

Hypothese 4 beinhaltet die irrtümliche Interpretation von wohlbekannten natürlichen Erscheinungen, wie zum Beispiel Kugelblitzen, Mars, Venus, Sternschnuppen und so weiter. Sie wird hauptsächlich vertreten von Doktor Donald H. Menzel, einem Astrophysiker und früheren Direktor des Observatoriums von Harvard, der meint, daß er alle Phänomene mit Hilfe der Atmosphärenphysik erklären könne, so auch die Beobachtung von Clyde Tombaugh, einem bekannten Astronomen und Entdecker Plutos, der in den USA von einem Spezialisten der Atmosphärenphysik, Doktor James E. McDonald, heftig angegriffen wird. Dieser meint, daß die Argumente von Menzel vielleicht qualitativ vernünftig, jedoch niemals quantitativ einleuchtend seien. In anderen Fällen, so sagt McDonald weiter, kennt Menzel ganz offensichtlich überhaupt nicht die Argumente, die seiner Hypothese entgegenstehen. Wir werden hier gewiß nicht die Menzelschen Deutungen verschiedener Beobachtungen wiederholen und diskutieren. Wir wollen nur sagen, daß er mit Vorliebe die Planeten Mars oder Venus zur Erklärung heranzieht, selbst in Fällen, in denen Radarechos oder Spuren am Boden festgestellt werden.

Ein anderer Vertreter dieser Hypothese ist Philip Klass, einer der Herausgeber von *Aviation Week*, der das ganze Phänomen als Plasmoide oder Koronaeffekte zu erklären versucht, das heißt eine Art leuchtender Ausstrahlungen, die sich in der Umgebung von Hochspannungsleitungen zeigen, wenn diese mit Schmutzteilchen oder Eiskristallen bedeckt sind. Auch die Hypothese reicht sicher für die Erklärung einiger Erscheinungen, aber die Berichte, in denen von Scheiben die Rede ist, die bei schönem Wetter am hohen Himmel fliegen oder Flugzeuge verfolgen, können nicht in die Kategorie der Menzelschen Planeten oder der klassischen Plasmoide eingeordnet werden.

In Hypothese 5 ist ebenfalls die Rede von einer Fehldeutung wohlbekannter, diesmal jedoch künstlicher Erscheinungen, wie beispielsweise Stratosphärenflugzeuge, Ballonsonden, Satelliten und dergleichen mehr. Wir brauchen sie nicht besonders zu erläutern.
Mit Hypothese 6 sind wir bei den Hypothesen angelangt, die den größten Grad von Wahrscheinlichkeit für sich haben. Sie umfaßt nämlich all die natürlichen Phänomene, die wir noch nicht kennen, und die als Erklärungen für die Beobachtungen dienen könnten. Auf jeden Fall haben wir auf dem Gebiet der atmosphärischen Physik wie auf jedem anderen wissenschaftlichen Gebiet noch sehr viel zu lernen.

Die meisten der skeptischen Gelehrten, die die Akten nicht gründlich kennen, denken im allgemeinen an eine Mischung der Hypothesen 2, 3, 4 und 5, und wenn sie einigermaßen gut informiert sind, werden sie vielleicht auch die Hypothese 6 wichtig genug für eine Prüfung halten; irgend etwas von tatsächlichem wissenschaftlichem Interesse, sei es in der atmosphärischen Physik oder der Physik des Plasmas, könnte bei einer aufmerksamen Prüfung der Zusammenhänge vielleicht dabei entdeckt werden. Sicherlich werden zahlreiche plasmaähnliche Lichtschimmer in vielen Berichten sehr glaubwürdig, jedoch können neue Tagesberichte über scheibenförmige Objekte von metallischer Erscheinung, die in Formationen hoch am Himmel fliegen oder den Flugzeugen bei schönem Wetter folgen, schwerlich in diese Kategorie eingeordnet werden. Folglich enthält die Hypothese 6 vielleicht ein Stück Wahrheit, erklärt jedoch nicht alles.
Die Hypothese 7 enthält, zugegebenermaßen in etwas ungeordneter Weise, all das, was für Menschen unbekannt ist. Es wird beispielsweise von geheimen Experimentfahrzeugen von dieser oder jener Stärke gesprochen, obwohl die Tatsache, daß diese Fahrzeuge seit fünfundzwanzig Jahren existieren und in der ganzen Welt ausprobiert wurden, genügt, um diese Hypothese als absurd zu betrachten.
Unter diese Gruppe fallen auch all die Hypothesen, die alles mit paranormalen Phänomenen in Zusammenhang bringen, zum Beispiel von der Projektion von Bildern auf eine Entfernung, die an Ort und Stelle verschwinden können, wie es zuweilen mit den UFOs geschieht.
Diese würden sich nur unterscheiden durch eine viel, viel größere Intensität der Phänomene vom Typ Klopfgeist oder Materialisation von Ektoplasma. Das ist sicher die schwierigste Kategorie von Hypothesen. Ohne sie völlig zurückzuweisen, kann man schwerlich glau-

ben, daß diese unbekannten Mächte des Gehirns ein Militärflugzeug in der Luft zu Fall bringen oder Spuren auf dem Boden mit einem Druck von mehreren Tonnen hervorrufen könnten.
Bleibt schließlich die Hypothese 8, die das Einschreiten von nichtmenschlicher Intelligenz impliziert, gleichgültig, ob sie aus außerirdischem Bereich, aus einem parallel existierenden Universum stammen oder sich noch in der Zeit bewegen . . .
Diese Hypothese enthält allerdings einen Nachteil. Wenngleich ihre Verteidiger sicher alles rechtfertigen können (aber nicht wissenschaftlich erläutern) – das metallische Aussehen der Scheiben, die Spuren auf dem Boden, das Auftreten von Humanoiden, die Radarbeobachtungen, die hohen Geschwindigkeiten –, ist sie doch absurd, denn wir begreifen nicht, technologisch gesprochen, welche Energiequelle die Überwindung von enormen interstellaren Entfernungen ermöglichen würde, und zwar in einem Zeitraum, der unseren Zeitvorstellungen vom Leben entspricht, wenn man die durch die Relativität bedingte Geschwindigkeitsbegrenzung bedenkt.
Die außerirdische Hypothese oder die eines Universums mit anderen Dimensionen ist deshalb vielleicht die wahrscheinlichste von allen, denn wer kann sagen, wo unsere Technologie in einigen Jahrhunderten oder auch nur in einigen Jahrzehnten stehen wird?
Andererseits fragt man sich, wenn man sich die häufige Anwesenheit von Humanoiden, die relativ übereinstimmend beschrieben werden, vergegenwärtigt, ob es möglich ist, daß diese Hunderte von Beobachtungen alle absurd sein sollten. Es würde genügen, daß eine einzige wahr wäre, damit das Problem sogleich eine unwahrscheinliche Bedeutung erhalten und zu einem der wichtigsten Probleme aller Zeiten würde.
Forscher wie Jacques Vallée und John Keel haben ihre Überlegungen in eine etwas andere Richtung gelenkt, weiter entfernt von der klassischen Wissenschaft, an die Grenze zu den Hypothesen 7 und 8. Ihnen zufolge enthält das Phänomen eine wesentliche parapsychologische Komponente, aber vielleicht ist dies auf eine außermenschliche Quelle zurückzuführen. Das Phänomen UFO wäre nicht weniger bedeutend, wenn die Wahrheit in dieser Richtung läge.
Eines der Argumente, die oftmals gegen die Hypothese 8 angeführt wurden, ist dieses: Wenn »sie« da wären, hätten »sie« längst Verbindung mit uns aufgenommen. Das ist aus zwei Gründen nicht stichhaltig:
– Sehr häufig begreifen wir nicht einmal die Motive der uns ähnlichen menschlichen Wesen; wie sollte man dann die der Lebewesen verste-

hen, die vielleicht im biologischen Sinne keinerlei Beziehung zu uns haben?
– Andererseits kann unsere Humanpsychologie bereits diese Enthaltung erklären: Zum Beispiel scheinen die sukzessiven Annäherungsphasen, wie sie bei Frank Edwards beschrieben sind, noch nicht an ihrem Endpunkt angelangt zu sein. Für die Wissenschaftler, Biologen, Soziologen und andere liegt ein phantastisches Forschungsobjekt vor.

Was ist notwendig, um Fortschritte in der Forschung zu erzielen?
Der wichtigste Schritt zur Lösung eines Problems jeglicher Art ist vor allem die Erkenntnis seiner Existenz. Die menschliche Gemeinschaft in ihrer Gesamtheit wird diesen Schritt nur vollbringen, wenn vorher eine große Anzahl von qualifizierten Fachleuten alles vorhandene Berichtmaterial über UFOs ausreichend studiert haben, um sich über folgendes klarzuwerden:
1. daß eine erstaunlich große Zahl der Beobachtungen von vertrauenswürdigen Zeugen, die sogar gelegentlich von Radargeräten bestätigt wurden, auf die Existenz von absolut ungewöhnlichen Objekten hinweist, die wie Maschinen aussehen, Arbeiten in dem unsere Erdkugel umgebenden Luftraum ausführen und dabei häufig materielle Spuren hinterlassen;
2. daß die Häufigkeit dieses Phänomens sich seit Beendigung des Zweiten Weltkrieges wesentlich erhöht hat;
3. daß es niemals irgendeine ernst zu nehmende *öffentliche* wissenschaftliche Überprüfung dieser Beobachtungen gegeben hat.
Danach müssen einige Arbeitsgruppen mit folgenden Zielsetzungen geschaffen werden:
1. Es müßte mit Hilfe der Presse ein Programm zur Information der Öffentlichkeit vorbereitet werden, das in zusammengefaßter Form über die Beschaffenheit des Problems aufklärt und eine Einführung in die Grundbegriffe der Astronomie, der Meteorologie sowie der atmosphärischen Physik gibt. Dieses Programm hätte als besonderes Ziel, die Aura des Lächerlichen aufzulösen, die das Phänomen UFO ständig umgibt. Wenn die Leute dann imstande sind, sich klar auszudrücken, kann man erwarten, daß sich die Zahl der ernst zu nehmenden Berichte um ein Fünf- bis Zehnfaches erhöht. Die sich mit Ufologie befassenden Fachleute müßten sich darauf vorbereiten, diese plötzlich angewachsene Zahl von Informationen zu sammeln.
2. Eine Forschungsgruppe müßte sich mit dem Problem der elektromagnetischen Wirkungen der UFOs befassen: Stehenbleiben von Motoren, Störungen im Radio, Spannungsschwankungen etc.

3. Historische Studien müßten die zahlreichen Beobachtungen aus der Zeit vor unserem Jahrhundert aufklären, die teilweise eine verblüffende Ähnlichkeit mit den heutigen aufweisen.
4. Psychologen und Psychiater sollten sich ausführlicher mit den Berichten befassen, in denen die paranormalen Phänomene mit der Anwesenheit von UFOs in Verbindung zu stehen scheinen.
5. Die UFO-Insassen müßten eingehend von Psychologen und Biologen erforscht werden.
6. Um die Invarianten des Phänomens zu determinieren, um zugleich eine Hilfestellung zu geben bei der Zusammenstellung biographischen Materials der verschiedenen beteiligten Arbeitsgruppen, müßten die Hunderttausende von zugänglich gewordenen bekannten Größen in einen Computer eingegeben werden.
7. Die militärischen Radargeräte, die über die ganze Erde verteilt sind, müßten so programmiert sein, daß sie die Flugbahnen von UFOs registrieren.

Nachdem diese Programme in die Wege geleitet worden sind, würden nach einigen Jahren neue Forschungsprojekte von selbst entstehen, und eine ernsthafte, fundierte Untersuchung würde zweifellos in weniger als fünf Jahren zu spürbaren Fortschritten führen. Um das alles in die Tat umsetzen zu können, wären natürlich öffentliche Kredite nötig, denn die finanziellen Mittel der privaten Gruppen sind sehr begrenzt; allein der regelmäßige Einsatz eines Computers würde bereits beträchtliche Unkosten verursachen. Mehr noch als die Subvention jedoch braucht die Ufologie einen echten Geist der Kooperation, eine Zusammenarbeit auch zwischen den Gesellschaften (wie SOBEPS) und den offiziellen wissenschaftlichen Kreisen ebenso wie zwischen den verschiedenen Gesellschaften untereinander; bedauerlicherweise fehlt auf diesem Gebiet gegenwärtig noch eine einmütige Einstellung.

Angenommen, die Wissenschaft würde eine wirklich objektive öffentliche Untersuchung des Phänomens beginnen, wäre dann noch die Existenz privater Gesellschaften gerechtfertigt? Wir meinen: ja, denn dank ihrer Erfahrungen und ihres Netzes von Forschern an Ort und Stelle, dank auch ihrer direkten Kontakte mit der Öffentlichkeit, können sie in kurzer Zeit eine Menge Informationen zusammentragen, die sie an die wissenschaftliche Untersuchungskommission weiterleiten. An diesem Punkt steht, wie wir meinen, gegenwärtig die Ufologie.

Im Rahmen der vorliegenden Studie konnten wir leider nur einige Beispiele der Probleme aufzeigen, die uns die UFOs stellen. Jedenfalls zeigen diese Überlegungen, daß die Frage noch unter keinem ihrer Aspekte beantwortet ist und daß die Arbeit der Gruppen wie der SOBEPS weit von ihrem Abschluß entfernt sind. Vielleicht steht sie gar erst an ihrem Beginn.

André Boudin, Lucien Clerebaut.

Gordon Creighton: »Die Engel und die Dämonen«

Die *Flying Saucer Review* ist eine der besten Zeitschriften der Welt. Gordon Creighton, ehemaliger Diplomat, ist beigeordneter Direktor dieser Zeitschrift. Er ist zwar kein Wissenschaftler, dennoch ist der Standpunkt, den er Henri Didonna anvertraut hat, interessant, wenngleich die philosophische Seite Vorrang vor der wissenschaftlichen hat.

– Wie weit ist man mit den Untersuchungen der OVNI in Großbritannien?

– Hier in England haben wir nur einen kleinen Kreis von Leuten, die sich damit befassen. Wir haben eine Zeitschrift, die über die ganze Welt verbreitet ist. Aber es interessieren sich nur wenige Briten für UFOs. Die meisten sind davon überzeugt, daß die »fliegenden Untertassen« nicht existieren.

– Sind für Sie die UFOs ein »Windei« oder ein wissenschaftliches Phänomen?

– Das ist kein Windei! Wissenschaftliches Phänomen, sagen Sie? Das hängt davon ab, was Sie unter »wissenschaftlichem Phänomen« verstehen! Ich glaube in der Tat, daß wir die Veröffentlichung der Wissenschaft von anderen Lebewesen, die fortgeschrittener sind als wir, unterstützen. Glauben Sie mir, es gibt eine Menge Regierungen oder offizielle wissenschaftliche Institutionen, die Sie gern davon überzeugen würden, daß es ein Windei ist. Sie arbeiten übrigens seit langer Zeit in dieser Richtung. Aber leider sind die UFOs für sie kein Windei! Ich sage leider, weil es uns immer klarer wird, daß es sich um ein ernstes Problem handelt, ein sehr ernstes. Ein Problem, das unsere Gattung in eine Krise bringen könnte.

– Erklären Sie das bitte!

– Wir haben Elemente entdeckt, die Sie in diesem Phänomen UFO als »übernatürlich« bezeichnen. Leider gibt es auch »diabolische« Elemente. Wir haben den Eindruck, daß in dem Phänomen UFO zwei Kräfte stecken. Eine Kraft, die den menschlichen Wesen helfen möchte, und eine andere Kraft, die vielleicht auf unsere Vernichtung hinarbeitet. Wir sehen das Problem nunmehr unter diesem Aspekt der Dualität. Ich betone, dieses Problem ist sehr ernst für unsere Gattung.

– Gibt es kein Mittel, um sich zu verteidigen?

– Ich glaube nicht. Wir stehen Lebewesen gegenüber, die viel mehr wissen als wir. Es wäre naiv zu glauben, wir seien allein im Universum. Wir sind nicht allein, und wir sind nicht die Meister . . .

– Inwiefern sind die kleinen Wesen, die von Zeugen beschrieben werden, von schädlichem Einfluß?

– Zunächst einmal sind die Humanoiden nicht alle klein. Es gibt welche, die über zwei Meter groß sind. In Argentinien zum Beispiel haben sämtliche Arbeiter einer Fabrik Humanoide gesehen, die nahezu drei Meter groß waren. Aber es ist wahr, daß es kleine Wesen gibt. Wir fangen an, in den Legenden und in der Mythologie nach Spuren von der Existenz dieser verschiedenen Wesen zu suchen. Das hat Jacques Vallée in den Vereinigten Staaten getan. Diese Wesen existieren als Kobolde und Riesen in den Mythen des Abendlandes wie des Orients.

– Würden sich diese Wesen zu irgendwelchen Gewalttaten wie Entführungen oder Ermordungen hinreißen lassen?

– Ziemlich häufig! Lesen Sie mal die Übersetzungen der Mythen. Sie werden feststellen, daß ein Teil dieser Wesen keine Freunde von uns sind, insbesondere die kleinen.

– Wie sind die Beziehungen zwischen diesen Wesen und den Menschen?

– Wir haben festgestellt, daß es in der ganzen Welt Menschen gibt, die ihnen begegnet sind. Wir müssen dazu sagen, daß der Betroffene nach der Begegnung unter teilweisem oder völligem Verlust des Gedächtnisses leidet. Es hat den Anschein, als hätten diese Wesen die Macht, das menschliche Gehirn zu beeinflussen! Wenn sie das bei einem einzelnen zuwege bringen, dann können sie es auch mit ganzen Völkern und mit Regierungen! Und ich bin sicher, daß sie es bereits tun.

– Kehren wir zur Stofflichkeit der UFOs zurück. Sie selbst, Herr Creighton, sind Zeuge eines vorüberfliegenden UFOs gewesen; das war in China, nicht wahr?

– Das war tatsächlich in China, 1941. Damals war ich Erster Sekretär bei der britischen Botschaft. Ich machte gerade einen Spaziergang an den Ufern des Yangtsekiang, als wir plötzlich eine »fliegende Untertasse« sahen. Es war zwei Uhr nachmittags, also am hellichten Tag. Ich war sehr beeindruckt. Ich glaubte daraus schließen zu können, daß das Objekt aus einer anderen Welt kam . . . Drei Jahre später, 1944, war ich in den Vereinigten Staaten, in New Orleans. Und ich las in den Zeitungen die Berichte über den Krieg in Europa. Was mich dabei in Erstaunen versetzt hat, ist, daß die Piloten von Jagdflugzeugen oder Bombern von einer Verfolgung durch Feuerkugeln sprachen. Damals habe ich angefangen, Zeitungsausschnitte über die »fliegenden Untertassen« zu sammeln. Aber 1944 nannte man sie noch nicht so, das kam erst 1947.

– Glauben Sie, daß man Zeugenaussagen über UFOs findet, wenn man die Geschichte zurückverfolgt?

– Je aufmerksamer man in die Vergangenheit zurückgeht, um so mehr Zeugenaussagen dieser Art findet man. Bei den römischen Schriftstellern gibt es wenigstens an die vierzig solcher Erwähnungen. Auch in Großbritannien finden sich in alten Texten unerklärliche Beschreibungen, die sich sehr wahrscheinlich auf UFOs beziehen.

– Und haben Sie heute Zeugenaussagen?

– Fast jede Woche. Wie auch in Frankreich.

Die »Welle« berührt Frankreich, Spanien, Italien; wie steht es mit England?

– Vielleicht mögen sie das englische Klima nicht! Das heißt, sie könnten uns überfliegen, ohne daß wir sie sehen.

– Können Sie daraus einen Schluß ziehen, selbst wenn er nur provisorisch ist?

– Ich komme auf meinen Vorschlag vom Anfang zurück. Unsere Menschheit befindet sich in der schwersten Krise ihrer Geschichte. Es steht sogar zu befürchten, daß unsere Gattung innerhalb kurzer Zeit verschwinden könnte. Und ich bin sicher, daß das Phänomen UFO damit im Zusammenhang steht. Es ist wahrscheinlich, daß sich unter diesen Wesen außerirdische befinden. Aber es ist auch wahrscheinlich, daß andere unter uns leben in einem Raum, der nicht dreidimensional ist wie der unsere. Wir haben eine Unmenge von Zeugenaussagen, die zeigen, daß das Problem in der Tat sehr vielschichtig ist. Es gibt anscheinend Wesen von verschiedenen Typen. Es ist sehr wahrscheinlich, daß einige von ihnen unsere Freunde sind, und es ist sicher, daß andere es nicht sind!

Aimé Michel: Die UFOs werden die Wissenschaft erneuern

Aimé Michel ist der französische Spezialist für UFOs, Jahrgang 1919, Philosoph, er arbeitet beim Forschungsdienst, was ihm bei der Spezialisierung, die er gewählt hat, sehr zustatten kommt. Er hat bereits zwei Werke veröffentlicht, die ihm besonderen Ruf eingebracht haben: *Lichtschimmer auf den fliegenden Untertassen* (Paris 1954) und *Mysteriöse Himmelsobjekte* (Paris 1958). Das Interview, das er mir gestattet hatte, ist auch verschwunden. Aimé Michel gab mir die Möglichkeit zu einem zweiten Gespräch, das ich hier wiedergebe:

– Aimé Michel, wie lange widmen Sie sich der Erforschung der UFOs?

– Seit der Sintflut . . . Sie wissen, daß die ganze Geschichte mit den UFOs angefangen hat mit der Beobachtung von Kenneth Arnold, im Juni 1947, im Staat Washington. Damals hatte ich schon in meinen Akten sämtliche – ich sage absichtlich sämtliche – französischen Zeitungsausschnitte über die Beobachtungen in Skandinavien, 1946. Damals glaubte ich wie alle Welt, daß es sich um eroberte deutsche Maschinen handelte, die die Russen über der Ostsee ausprobierten. Als das Buch von Keyhoe 1950 erschien (*The Flying Saucers are Real*, das erste Buch über die fliegenden Untertassen), waren die Phänomene so schlecht dargestellt, daß ich dachte, das ist wahrscheinlich alles falsch, von A bis Z von schlechten Journalisten erfunden. Aber kurze Zeit später, als ich für den Rundfunk eine Sendung über die Meteorologie vorbereitete (Sie sehen, es handelt sich tatsächlich um die Sintflut!), zeigte mir ein Ingenieur vom nationalen Wetterdienst, Roger Clausse, Akten mit Beobachtungen, die von den Stationen übertragen worden waren. Zu meinem Erstaunen fand ich darin einige Fälle, die mit denen in dem Buch von Keyhoe völlig übereinstimmten. Es steckte also etwas dahinter. Aber was?

Ich intensivierte meine Untersuchung, ich lernte den Kapitän Clérouin kennen, der damals die Nachrichtendienste der Luftwaffe unter General Chassin leitete. Clérouin half mir viel. Und 1953 hatte ich schließlich eine ziemlich umfangreiche Dokumentation zusammengetragen, nach der ich ein Buch schreiben konnte. Welch ein Abenteuer! Als es 1954 erschien, zweifelte ich nicht daran, daß ich mein Leben verspielt hätte . . .

– Verspielt und gewonnen?

– Gewonnen in einem gewissen Sinne, denn von den letzten zwanzig Jahren hatte ich den Eindruck, nein, die Gewißheit, daß ich sie mitten in einer philosophischen Revolution gelebt hatte, wie es sie kaum einmal in tausend Jahren gibt, wer weiß? Vielleicht ist sie sogar die bedeutendste Revolution in der Geschichte . . . Aber mein Leben war zum Teil auch verloren, wenn ich an die Einsamkeit denke, an die Frustration, die wir die ganze Zeit über ertragen mußten.

– Wir?
– Ja. In den Wochen nach dem Erscheinen meines Buches erhielt ich zwei Briefe. Einen von Jean Cocteau, der mir sagte: »Was wäre wirklich erstaunlich? Die Tatsache, daß sie nicht existieren.« Sie, das waren natürlich die Untertassen. Der andere Brief stammte von einem Astronomen, dessen Name Ihnen vertraut ist . . .
– Pierre Guérin?
– Pierre Guérin. Und er sagte mir ungefähr folgendes: »Weder Sie noch ich wissen, ob es wahr ist, aber nichts ist wichtiger, als das in Erfahrung zu bringen.« Er sagte mir auch: »Natürlich ist dieser Brief vertraulich. Ich muß Ihnen Selbstvertrauen geben.« Der Brief von Pierre Guérin war der Anfang einer langen Freundschaft. Ich entdeckte, daß man für das Studium dieses Problems zunächst einmal Mut haben mußte. Man durfte weder die Inquisition noch den schlechten Ruf fürchten. Seitdem habe ich freundschaftliche Verbindung mit, ich glaube, allen Wissenschaftlern dieser Welt, die sich für die Frage interessieren. Sie sind sehr verschieden, aber sie haben etwas gemeinsam: den Mut und die Neugier, den Wunsch zu wissen.
– Der Wunsch zu wissen, der kommt beim Wissenschaftler von selbst!
– Ganz zweifellos. Aber es gibt mehrere Wege zur Wahrheit, und nicht alle sind wissenschaftlich! Derjenige des Polizisten ist nicht der des Gelehrten, das haben Sie im Laufe Ihrer Sendung oft genug gesagt. Lesen Sie noch einmal den Anfang des Berichtes von Condon. Condon legt von der ersten Seite an dar, daß wissenschaftliches Forschen darin bestehe, daß man zunächst eine Spezialisierung wählt, sie gründlich studiert und dann überlegt, wo man Schwerpunkte setzt. Das setzt voraus, daß man jegliche Forschung in einem präexistenten Rahmen macht, indem man vom Bekannten zum Unbekannten übergeht. Was ist bei den UFOs als bekannt zu bezeichnen?
– Die Tatsache, daß der Beobachtungsbericht existiert, ist bekannt. Nun muß man ihn studieren!
– Zugegeben! Aber in welchen präexistenten Rahmen werden Sie ihn einordnen? Denn: kein Rahmen, keine Methode. Und keine Methode, keine Wissenschaft! Deshalb kommt Condon ein paar Seiten weiter (das heißt zu Beginn eines Berichtes von nahezu eintausend Seiten!) zu der Behauptung, daß das Problem der UFOs von keinerlei wissenschaftlichem Interesse ist. Ich glaube, sein Grundgedanke war: »Selbst wenn es wahr ist, so ist es doch völlig uninteressant.« Das hat man mir übrigens oft gesagt.

– Und was antworten Sie in so einem Fall?
– Denken wir mal über die Tatsachen nach. 1953, als ich gerade versuchte, einen roten Faden durch die bereits bekannten Fälle zu finden, kam bei der Einteilung der Fälle eine interessante Tatsache zum Vorschein, und zwar gaben die Zeugen Farbveränderungen der UFOs an. Wenn Sie mir gestatten, werde ich den Abschnitt vorlesen, den ich dieser Frage in meinem ersten Buche gewidmet habe: *Lichtschimmer auf den fliegenden Untertassen,* Seite 159: »Die angegebenen Farben scheinen in Zusammenhang mit der Geschwindigkeit zu stehen, oder besser mit der Beschleunigung. Das von dunklem Rot umgebene Silbergrau entspricht den sehr langsamen Bewegungen oder der Unbeweglichkeit. Dann kommt das lebhafte Rot. Bei starken Beschleunigungen erscheinen Weiß, Grün, später Blau und Violett. Es ist bemerkenswert, daß eine Übereinstimmung besteht zwischen Beschleunigung und Strahlungsenergie. Gewisse schnelle, aber gleichförmige Bewegungen zeigen wenig ›energische‹ Farben. Das scheint die Hypothese von der Übereinstimmung zwischen der vom Objekt ausgesandten Farbe und der von seinem ›Motor‹ in jedem Augenblick entwickelten Kraft zu bestätigen.«
– Sie sehen, ich äußerte die Hypothese einer Beziehung zwischen der vom »Motor« entwickelten Energie und der Strahlungsenergie. Das wurde 1954 veröffentlicht: Im selben Jahr, im Herbst, schwappte die größte Welle von Beobachtungen in der Geschichte der Ufologie über die Welt. Im Oktober/November 1954 wurden manchmal an die sechzig Beobachtungen pro Tag gemeldet! Ich habe nahezu drei Jahre gebraucht, um allein die Fälle in Frankreich oder nicht weit von den Grenzen Frankreichs zu analysieren. Die umfangreichen Akten vom Herbst 1954 bestätigten meine Hypothese.
Guérin sprach bei unseren Diskussionen zum erstenmal sein berühmtes »Gesetz Guérin«: »In der Ufologie wird jedes einmal entdeckte und bewiesene Gesetz sogleich durch die darauffolgenden Beobachtungen widerlegt.«
Wenn, in der Tat, die UFOs des Jahres 1954 ihre farbigen Feuerwerke ausstrahlten, wenn im großen und ganzen die Energie der Farben vielleicht der der Beschleunigung und Verlangsamung entsprach, traf das doch in vielen Fällen für eine oder mehrere Farben nicht zu. Zum Beispiel erschien während einer Beschleunigung zuerst das Blau, dann das Orange, dann das Weiß. Nachdem ich alles, wie ich zumindest glaubte, mit der Lupe untersucht hatte, glaubte ich zugeben zu müssen, daß mir einfach zu viele Parameter des Phänomens entgingen, und ich verzichtete darauf, überhaupt eine Korrelation herauszufin-

den, bis eine neue Spur erscheinen würde. Schließlich dachte ich nicht mehr daran.
Jetzt schauen Sie sich das Buch *Ufologie* von James MacCampbell an, der Autor ist ein kalifornischer Physiker, ein Spezialist für Kernreaktoren. Amerika ist ein erstaunliches Land. Sämtliche Ideen werden dort geboren. Dieser Physiker MacCampbell las mein Buch und sagte sich dann: »Vielleicht gibt es etwas, woran dieser Franzose nicht gedacht hat.« Er trägt unter Mithilfe von Jacques Vallée eine umfassende Dokumentation über die mehrfarbigen UFOs zusammen und befreite sich auf diese Weise ganz schön aus der Sackgasse, in die ich hineingeraten war!
– Wie meinen Sie das?
– Das heißt, anstatt die wachsenden und abnehmenden Energien der Strahlung zu klassifizieren, tut er dies mit den Ionisationsspannungen der in der Atmosphäre befindlichen Gase. Er findet dabei heraus, daß das Xenon die niedrigste Spannung für eine Ionisation besitzt, daß es daher das erste Gas ist, das zu leuchten beginnt, wenn die Anregungsenergie wächst. Und das Licht, das das Xenon ausstrahlt, ist ein intensives und reines Blau! Es ist also nicht weiter erstaunlich, daß die zuerst angegebene Farbe häufig Blau ist. Ich weiß nicht, ob er recht hat. Aber erstens ist seine Hypothese klar und basiert auf der Quantenphysik. MacCampbell scheint durchaus recht zu haben. Wenn man diese Ionisation nachweisen konnte, zum Beispiel auf einem Landeplatz, so wie es kürzlich in Frankreich geschehen ist, findet man heraus, daß sie abgewandelt wurde. In dem vorliegenden Falle fand der Ingenieur bei seiner Ankunft an Ort und Stelle die exakte Stellung der Landung, die er jedoch ignorierte, weil er nur die Reaktionen seines Ionometers überwachte.
Das Phänomen bedeutet hier: Es gibt Millionen von Menschen, die behaupten, UFOs gesehen zu haben. Und das Problem liegt darin zu erfahren, ob es wahr ist, und wenn ja, was sie gesehen haben, womit man es hier zu tun hat. Nun, nehmen wir zunächst diese Zeugenaussagen, denn sie existieren ja immerhin. Klassifizieren wir sie, ohne dazu Stellung zu beziehen. Es zeigt sich, daß sie die Gesetze der Quantenphysik einhalten. Es sind, wenn Sie wollen, Erfindungen Betrunkener, die jedoch der Quantenphysik gehorchen.
Und im übrigen übertreibe ich; es gibt nicht nur Zeugenaussagen, es gibt auch die Eintragungen und die Maßangaben. Smith hat den vollständigen Parallelismus der Statistiken elektrischer Pannen, veröffentlicht durch das amerikanische Energiebüro, mit den Statistiken von vorüberziehenden UFOs, die die amerikanische Luftwaffe publi-

ziert hat, aufgezeigt. Desgleichen hat Poher bewiesen, daß die vertikale Komponente des Geomagnetismus durch die UFOs gestört wird.
– Ja, aber ungeachtet all dessen sind das nur zusätzliche Beweise. Inwieweit gibt uns das richtige Informationen über die UFOs selbst?
– Das ist eine andere Frage. Es gibt zwei Fragen: Was lehrt uns die Physik über die UFOs? Und was lehren uns die UFOs über die Physik? Und eine dritte Frage, die grundlegender ist: Was lehrt uns die Physik der UFOs über die Wissenschaftsphilosophie, ich würde sogar sagen, über die menschliche Vernunft, das Instrument seiner wissenschaftlichen Reflexion?
– Erste Frage also: Was lehrt uns die Physik über die UFOs?
– Betrachten wir also eine Tatsache, die von unzähligen Zeugen berichtet wurde und die auf den ersten Blick jeglicher Bedeutung zu entbehren scheint: das Herabschweben, das an die trudelnden Bewegungen eines welken Blattes erinnert. Am 19. September 1952 wurde von zwei Offizieren und drei Leuten der Royal Air Force eine Beobachtung über der Luftwaffenbasis von Dishforth während der Manöver »Große Rahe« gemacht, die von der Marine und der Luftwaffe der NATO veranstaltet wurden. Hier ein Abschnitt aus dem Bericht, den der Leutnant John W. Kilburn verfaßt hat: »Während wir die Scheibe mit den Augen verfolgten, verringerte sie während einiger Sekunden ihre Geschwindigkeit, um dann den Abstieg zu beginnen. Als sie an Höhe zu verlieren begann, fing sie an, wie ein welkes Blatt zu schaukeln oder, wenn man so will, wie ein Perpendikel. Der ›Meteor‹ (es handelt sich hierbei um einen Reaktionsjäger der R. A. F., dessen fünf Männer die Landung verfolgten) nahm eine schräge Richtung, um eine Runde über dem Boden zu drehen, bevor er aufsetzte. Das Objekt begann ihm zu folgen, aber nach einigen Minuten blieb es am Himmel stehen und drehte sich um sich selbst wie ein Kreisel. Plötzlich beschleunigte es und verschwand mit Blitzesgeschwindigkeit im Westen.«
Ich wiederhole, diese Beschreibung ist typisch für zahlreiche andere, die zu anderen Zeiten und in allen Ländern gemacht wurden, ich könnte Ihnen stundenlang welche aufzählen.
Was veranlaßt in einer Maschine, die sich in der Höhe aufhält, die vertikalen Bewegungen (Abstieg, Aufstieg, eventuell an Ort und Stelle)? Es ist das Verhältnis des Eigengewichts zur Vertikalkraft, die es entwickelt, um aufzusteigen, herabzusteigen oder eine konstante Höhe einzuhalten. Wenn die Vertikalkraft mit dem Gewicht übereinstimmt, hält es seine Höhe ein, wenn sie höher ist, steigt es, wenn sie niedriger ist, fällt es. Nehmen wir an, daß die Vorrichtung in der

Maschine diese Kraft auf die Achse ausübt, dann versteht man, daß es, um an Höhe zu verlieren, viel einfacher ist, diese konstante Kraft zu halten, ohne sie zu ändern, und sich darauf zu beschränken, die Maschine abwechselnd nach rechts und nach links zu neigen. Dann nämlich teilt sich die Kraft abwechselnd in zwei Komponenten, eine vertikale und eine horizontale, wobei letztere bei jeder Schwingung ihre Richtung ändert, und die vertikale Komponente variiert mit dem Kosinus des Neigungswinkels. Das ist eine ganz einfache klassische Mechanik. Was ist noch immer im Rahmen dieser Elementarmechanik das einfachste Mittel, um diese Schwingungen aufzuhalten, wenn man meint, sich in ausreichendem Maße dem Boden genähert zu haben? Man muß eine Rotation von hoher Geschwindigkeit auslösen, denn auf diese Weise erreicht man die Stabilisation durch den gryskopischen Effekt. Auch dies entspricht genau dem, was die Zeugen beschreiben. Diese vertikale Stabilisierung wird gebraucht, bevor die fortschreitende Bewegung wiederaufgenommen wird. Man kann also ein Stehenbleiben in Rotation gerade vor dem Abflug sehen. Das ist genau das, was die Zeugen beschreiben!

Die Physik, genauer gesagt, die Mechanik, lehrt uns (wir sehen es an diesem besonderen Fall der Pendelbewegung), daß die UFOs sich als materielle Objekte betrachten, indem sie sich einigen unserer Gesetze folgsam anpassen, in den kompliziertesten Konsequenzen.

– Einige? Nicht alle also?

– O nein! Sogar in den Beispielen, die ich gerade beschrieb, finden sich unverständliche Details, und durch sie kommt man zur zweiten Frage: Was lehren uns die UFOs über die Physik? Erster Punkt: Worin besteht diese Kraft, die senkrecht zur Objektebene steht und die nicht vertikal sein kann? Wir kennen die Reaktion auf die Trägheit der Gase, die im Falle des Zünders ausgestoßen werden. Bei den UFOs sieht man keinerlei vorstellbare Reaktion. Zunächst, ich sage bewußt zunächst, ist das unangenehm. Beobachtungsfälle zeigen, daß der Raum um das Objekt herum wie das Objekt selbst in eine Art Kraftfeld gebannt zu sein scheinen. Im Gegensatz zu dem, was passieren würde, wenn es eine Reaktion gäbe, werden die Objekte, die Luft inbegriffen, mit dem UFO fortgerissen und nicht nach hinten zurückgeworfen. Wenn man darüber nachdenkt, welche Voraussetzungen das beinhaltet, ist man gezwungen, Fragen zu stellen über unsere fortgeschrittenste Physik, über die Natur der Gravitation, der Trägheit, über die Hypothese, daß Trägheitsmasse und Gravitationsmasse gleich sind (das ist eine von Einstein vorgebrachte Hypothese). Das ist eine Reflexion voller Gefahren, man riskiert sehr schnell, Dummheiten von sich zu geben, zum Beispiel, das Perpetuum mobile zu erfinden! Zahlreiche Tatsachen sind durch vertrauenswürdige Aussagen belegt worden. Sehen Sie beispielsweise die Rotation am Ende der Pendelbewegung. Ich habe vorhin gesagt, daß diese Rotation das beste Mittel darstelle, um der Schwingung mit Hilfe eines gyroskopischen Effektes ein Ende zu setzen. Das Unangenehme ist, daß das UFO, um sich umzudrehen, sich auf etwas aufstützen müßte, das nicht Bestandteil seiner Masse ist: andernfalls kein gyroskopischer Effekt. Man müßte also die Wolken sehen, die ihn zum Beispiel umkreisen, oder in niedrigerer Höhe die Objekte am Boden. Man müßte sie sich in umgekehrter Richtung zum UFO drehen sehen (ausgenommen den Fall, wenn die Rotation durch Bremsen verlangsamt wird). Aber die Zeugen sehen nichts dergleichen. Die Spuren am Boden zeigen sehr oft eine Rotationsbewegung. Doch es scheint, sie geht in die gleiche Richtung wie das UFO.

All diese Verhaltensweisen scheinen das Prinzip der Gleichheit von Aktion und Reaktion zu verletzen. Was jedoch interessant ist, ist die Tatsache, daß sie es in identischer, kohärenter Weise verletzen, was die Zeugen natürlich nicht vorhersehen können, wenn sie sich untereinander Geschichten ohne Zusammenhang erzählen. Was bedeutet das? Nun, es gibt da etwas, das jedem vertraut ist, der ein wenig die Geschichte der Wissenschaften kennt, es ist die Entdeckung einer neuen unerklärlichen Tatsache, so wie die Metrik des schwarzen Körpers vor Planck, wie vielleicht die Entdeckung der Quasare. Wenn so ein Faktum entsteht, endet das stets in einer wissenschaftlichen Revolution. Und die Menge der beobachteten Fakten über UFOs führt auch dazu.

Der entscheidende Punkt bei einer Beobachtung, die in der Nähe von Villeneuve-sur-Lot im vergangenen März gemacht wurde, ist der, daß ein Dieselmotor beim Herannahen eines UFOs stotterte und aussetzte. Man hatte bereits mehrere Fälle erlebt, in denen der Motor beim Herannahen eines UFOs aussetzte, aber aus einleuchtenden Gründen dachte man, die Panne sei durch eine Unterbrechung mit dem Zündsystem entstanden, bis man im März dann diese Fälle unter der Rubrik »elektromagnetische Wirkungen« veröffentlichte.

Man glaubte – und ich selbst habe auch darüber geschrieben –, daß es sich um eine elektromagnetische Interferenz handle. Falsch. Es gibt keine elektrische Zündung im Dieselmotor, wie Sie wissen! Aber nun folgen Sie meinen Gedankengängen. Wenn ein Dieselmotor aussetzt, bedeutet das, daß die Verbrennung des Kraftstoffes nicht mehr funktioniert, daß sie irgendwie verhindert wird. Die Verbrennung stellt

eine chemische Verbindung dar. Und da stößt man auf einen neuen augenscheinlichen Widerspruch, denn wenn UFOs chemische Verbindungen behindern (man sieht allerdings nicht, wie), müßten die Zeugen in der Nähe auf der Stelle sterben, da die Atmung, der nervliche Einfluß, die Gehirntätigkeit, sämtliche Metabolismen chemische Reaktionen sind!
Die Motoren setzen aus, aber die Lebewesen sterben nicht! Welcher Unterschied besteht zwischen den chemischen Reaktionen eines Lebewesens und denen eines Explosionsmotors?
Es gibt zweifellos eine ganze Reihe Unterschiede, aber eindeutig ist die Temperatur, unter der sich die Reaktionen vollziehen. UFOs haben im allgemeinen keinen Einfluß auf die Reaktionen des Lebendigen, die sich (man weiß übrigens keineswegs, wie) bei niedriger Temperatur abspielen. Ich erinnere mich des Falles von Hopkinsville, wo 1955 eine Familie aus Kentucky während einer ganzen Nacht auf »kleine Knirpse« vergeblich geschossen hatte. Ich las, daß die beiden Kellys zusammen auf einen »kleinen Knirps« schossen, der nicht mehr als zehn Meter von ihnen entfernt war, und daß dabei »die Schüsse so widerhallten, als wären sie in einem Eimer abgegeben worden«, daß ferner die Kugeln nicht mehr als einen »kleinen Aufsprung« des mysteriösen Besuchers hervorriefen?
Kein Mensch auf dieser Welt könnte ein Mittel nennen, mit dem man von weitem jegliche Verbrennung unterhalb einer bestimmten Temperatur blockieren könnte! Aber die Physiker wissen, was eine Verbrennung ist. Es handelt sich um ein elektronisches Phänomen. Augenscheinlich elektronische Wirkungen haben wir zu Hunderten in unseren Akten.
Die Ufologie ist dazu bestimmt, zur wichtigsten Erkenntnisquelle der Zukunft zu werden.
– Gehen Sie, Aimé Michel, da nicht zu weit?
– Ich bin sicher: Die Ufologie wird vor Ablauf eines Jahrhunderts unsere wichtigste Erkenntnisquelle sein, zumindest auf dem Gebiet der Physik und vielleicht der Psychologie, im allgemeinsten Sinne des Wortes »Wissenschaft vom Geist«.
Zum Schluß würde ich gern – es tut mir leid, ich bin sehr ausführlich, und dennoch habe ich fast nichts gesagt – die Bedeutung der Ufologie in einer Wissenschaft unterstreichen, die noch wichtiger ist als die Physik und die Psychologie, nämlich der Epistemologie, oder anders ausgedrückt, Kritik der Erkenntnis. Die Ufologie wird ein echtes Erdbeben hervorrufen, einen Umsturz auf diesem Gebiet, indem sie unsere Vernunft – unser rationales Instrument, die einzige Quelle aller

Sicherheit – dazu zwingt, sich neuen Phänomenen zu stellen und sich damit abzufinden, daß sie völlig relativ ist. Kopernikus hat uns gezwungen einzuräumen, daß unser Körper nicht den Mittelpunkt des Universums darstellt. Die UFOs offenbaren uns, daß unser Geist auch nicht mehr ist. »Unsere Intelligenz hat in der Ordnung der verstehbaren Dinge den gleichen Rang inne wie unser Körper in der Weite der Natur«, sagte Pascal.
Ich hatte diesen Gedanken Pascals bereits an den Anfang meines zweiten Buches gesetzt, das war 1958. Ich habe das seither als »Banalitätsprinzip« bezeichnet. Der Mensch ist durchaus der Höhepunkt der biologischen Evolution auf dieser Erde. Aber die Erde ist nicht mehr als ein nicht wahrnehmbares Staubkorn inmitten des ungeheuer großen Universums. Und der Mensch nimmt dort einen ebenso banalen Platz ein. In gewissem Sinne ist das demoralisierend. Ich persönlich glaube dies: »So wie das physische Universum ist vielleicht das des Geistes unbegrenzt.«

Danksagungen

Ich glaube sagen zu können, daß dieses Buch einen Platz in den Annalen erhalten wird. Ich fühle mich um so wohler dabei, als ich bestätigen kann, daß mein einziges Verdienst darin besteht, allen Wissenschaftlern das Wort gegeben zu haben, die in der ganzen Welt dieses beunruhigende Problem seit langer Zeit studieren. Genauer gesagt, ich möchte ihnen meinen ehrlichen Dank aussprechen. Dank auch allen denen, die in dieser Arbeit hätten erscheinen müssen, der Kardinal Daniélou, Pierre Kohler, Michel Carrouges, Professor Boutry, Doktor Favre, Suzanne Pierre, deren Interviews jedoch leider auf rätselhafte Weise verschwunden sind.
Den Zeugen, die den Mut besaßen, ihnen ihr Abenteuer anzuvertrauen, gebührt ebenfalls Dank. Nicht zu vergessen all die Reporter des französischen Rundfunks und Fernsehens, die in Frankreich und in der ganzen Welt an dieser großen internationalen Enquête teilgenommen haben. Schließlich möchte ich ganz besonders all den privaten Gruppen danken, die mitgewirkt haben: Jean Cazeau in Kanada, Rolland Vagnetti und M. Demercurio in der Schweiz, Gordon Creighton in Großbritannien, Jacques Vallée in den Vereinigten Staaten, Carlos Marquès in Südamerika.